SUBSTANCES MINÉRALES

———

Extrait des Rapports du Jury international de l'Exposition universelle de 1867.

Paris. — Imprimé par E. Thunot et Cᵉ, rue Racine, 26.

SUBSTANCES MINÉRALES

PAR

A. DAUBRÉE,

MEMBRE DE L'INSTITUT, INSPECTEUR GÉNÉRAL DES MINES,
PROFESSEUR A L'ÉCOLE IMPÉRIALE DES MINES
ET AU MUSÉUM D'HISTOIRE NATURELLE,
MEMBRE DU JURY INTERNATIONAL AUX EXPOSITIONS UNIVERSELLES
DE 1862 ET 1867.

Extrait des Rapports du Jury international de l'Exposition universelle de 1867.

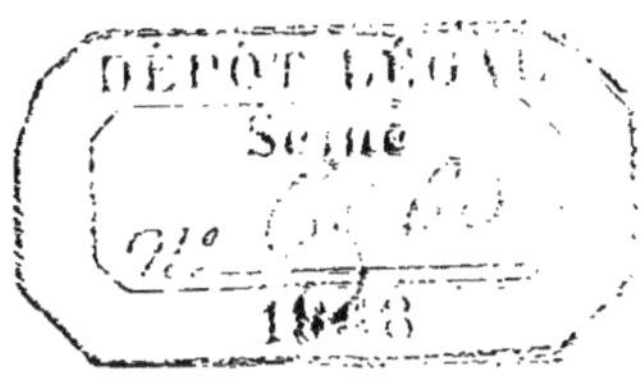

PARIS

DUNOD, ÉDITEUR,

SUCCESSEUR DE Vᵒʳ DALMONT,
Précédemment Carilian-Gœury et Victor-Dalmont,
LIBRAIRE DES CORPS IMPÉRIAUX DES PONTS ET CHAUSSÉES ET DES MINES,
Quai des Augustins, 49.

1868

SUBSTANCES MINÉRALES

Extrait des Rapports du Jury international de l'Exposition universelle de 1867.

CHAPITRE PREMIER.

INTRODUCTION GÉNÉRALE.

Lorsqu'on jette un coup d'œil sur les divers produits de l'art et de l'industrie, qui occupent, à l'Exposition, une si brillante et si large place, par une tendance naturelle de l'esprit, on ne songe guère à ces humbles matériaux qui ont servi à les produire, et qui se sont comme effacés. Quand on admire les machines à vapeur, à la fois si puissantes et si soumises, on oublie bien facilement la houille et le minerai, qui leur ont donné naissance.

C'est seulement lorsque le génie de l'homme a élaboré et transformé la matière brute, que la substance première est arrivée, en quelque sorte, à une nouvelle phase, qu'elle devient apte à revêtir des formes propres à nous émouvoir diversement.

Les substances mères, qui donnent l'existence à ces mille

objets, outils, appareils, sont devenues une condition indispensable de la vie de nos sociétés. A raison de l'extrême variété de leurs emplois et du rôle capital que plusieurs d'entre elles jouent dans l'économie sociale, les substances minérales exigent, chaque jour, dans les diverses régions du globe, un plus grand développement de forces et d'activité, pour les arracher aux profondeurs qui les recèlent.

Il peut paraître, au premier abord, que l'esprit humain, dans la découverte des matières minérales, joue un rôle moins élevé que celui qu'il sait prendre, lorsqu'il s'agit de les mettre en œuvre; car aucun travail de spéculation ne saurait faire produire au sol ce qu'il ne contient pas. Cependant l'initiative personnelle et l'esprit d'observation, aidés des connaissances théoriques, sont souvent très-utiles, quelquefois indispensables, pour développer, comme on l'a fait dans ces derniers temps, cette source de richesse.

Les combustibles minéraux, la houille, et même le lignite, sources de chaleur et de force, ont été, de toutes parts, l'objet d'explorations très-étendues, soit dans la profondeur, soit dans les diverses régions du globe. Pour les pays qui en sont abondamment pourvus, ces combustibles forment, en effet, un gage de prospérité et de puissance, pour le présent et pour l'avenir. L'abondance avec laquelle le pétrole a surgi, d'une manière si inattendue, du sol de l'Amérique du Nord, lui a créé un emploi qui l'a fait rechercher de toutes parts et qui a porté l'attention sur les gîtes de la même substance, que renferment d'autres contrées. Tandis que certaines exploitations de minerais métalliques, se sont considérablement développées, d'autres, déjà très-importantes, ont récemment pris naissance. Le fer, le zinc, l'or et surtout l'argent, vont nous offrir des exemples remarquables de ces progrès. Certaines matières dites pierreuses, qui ne servent pas à l'extraction des métaux, et notamment la pyrite de fer, les sels de potasse, la chaux phosphatée, nous montreront également quels services peuvent rendre ces corps, en apparence si insignifiants, dès qu'ils sont reconnus et appréciés.

Si le hasard a souvent contribué à la découverte de minerais utiles, il est incontestable que certaines données théoriques sont de première valeur pour les reconnaître, et elles sont bien plus nécessaires encore, lorsqu'il s'agit d'en poursuivre avantageusement l'exploitation.

Après avoir été conjecturales dans les siècles antérieurs, ces données théoriques se sont constituées en un corps de doctrine, et l'étude de la terre est devenue une véritable science, celle qu'on nomme Géologie. Depuis qu'elle est devenue positive, non-seulement la géologie éclaire d'une vive lumière les faits fondamentaux de l'histoire du globe terrestre; mais, alliée à la minéralogie et à la chimie, qui servent à discerner les corps bruts susceptibles d'être mis à profit, elle rend de plus en plus de services dans la découverte et l'extraction des substances minérales, en apprenant à les poursuivre, à travers toutes les particularités de leurs gisements.

Cette utilité est attestée par les progrès de chaque jour. Qu'il s'agisse de la recherche ou de l'exploitation de combustibles et de minerais métalliques, du régime souterrain des eaux ou même de la culture du sol, la géologie intervient, en coordonnant les données d'observation, auxquelles elle sert de guide. C'est ainsi que, depuis que l'utilité des phosphates minéraux est reconnue, on peut les trouver, pour ainsi dire, *à priori*, à certains niveaux bien déterminés de la série des terrains stratifiés.

Sans aller sur le terrain, sans même sortir de l'examen

des produits de l'Exposition, on reconnaît partout cette utile intervention des vues théoriques dans l'application, en ce qui concerne la richesse minérale.

Aux États-Unis, des régions à peine conquises par la civilisation et souvent encore inhabitées, sont explorées dans leur constitution minérale, et représentées par des descriptions géologiques; c'est ce que nous voyons, notamment pour les contrées situées à l'ouest des Montagnes-Rocheuses, y compris la Californie. Dans les colonies anglaises, la même importance fondamentale est attribuée à la géologie. Les cartes géologiques de la province de Victoria, celles de l'Inde anglaise, exécutées avec soin et sur une grande échelle, attestent hautement l'utilité de son rôle. Une autre vaste colonie australienne de l'Angleterre, la Nouvelle-Galles du Sud, a également un explorateur géologique spécial, auquel est dû, en grande partie, le haut intérêt de l'exposition des roches utiles qu'on y rencontre.

Une série d'autres documents qui figurent à l'Exposition, les cartes topographiques de certains gîtes, ainsi que les collections, bien méthodiquement classées, qui s'y rapportent, attestent également l'importance que l'industrie attribue partout aux faits théoriques, observés avec précision.

Cette utilité de l'intervention des données théoriques doit servir d'enseignement, lorsqu'il s'agit d'utiliser les ressources d'un pays et de rechercher les gisements de minéraux qu'il contient, que la civilisation l'occupe depuis des siècles, ou s'y soit implantée seulement depuis quelques années.

Il en résulte aussi que des considérations géologiques doivent intervenir nécessairement dans l'exposé qui suit. Ce sont elles qui font ressortir les rapports des faits entre eux, et les empêchent de rester stériles en demeurant isolés. Il n'est guère douteux, en effet, que nous ne foulions aux pieds beaucoup d'utiles matériaux, dont la valeur est encore méconnue. De cette coordination des caractères de gisement découlent des conclusions pratiques et, comme des règles, pour guider dans les découvertes ultérieures, même pour les contrées éloignées.

Cette dernière observation justifie peut-être l'étendue donnée à ce Rapport. Non-seulement il comprend les substances, exploitées en très-grand nombre, que fournit le règne minéral; mais la conclusion utile à tirer de certaines découvertes ne pourrait être déduite, si ces découvertes elles-mêmes avaient été mentionnées d'une manière trop vague et trop générale. Toutefois, il est impossible de donner une description, même succincte, des principaux objets présentés et d'en nommer les exposants, pour rendre hommage à tant d'efforts. Nous avons dû nous borner à mentionner ce qui constitue des faits nouveaux, présentant dès aujourd'hui de l'intérêt, ou pouvant acquérir de l'importance dans l'avenir.

Les diverses substances minérales brutes, que l'on extrait des mines, minières et carrières et qui forment l'objet de ce rapport, seront groupées comme il suit :

I. Combustibles. — II. Bitumes. — III. Minerais de fer. —IV. Minerais des métaux autres que le fer.—V. Minéraux destinés aux industries chimiques. —VI. Minéraux d'ornement. — VII. Minéraux divers complétant la série des minéraux utiles. — VIII. Collections de roches, minéraux et minerais (1).

---

(1) Les matériaux de construction appartenant à une autre classe, il n'en sera pas question ici.

On croit aussi devoir prévenir que quelques-uns des nombreux chiffres statistiques sont donnés, tels qu'ils ont été fournis, sans qu'on ait eu le temps ou la possibilité de les vérifier.

§ I. — Aperçu historique (1).

L'histoire du travail offre un assez haut intérêt, même au point de vue purement technique, pour qu'on ait eu l'heureuse idée de la représenter à l'Exposition de 1867. Aussi semble-t-il que ce soit se conformer à l'esprit qui a présidé à cette manifestation que de faire une excursion préalable dans le domaine des anciens.

Dans la galerie consacrée à cette histoire, on voit d'intéressants instruments des anciennes exploitations de l'Espagne, qui, d'après ce que nous apprend Strabon, fournissait aux Romains des quantités considérables de métaux de toute espèce, l'or, l'argent, le plomb, le cuivre, l'étain et le fer. Ce sont des vases qui leur servaient dans les mines, à l'extraction des eaux ; au lieu de seaux, comme on en emploie aujourd'hui, ce sont des paniers en sparte, goudronnés et fixés dans une monture en bois. Le plus grand des trois qui sont exposés est de la contenance de 150 litres. Parmi les autres objets, également trouvés dans les mines, et qui sont exposés, on voit des haches en bronze et un marteau en pierre, provenant d'une ancienne mine de cuivre des Asturies, des coins en fer, tenailles, lampes de mineur en terre cuite, vases en verre, une amphore trouvée pleine de minerai réduit en poussière, et une chaudière en plomb.

De nombreuses antiquités romaines ont été trouvées également en Portugal, dans la mine de San-Domingos, que les Romains exploitaient pour cuivre, et qui est devenue l'une

---

(1) Les personnes qui s'intéresseraient à ces considérations historiques trouveront plus de détails, ainsi que l'indication des sources, dans la notice que j'ai publiée dans la *Revue archéologique* (avril 1868).

des plus importantes mines de pyrite. Ils y avaient établi quatorze roues hydrauliques à couronne, chacune de six mètres de diamètre, qui servaient à élever l'eau à des niveaux successifs; l'une d'elles figure au Conservatoire des Arts et Métiers de Paris.

La série des vues photographiques de la Sierra de Carthagène montre d'ailleurs, des excavations encore parfaitement conservées, et provenant d'exploitations à ciel ouvert, qui remontent à l'époque romaine.

Il est encore bien d'autres indices des procédés qui servaient, dans l'antiquité, à l'exploitation des mines. Ainsi, l'or disséminé en petite quantité dans les quarzites siluriens, sur la limite des Asturies et de la province de Léon, sur plus de 60 kilomètres de distance, était exploité par les Romains. On peut encore voir, en de nombreuses localités, des preuves qu'ont fait connaître MM. Paillette, G. Schulz et Bézard (1), des points où l'on attaquait la roche, d'abord en la chauffant, puis en y versant de l'eau pour l'étonner; des vestiges de canaux qui apportaient, de plusieurs kilomètres, l'eau nécessaire à ces travaux; d'immenses excavations; enfin des dépôts formés de débris des roches aurifères, et même des lavoirs. En différents lieux, on a rencontré aussi des meules à bras en porphyre, qui paraissent avoir servi au broyage du minerai.

Enfin, une plaque épaisse de litharge, provenant de la province de Barcelone, confirme ce fait, que les Romains traitaient le plomb argentifère par la coupellation, pour en extraire l'argent. Des faits nombreux que je dois à l'obligeante communication de M. A. Mæstre, inspecteur général des mines, le prouvent plus positivement encore. Tels sont,

---

(1) *Bulletin de la Société géologique*, t. IX, p. 482.

d'une part, des saumons de plomb des environs de Carthagène, dont a été extrait l'argent, et d'autre part, des gâ-
teaux d'argent, provenant du plomb (1).

D'autres documents, relatifs à l'Exposition, confirmeraient
aussi ce que Strabon nous dit sur les exploitations de mines
en Italie, en Macédoine et en Grèce.

Sans être aussi célèbres que l'Espagne, et sans posséder
d'aussi nombreux vestiges des exploitations antiques, les
Gaules avaient aussi de nombreuses exploitations métalliques.
C'est à ce dernier pays que nous allons limiter cet aperçu, en
coordonnant et en résumant quelques-uns des documents que
nous avons pu recueillir sur ce sujet.

Les principaux métaux exploités, dans les Gaules, dès
l'époque romaine, ou peut-être antérieurement, sont : l'or,
l'argent et le plomb, le cuivre, l'étain et le fer, et peut-être
aussi le zinc et l'antimoine. Ils étaient même extraits sur
de nombreux points qui, pour la plupart, ne sont aujour-
d'hui l'objet d'aucune exploitation.

Or. — Les auteurs anciens ont souvent parlé de l'or et
de la *Gallia aurifera*. On n'ignore pas, en effet, que ce
métal précieux était extrait de diverses rivières, telles que
l'Ariége (*Aurigera*), qui doit son nom à l'orpaillage
dont elle était l'objet, dès une époque reculée. Rappelons
également au même titre, le Rhône et le Rhin.

Argent et plomb. — On sait que les mines d'argent, proprement dites, sont rares sur le territoire des Gaules, qui

---

(1) Au cap de Gate, près d'Almeria, M. Mæstre a découvert 52 fourneaux.
Dans cette même province, on trouve, en outre, des scories qui renferment de
10 à 12 p. 100 de plomb.

n'en renferme guère qu'à Huelgoat (Finistère), Allemont (Isère), Sainte-Marie-aux-Mines (Haut-Rhin) (1). En général, c'est dans le sulfure de plomb, connu sous le nom de galène, que l'argent se rencontre, bien qu'en faible proportion (quelques millièmes).

Malgré les difficultés que présente l'extraction du métal précieux, nos pères étaient parvenus à résoudre le problème, peut-être bien avant l'occupation romaine. Tacite, en effet, signale les mines des Ruthènes, comme très-productives. Or on sait qu'elles ne renferment que de la galène argentifère.

Les anciens ont surtout exploité dans le pays des Ruthènes, plus tard le Rouergue, qui comprend aujourd'hui une partie du département de l'Aveyron, les groupes des environs de Villefranche, particulièrement le filon de la Maladrerie, ainsi que ceux des environs de Milhau. Dans diverses localités, on a trouvé des fragments de poteries romaines.

Il est digne de remarque que les mines du Rouergue, qui étaient exploitées, sur une grande échelle, avant et pendant l'occupation romaine, ont été abandonnées, après la chute de l'empire romain, puis reprises du xᵉ au xvıᵉ siècle, à l'aide de mineurs appelés de l'étranger. Elles déterminèrent alors la création des hôtels de monnaie de Rodez et de Villefranche. Les travaux, interrompus par les guerres de religion vers 1560, ont été repris à Villefranche, dans ces dernières années.

La mine de Macôt, en Savoie, a donné lieu, à l'époque romaine, à des travaux très-vastes qui n'ont été retrouvés

---

(1) On pourrait aussi citer Curcy, dans le Calvados, et quelques localités peu importantes.

qu'en 1828. On n'a l'explication probable de travaux sin-
guliers, qui ont traversé perpendiculairement le filon, sans
l'exploiter, que depuis 1861, époque où l'on a trouvé,
à 400 mètres au sud-est du filon principal, un autre filon,
de 2 mètres de puissance seulement, mais beaucoup plus
riche en plomb, et, en outre, riche en cuivre gris, ce qui
fait présumer une grande teneur en argent. Il est probable
que les travaux des Romains, qui se dirigeaient vers ce
filon, avaient pour but de l'exploiter.

Bien d'autres gîtes de galène argentifère étaient exploités
dans la Gaule.

Il paraît en avoir été ainsi par exemple, à Vialas (Lozère),
aux environs de Bességes (Gard), et peut-être, dans certaines mines, dont l'origine remonte à une époque immé-
moriale, comme à Huez (Isère), à l'Argentière (Hautes-
Alpes), aux environs de Saint-Girons (Ariége), à Melle
(Deux-Sèvres), à Confolens (Charente), à Pontgibaud (Puy-
de-Dôme) et à Saint-Avold (Moselle).

Cuivre. — Les localités qui fournissent le cuivre sont
beaucoup moins nombreuses que celles d'où l'on tire le
plomb. Cependant, dans la Gaule même, le cuivre fut
exploité à une époque très-reculée, quoiqu'il le soit bien
peu aujourd'hui.

Des signes indubitables d'exploitation romaine, et peut-
être antérieure, se voient à Rozières, près Carmeaux (Tarn).
Il en est de même aux mines de cuivre de Baigorry (Basses-
Pyrénées), où l'on a recueilli des médailles d'Octave, d'An-
toine et de Lépide. A Saint-Gaudens (Haute-Garonne), au
Coffre (Ariége), à Chessy (Rhône), on a signalé des vestiges
d'exploitations romaines. A Cabrières, département de l'Hérault, on a rencontré, dans les mines de cuivre que l'on a

explorées, il y a quelques années, un grand nombre de galeries ouvertes en entier au pic, une agrafe antique et des débris de poterie romaine, sur l'une desquelles on lisait le nom du fabricant Julius.

A Vaudrevange, près Sarrelouis, sur les confins du département de la Moselle et sur le territoire prussien, à l'entrée d'une galerie percée dans le grès bigarré, en un point où cette roche est parsemée de petits grains de cuivre carbonaté vert et bleu, on lit, gravée dans le roc, une inscription romaine (1). Le minerai que fournit cette mine est si pauvre, qu'on ne saurait le traiter par voie sèche, et qu'il faut, au préalable, soumettre la roche à l'action de l'acide chlorhydrique. Aussi il y a lieu de supposer que le minerai dont il est question était exploité, non pas pour l'extraction du métal, mais comme matière colorante, à cause de sa couleur bleue; on sait, en effet, que c'était une mine d'azur dans le moyen âge.

Étain. — L'étain dont il n'existe, en France, aucune mine régulière, en activité, y était exploité, de même que le cuivre, dans le plateau central et peut-être aussi en Bretagne.

Au environs de Vaulry (Haute-Vienne), où le minerai d'étain a été découvert, en 1812, disséminé dans de puissants filons quartzeux, il existe de vastes excavations, certainement ouvertes dans un but d'extraction minérale. En outre, à proximité de certaines d'entre elles, on remarque des sco-

---

(1) Voici cette inscription que j'ai relevée sur place :

INCEPTA OFFI

CINA EMILIANA

NONIS MART

Elle est, comme on le voit, restée inachevée.

ries provenant du traitement du minerai d'étain, et renfermant une quantité notable de ce métal.

Des excavations semblables à celles de Vaulry se retrouvent non-seulement dans d'autres localités de la Haute-Vienne, mais aussi, et en grand nombre, dans le département de la Creuse. C'est ainsi que M. Mallard, ingénieur des mines, a pu les étudier, près de Millemilange, Forgeas, Antraigues, la Chaise et Montebras.

Dans cette dernière localité, située dans la commune de Soumans, sur les confins des deux départements, les excavations consistaient en trous de forme conique, profonds de 8 à 10 mètres en moyenne, avec une largeur de 30 à 40 mètres à l'orifice. Ces trous sont au nombre d'une trentaine environ. L'analogie que ces fouilles présentent avec celles de Vaulry fit penser à M. Mallard, dès 1859, qu'elles avaient pu servir à l'exploitation d'un filon stannifère. Il examina les roches du déblai et trouva en effet, parmi celles-ci, des échantillons volumineux d'étain oxydé. On commença alors des recherches, qui se poursuivent actuellement d'une manière très-active. Ces gîtes d'étain nous seraient peut-être inconnus, sans les travaux de nos pères, les Gaulois.

On a encore trouvé d'anciennes exploitations d'étain sur un puissant filon quartzeux, dans le département de la Creuse, aux environs de Bénévent, Mourioux et Ceyrou, et dans le département de la Haute-Vienne, non loin de Saint-Yrieix.

Dans ces deux départements, l'étain n'existe pas seulement dans la roche, mais aussi à l'état d'alluvions, comme on le remarque, par exemple, à Cieux ; et ceux qui ne craignaient pas d'aller extraire l'étain, au milieu d'une gangue aussi difficile à attaquer que le quartz, ne devaient pas négliger de l'isoler des sables, par un simple lavage. Du reste, la recherche de l'étain n'était peut-être pas le seul but de ces intrépides mineurs. Les indices d'or que l'on a trouvés dans les filons stannifères de Vaulry et de Cieux, la présence de ce précieux métal dans les alluvions de presque toutes les vallées qui descendent de la chaîne de Blond, doivent faire supposer qu'il fixait aussi leur attention. Ce qui confirme dans cette supposition, c'est que, dans cette partie du Limousin, les excavations dont il s'agit sont désignées sous le nom d'*aurières*, et qu'on retrouve une étymologie semblable dans un grand nombre de localités avoisinantes.

Quant à l'époque de tous ces travaux, elle est certainement fort ancienne ; tout porte à reculer sa date à l'époque gallo-romaine ou plutôt à l'époque gauloise.

On connaît encore d'anciennes exploitations d'étain dans le Morbihan, à la Villeder, près Roc Saint-André, arrondissement de Ploermel, sur un puissant filon quartzeux.

Il est à ajouter, comme on l'a fait remarquer, que le nom de Penestin, qui en breton veut dire *Cap de l'Étain*, paraîtrait rappeler l'antiquité de la connaissance de ce métal dans cette localité.

Fer. — Longtemps avant le commencement de l'ère chrétienne, la fabrication du fer, dans la Gaule, avait acquis une grande importance, et même, à ce qu'on croit, un haut degré de perfection. On connaît en effet, par le témoignage de César, que les *Magnæ ferrariæ* de la Gaule fournissaient du fer, en assez grande quantité, pour que les Venètes, habitant les côtes de l'Océan, pussent en forger les chaînes des ancres de leurs vaisseaux, qui résistaient victorieusement aux tempêtes, tandis que les câbles de chanvre, qui servaient à retenir les vaisseaux romains, se brisaient fréquemment pendant les tourmentes.

Il est vrai que les relations commerciales pouvaient apporter, au port de Vannes, les chevilles et les chaînes de fer, dont parle César; mais les faits qu'il cite pour Bourges sont plus concluants. Au siége d'Avaricum (Bourges), les Romains élevaient des terrassements pour attaquer la ville; et les assiégés minaient ces ouvrages en arrivant par des galeries souterraines, qu'ils établissaient d'autant plus facilement qu'ils avaient l'habitude de ce genre de travail, par l'exploitation des mines de fer. Ce témoignage montre que, dès cette époque, non-seulement les mines de fer étaient exploitées, mais qu'elles l'étaient par travaux souterrains.

Parmi les monceaux considérables de scories que l'on trouve dans une foule de régions de la France, il en est qui remontent non-seulement au moyen âge, mais à l'époque romaine, et peut-être même bien au delà. On a, en effet, trouvé dans ces *ferriers* des monnaies et des tuiles à rebord, dont la date n'est pas douteuse et qu'on doit rapporter aux Romains. Ailleurs, M. Bouillet, de Clermont, a signalé des bracelets et des médailles de l'époque romaine, dans des ferriers maintenant recouverts de végétation. Enfin, quelquefois l'âge reculé des scories est également prouvé, par ce fait que les voies romaines en étaient empierrées, par exemple, dans le département de la Mayenne, entre Ballé et Épineux et ailleurs, d'après M. de Caumont.

Il existe de nombreuses traces de l'industrie du fer dans la partie du Senonais, désignée sous le nom de forêt d'Othe et dans celle du Gâtinais, qui avoisine la Puysaye. Ces pays, compris dans les départements actuels de l'Yonne et de l'Aube, sont constitués par la craie, que recouvre un dépôt superficiel tertiaire. Ces *ferriers*, qui forment des cônes atteignant parfois, par exemple à Tonnerre, 10 à 12 mètres de hauteur, se trouvent dans deux conditions bien distinctes : d'abord dans les forêts des hauts plateaux où leur richesse en fer est considérable, et, en outre, dans les vallées, au voisinage des cours d'eau, où ils sont plus pauvres et se rapprochent davantage des laitiers proprement dits. Les premiers correspondent peut-être à une industrie dans l'enfance, tandis que les autres sont le résultat d'opérations perfectionnées (1).

A l'aspect de ces quantités si considérables de scories, on se demande quelle longue suite d'années il a fallu, pour les produire, à des hommes qui n'avaient d'autre force que celle de leurs bras, qui ne forgeaient le fer que pour en fabriquer des épées, des haches d'armes, et quelquefois des chaînes de navire.

Les mines de Thoste et de Beauregard, dans la Côte-d'Or, qui sont encore exploitées aujourd'hui, étaient, dans l'antiquité, l'objet d'exploitations importantes. On a compté plus de quatre-vingts places d'anciennes forges dans les cantons de Saulieu, de Semur et de Précy-sur-Thil.

Nous citerons encore les ferriers de l'Aveyron, aux environs de Kaimar, près Lunel ; ceux d'Indre-et-Loire où, sur plusieurs points, il existe de ces scories anciennes en quantités vraiment surprenantes, principalement dans la forêt de Saint-Aignan ; ceux de la Vienne, particulièrement aux environs de Charroux ; ceux de la Nièvre, près de Clamecy ; ceux de la Sarthe, aux environs du Mans, où l'on a découvert des médailles romaines, notamment à Allones ; ceux

---

(1) Les ferriers de cette partie de la France ont été étudiés par M. Tartois ; le résultat de ces recherches est consigné dans la *Statistique de l'Aube* de M. Raulin, p. 179.

de la Seine-Inférieure, près de Forges ; ceux de l'Eure, près de Bernay, où ces débris ont été examinés par M. Le Prévost ; ceux de l'Orne, aux environs de l'Aigle et de Rugles ; ceux de la Mayenne, où ces scories ont servi à l'empierrement de voies romaines sur différents points ; ceux de la Haute-Marne, à Ronchaires, où des médailles du Haut-Empire ont été trouvées dans le fond d'un puits traversant les mines, ainsi que dans la Meuse, à Treveray. Il existe, dans beaucoup d'autres parties de la France, des accumulations de scories qui remontent à une époque très-ancienne et peut-être aussi jusqu'à l'époque romaine ; nous citerons, par exemple, la Meurthe ; l'Isère ; le Gard, à Palmesalade ; les Pyrénées-Orientales, au Canigou ; l'Ariége, à Vicdessos, et la Dordogne. Les ferriers de cette dernière contrée, qui proviennent de forges à bras, ont été attribués, par M. Félix de Verneilhe, à l'époque gauloise.

D'après M. Charles des Moulins, le Périgord est véritablement *semé* de débris de scories. Il en a trouvé au moins une vingtaine de dépôts aux environs de Lanquais, sur le terrain tertiaire. Le silicate de fer, qui forme les scories, renferme 60 pour 100 de métal. L'un de ces dépôts, remarquable par son volume, est situé au sommet du coteau de Saint-Frond de Coulvey, et occupe au moins 400 mètres carrés ; l'antiquité de ce massif est présumée d'après la transformation de sa partie superficielle en terre végétale (1). A Excideuil, suivant M. Guillebot de Nerville, ingénieur en chef des mines, on trouve sept ou huit monceaux principaux de scories ou *crassiers*, provenant d'anciennes forges à bras. A Hautefort, il y en a cinq ou six au moins. Des tas

---

(1) Ces anciens vestiges de l'industrie du fer ont été particulièrement décrits par MM. Taillefer et Jouannet.

semblables se rencontrent dans le voisinage des minerais de Bergerac. Enfin, il en existe auprès de la limite de la Haute-Vienne, sur la commune de Saint-Martin de Fressengeas, qui proviennent probablement des minerais du Nontronais.

On peut mentionner aussi les accumulations de scories qui se rencontrent, en une multitude de points, dans cette province de la Belgique, nommée Entre-Sambre-et-Meuse ; en quelques localités, elles forment une couche nivelée, qui n'a pas moins de 1ᵐ,5o d'épaisseur.

On rappellera enfin les antiques exploitations de minerai pisolithique du bassin de Délémont, dans le Jura bernois, d'après l'étude récente qu'en a faite M. Quiquerez, ingénieur des mines. A part les indices d'anciens travaux souterrains, elles ont présenté les restes des anciens foyers où se préparait le métal ; ce qui explique comment, dans les habitations lacustres, il s'est trouvé des objets en fer, qui paraissent d'une époque antérieure à l'arrivée des Romains en Helvétie.

§ II. — Observations générales.

D'après les faits qui viennent d'être signalés, nous devons, avant tout, admirer la perspicacité et la finesse d'observation des anciens, en même temps que les connaissances pratiques auxquelles ils étaient déjà arrivés. Ce n'est pas seulement l'or qu'ils savaient reconnaître, même en particules à peine visibles, ni même le minerai de fer, mais des minerais, tels que l'oxyde d'étain, dépourvus de l'éclat métallique, et ordinairement noyés dans une gangue, qui les rend presque méconnaissables.

Si l'on poursuit cet aperçu rétrospectif à travers le moyen âge, on voit qu'il est, dans différentes contrées de l'Europe, quelques centres d'exploitation qui conservent leur importance, depuis une époque reculée. Ainsi, on sait que les puissants gîtes de fer de l'île d'Elbe et ceux de fer spathique des Alpes de Styrie, si éminemment propres à la fabrication de l'acier, étaient exploités dès l'antiquité. L'Espagne nous offre les exemples les plus remarquables de cette permanence. Telles sont les mines de mercure d'Almaden, déjà en activité trois siècles avant notre ère, et qui sont restées encore si riches et si productives, ainsi que les gîtes de plomb argentifère des environs de Carthagène. De même, les gîtes de pyrite cuivreuse de Rio-Tinto, en Andalousie, et de San-Domingos, en Portugal, après avoir procuré aux Phéniciens et aux Carthaginois du cuivre en quantité considérable, figurent encore aujourd'hui parmi les principales mines de l'Europe.

Mais le plus généralement il n'en est pas ainsi ; on arrive à reconnaître qu'un très-grand nombre de mines, autrefois florissantes, en France et ailleurs, sont aujourd'hui complétement abandonnées. Cet abandon peut avoir plusieurs causes.

Il est des cas où il résulte d'un épuisement réel du gîte, comme il arrive pour certains amas de dimension restreinte. Ce fait paraît aussi avoir été assez fréquent pour les alluvions aurifères. Il y a peu d'années, on a été témoin d'un prompt appauvrissement de ce genre en Californie, pour les lits des rivières, qui, après avoir surpris par leur richesse extraordinaire, ont bientôt cessé d'être exploitables.

Le plus souvent, un gîte devient inexploitable, sans être épuisé, par suite de modifications, quelquefois considérables, dans les conditions économiques. C'est ce qui s'est passé à toutes les époques et se produit encore journellement pour les filons métallifères. La quantité considérable dont le salaire de la main-d'œuvre s'est accru chez nous, depuis le moyen âge, et surtout depuis l'antiquité, est une première cause très-notable de perturbation. C'est ainsi que, dans l'intérieur de l'Afrique, les nègres pratiquent l'orpaillage, dans des rivières où les ouvriers européens ne pourraient le faire avec profit. Les Chinois, par leur sobriété et leurs faibles exigences, nous donnent un exemple semblable dans les alluvions aurifères de Californie et d'Australie, dont le monopole leur est resté. D'un autre côté, la valeur des métaux a varié en sens inverse, et a subi une diminution considérable qui, pour les principaux d'entre eux, continue encore aujourd'hui, par suite des découvertes qui les ont rendus ou les rendent chaque jour incomparablement plus abondants qu'autrefois. Les anciens, réduits à l'exploitation d'un espace beaucoup plus limité que celui qui est aujourd'hui ouvert à nos investigations, et privés, d'ailleurs, des moyens de transport qui admettent tous les pays à la jouissance d'une même substance, étaient en quelque sorte forcés de tout tirer de leur sol; par conséquent, un minerai, quelque pauvre qu'il fût, était précieux pour eux. Une autre cause d'abandon résulte de l'accroissement de dépenses, que présentent nécessairement les travaux que l'on poursuit dans la profondeur, lors même que l'affluence des eaux ne vient pas les aggraver.

Ces causes auxquelles on pourrait, en quelques cas particuliers, en joindre d'autres, telles que les guerres qui sont venues désoler autrefois certains pays et rompre les traditions relatives à l'exploitation, suffisent pour rendre compte de l'abandon de nombreuses mines métalliques, autrefois célèbres, tant en France que dans d'autres pays.

L'amoindrissement que subit, en ce moment même, le

principal centre de production du cuivre de l'Europe, le Cornwall, nous présente un exemple bien frappant des deux principales influences que nous venons d'indiquer. Ces mines étaient encore très-florisssantes, il y a vingt ans, lorsque l'accroissement énorme de production de cuivre du Chili et de quelques autres contrées lointaines, joint à l'approfondissement devenu très-considérable, a amené un état de souffrance tel que, dans ces dernières années, la production a diminué de moitié et qu'elle continue encore à décroître.

Toutefois, il ne faudrait pas conclure de ce qui précède que tous les filons métallifères, par exemple ceux qui sillonnent par milliers le plateau central de la France, soient abandonnés sans retour possible. Si un grand nombre de tentatives de reprises ont été infructueuses, on doit l'attribuer au défaut de capitaux, plus généralement, au manque d'une direction habile et persévérante, et aussi à l'absence de traditions sur les exploitations antérieures. Mais des faits récents dont l'Exposition elle-même nous fournit le témoignage, prouvent que ces entreprises peuvent encore prospérer, sous une direction judicieuse, sous celle d'hommes éclairés des lumières de la théorie, en même temps que doués du sens pratique.

CHAPITRE II.

COMBUSTIBLES.

§ I. — Combustibles des différents âges.

La houille est à la fois le plus connu et le plus utile de
tous les combustibles que l'on extrait des masses pierreuses
qui nous supportent. En produisant la lumière, la chaleur
et la force, elle est d'une importance capitale pour l'économie actuelle des sociétés.

Pour ne citer qu'un seul exemple, nous prendrons la
Grande-Bretagne, qui est la contrée de l'Europe la plus
favorisée, pour l'abondance avec laquelle elle est dotée en
houille. Elle a produit, en 1866, 101 millions de tonnes,
dont l'extraction occupe 250.000 ouvriers qui, avec leur famille, représentent environ un million de personnes vivant
de cette industrie. Les salaires pour l'exploitation s'élèvent
annuellement à plus de 300 millions de francs. La valeur
du combustible, sur le lieu d'extraction, est extrêmement
élevée; car elle n'est pas moindre que 635 millions de francs.
Cependant, les industries dont la houille provoque la création autour d'elle, correspondent à un développement de richesse bien plus considérable encore.

Bien que les combustibles minéraux enfouis dans les
divers étages des terrains stratifiés, présentent de nombreuses variétés qui passent graduellement de l'une à l'autre,
on y distingue trois types principaux, aussi bien d'après
leur composition élémentaire qu'au point de vue de leurs
usages industriels; ce sont : le *lignite*, la *houille* et l'*anthracite*.

Pour compléter ce groupe et le relier aux végétaux vivants, auxquels il se rattache par son origine, il conviendrait peut-être de placer en tête la *tourbe*, formée de plantes herbacées qui ont subi une décomposition partielle, et qui ont ainsi acquis une couleur brun foncé.

Il y a des lignites, en effet, qui ne paraissent être que de la tourbe, rendue compacte par une forte compression. Les lignites passent eux-mêmes à la houille, qui en diffère surtout par son aspect brillant, par la couleur noire de sa poussière, par sa résistance aux dissolvants, ainsi que par une proportion de carbone plus forte et, par conséquent, une moindre proportion de matières volatiles. Une différence de composition élémentaire, du même ordre que cette dernière, distingue l'anthracite de la houille et, plus encore, du lignite.

A raison des passages qui existent toujours entre les trois principales sortes de combustibles, on pourrait les réunir sous le nom général et vulgaire de *charbons minéraux*.

L'origine végétale de la houille, généralement admise depuis le commencement de ce siècle, a trouvé sa confirmation dans les expériences synthétiques qui ont produit la houille et l'anthracite, par la transformation des plantes ou du bois, sous l'action simultanée de la chaleur et de la pression. Ainsi, du bois de sapin, soumis en vase hermétiquement clos, à l'action de l'eau suréchauffée à 300 degrés, et ayant acquis la très-forte pression qui correspond à cette température, s'est métamorphosé en globules arrondis, d'un noir brillant et comme fondus, qui ne sont autre chose que de l'anthracite.

Depuis longtemps, les botanistes, de leur côté, et notamment W. Hutton, avaient reconnu que la houille est d'origine végétale ; et cela, en observant que des végétaux ont été très-fréquemment transformés en houille, sans perdre leur forme antérieure, ni même leur organisation interne. L'anthracite elle-même avait présenté dans ses cendres les squelettes bien caractérisés de cellules et de vaisseaux de certains végétaux.

M. le professeur Gœppert, de Breslau, a poursuivi ces études, et, à la suite de longues recherches sur les bassins houillers de la Silésie, il a précisé certaines circonstances relatives à l'origine de la houille. Il arrive à faire la part qui revient aux différents genres de végétaux dans cette formation, non-seulement en examinant les empreintes contenues dans les schistes et les grès qui avoisinent chaque couche de houille, mais aussi celles que renferme la houille elle-même. Les principaux résultats de ces études intéressantes, sont représentés, à l'Exposition, par une série d'échantillons de houille, appartenant à divers types, ainsi que par des photographies. On arrive ainsi à distinguer la part qui revient, dans ces diverses variétés de houille, aux Sigillaires associés aux Stigmariées qui s'y rattachent; puis aux Conifères et surtout aux Araucariées réunies aux Calamites et aux Nœgerathiées; les Lépido-dendrées et les feuilles de Fougères sont en moins grande quantité.

La houille, ainsi que les autres combustibles minéraux, se trouve en général sous forme de couches ou de bancs, c'est-à-dire sous forme de plaques terminées par deux surfaces sensiblement parallèles. Ces couches de houille sont associées à des matières pierreuses, également disposées par couches parallèles à celles de la houille. Les matières pierreuses consistent ordinairement en argile schisteuse, que l'on connaît sous le nom de schiste houiller, et en grès ou sable aggluliné d'une manière plus ou moins cohérente.

Dans des cas rares, la houille alterne avec des couches de calcaire.

L'examen de ces différents matériaux prouve, d'une manière incontestable, que les matières, ainsi que les végétaux dont dérive la houille, ont été déposées par les eaux, soit dans le bassin de lacs, soit sur le littoral de mers qui existaient, à cette époque, à la surface des contrées où l'on observe ces sédiments.

Les couches houillères ont été formées horizontalement; mais elles ont perdu cette horizontalité première. Elles doivent ce changement à des ploiements, à des redressements ou des ruptures, tels qu'on en trouve, de toutes parts, des vestiges dans l'écorce terrestre. C'est aussi par suite d'actions analogues que les massifs dont elles font partie sont actuellement émergés.

Aujourd'hui encore, nous voyons les végétaux s'accumuler en quantité considérable sur différents points. Ce phénomène se produit dans trois conditions principales : 1° dans l'accumulation de plantes herbacées, connue sous le nom de tourbières, qui se produit sur des étendues considérables et des épaisseurs parfois de plusieurs mètres, le plus souvent dans les plaines basses qui bordent les rivières, quelquefois aussi sur les plateaux élevés; 2° dans les forêts sous-marines, comme celles qui s'étendent sur les côtes de France et d'Angleterre et qui résultent de l'enfouissement d'anciennes forêts, submergées par suite de l'affaissement du sol, puis nivelées et recouvertes d'atterrissements de la mer ; 3° dans le charriage produit par certains cours d'eau, tels que le Mississipi, qui, passant au milieu des forêts, charrient, à certaines époques, des bois en abondance, quelquefois même sous forme de radeaux; ces bois, portés dans des lagunes ou dans la mer, ne tardent pas à tomber au fond, une fois qu'ils sont imbibés d'eau; ils vont s'enfouir sous des sédiments limoneux ou sableux, tels que ceux qui sont associés à la houille.

C'est dans des conditions sans doute analogues à celles que nous venons de citer et particulièrement aux deux premières que se sont accumulés les végétaux qui ont produit la houille. Car on reconnaît qu'elle s'est formée principament, non au moyen de matériaux *charriés* à distance, et plus ou moins lacérés ou décomposés, mais souvent à l'aide d'une végétation *sur place*, comme l'indique la délicatesse de conservation des innombrables empreintes de feuilles et de tiges que l'on y rencontre.

Ces végétaux, ainsi accumulés et enfouis sous des sédiments et, par conséquent, soustraits à l'action de l'atmosphère, ont subi, sous l'influence d'une compression très-énergique et évidente, aidée probablement d'une certaine élévation de température, une sorte de *carbonisation humide*.

Tout annonce aussi que la formation de la houille a exigé de très-longs laps de temps.

Quant aux différences de nature et de qualité que présentent les combustibles minéraux entre eux, et même, quant aux différentes qualités des houilles grasses, maigres, anthraciteuses, etc., elles paraissent tenir non-seulement à des variations dans les circonstances de pression, de température, de milieu ambiant, qui ont accompagné la transformation des végétaux, mais aussi à des dissemblances que, dès l'origine, ces végétaux présentaient dans leur composition.

Ainsi, la houille ne diffère pas moins par son origine et son mode de formation que par sa composition même, des masses pierreuses avec lesquelles elle alterne. Celles-ci, en effet, sont, en général, de nature inorganique et proviennent, pour la plupart, de la démolition et du remaniement de roches préexistantes. Au contraire, on sait que le carbone fixé dans les végétaux, provient de la décomposition de l'acide carbonique de l'air, sous l'action des rayons solaires, en sorte que la chaleur développée par leur combustion est comme l'équivalent de ce qu'ils ont soustrait au soleil, et qu'ils restituent simplement en brûlant. Cette conclusion doit donc être étendue à la houille; la chaleur et la force qu'elle produit sont également empruntées au soleil.

L'importance des combustibles minéraux, dans l'économie des sociétés modernes, est devenue telle que l'étude de leurs gisements est une des questions les plus importantes, tant pour le présent que pour l'avenir.

On sait que les terrains stratifiés, c'est-à-dire disposés par couches ou *strates*, constituent la plus grande partie des continents. Les couches dont ils sont formés sont empilées sur des épaisseurs extrêmement considérables qui, dans beaucoup de régions, atteignent plusieurs milliers de mètres, et leur formation correspond à des laps de temps d'une immense durée. A l'aide des caractères de stratification et au moyen des fossiles qui y sont enfouis, ils ont été divisés en groupes, d'âges successifs, correspondant eux-mêmes à de longues périodes, que l'on peut suivre, en descendant, jusqu'à l'époque de la formation des roches cristallines.

C'est dans la partie supérieure de la série paléozoïque, dans un groupe déterminé, que la houille s'est produite, avec une prédominance très-remarquable, au double point de vue de l'utilité et de la théorie ; aussi a-t-on donné à ce système de couches le nom de *terrain houiller*, ou, d'une manière plus générale, celui de *terrain carbonifère*.

Il est très-remarquable que, dans la série puissante des couches siluriennes et dévoniennes, qui sont antérieures au terrain carbonifère et le séparent de l'assise cristalline, on ne rencontre pas, en général, de couches de combustible, au moins en quantités exploitables. Des conditions toutes spéciales se sont donc produites à l'époque houillère, et sur de vastes étendues, en Europe aussi bien qu'en Amérique.

Le système de couches, réuni sous le nom de terrain carbonifère, atteint lui-même des épaisseurs très-considérables, souvent de plusieurs milliers de mètres. Quand il est complet, il se compose de trois groupes principaux : l'un, inférieur, reposant souvent sur le système dévonien, essentiellement calcaire, est connu sous le nom de *calcaire carbonifère ;* l'autre, moyen, principalement formé de grès, a reçu le nom de *millstone grit,* parce qu'en Angleterre, on y exploite des meules ; le troisième, le *groupe houiller,* proprement dit, formé surtout, comme on l'a dit, d'argiles schisteuses et de grès. On peut, en général, considérer ces deux derniers groupes comme plus intimement liés entre eux qu'avec le premier ; d'autant plus que l'étage moyen est souvent peu développé. On n'a alors que deux groupes, l'un *inférieur* et calcaire, l'autre *supérieur* et arénacé.

On admet généralement que, dans les terrains plus récents que le terrain carbonifère, les combustibles ont une puissance calorifique moindre que ceux de ce dernier terrain. Toutefois, malgré le privilége incontestable du terrain houiller, des combustibles très-utilement exploitables et portant même le nom de houille, se trouvent parfois dans des terrains plus récents. C'est ainsi que la houille de Steyerdorf, dans le Banat, et celle de Funfkirchen, en Hongrie, sont bien postérieures et sont rapportées à l'étage du terrain jurassique connu sous le nom de lias. Toutes ces houilles, qui figurent à l'Exposition, sont de bonne qualité, et peuvent donner du coke. Il en est de même, dans les Alpes de Styrie, à Lilienfeld, localité dont la houille est exposée. Ce dernier combustible sert aux mêmes usages que la houille proprement dite, et même, d'après les expériences de M. F. de Hauer, sa puissance calorifique est supérieure à celle de certaines houilles du terrain houiller.

En Portugal, ainsi que dans d'autres contrées, on connaît aussi et l'on exploite même une sorte de houille, de bonne qualité, dans le terrain jurassique. Le terrain crétacé, et particulièrement l'étage dit néocomien, donne également une houille exploitée dans divers pays, tels que le nord de l'Allemagne, aux environs de Hanovre et d'Osnabruck. Il en est de même dans les Pyrénées, à Ernani, et en Espagne, où le meilleur combustible, après celui du terrain houiller, appartient au terrain crétacé, comme aux environs de Montalban, province de Teruel.

Enfin, le combustible exploité en Toscane, à Monte-Bamboli, et qui peut servir également à faire du coke, se trouve dans le terrain tertiaire de l'étage moyen.

Toutefois, c'est surtout à l'état de lignite que se présente le combustible des terrains plus récents que le terrain houiller, et particulièrement celui qui abonde dans les terrains tertiaires.

Ainsi, la nature du combustible minéral n'est pas, comme on l'a cru pendant longtemps, en rapport nécessaire avec son ancienneté.

D'un autre côté, un même groupe de couches présente parfois, dans la nature des combustibles qu'il renferme, des différences, qui conduisent à la même conclusion.

L'anthracite n'occupe pas toujours un étage inférieur à celui de la houille ; dans un même bassin houiller, on trouve souvent, au même niveau, de la houille proprement dite et de l'anthracite; c'est ce qu'on observe dans le pays de Galles, dans le bassin du Donetz, et, sur une moindre échelle, dans le département de Saône-et-Loire, et dans le bassin du Creusot. Ces différences paraissent être en relation avec certaines actions spéciales, qui se sont produites dans les diverses parties des mêmes couches, et que l'on rapporte au métamorphisme.

Il y a plus : depuis qu'on a étudié attentivement les vastes terrains houillers de la Russie, on a reconnu une transition encore plus significative. Les sondages qui ont été faits dans la région centrale, notamment ceux exécutés en 1858, dans le gouvernement de Toula, à Malowka, quoique opérés, sur toute leur hauteur, dans des couches qui appartiennent incontestablement au terrain carbonifère, ainsi que l'attestent les *productus* et autres fossiles qui y abondent, ont rencontré des couches d'un lignite terreux très-impur, mélangé de matières argileuses et présentant tous les caractères de lignites récents. Comme complément de ressemblance, on a même trouvé, dans ces couches terreuses, du mellite (mellitate d'alumine) en cristaux jaunes, ressemblant au succin ; or le mellite n'avait, jusqu'alors, été rencontré que dans des lignites modernes, comme à Artern, en Thuringe, ou près de Bilin, en Bohême.

Ainsi donc, il existe des lignites qui sont subordonnés au terrain carbonifère, tout aussi bien que les houilles maréchales du bassin du Donetz et que l'anthracite située dans la région occidentale de ce même bassin. La colonne, exposée par les cosaques du Don (1), offre un spécimen remarquable de cette anthracite si bien caractérisée.

___

(1) Cette colonne figure actuellement dans la galerie de géologie du Muséum d'histoire naturelle, auquel elle a été offerte.

Dans cette région de l'Europe, où les couches sont restées sensiblement horizontales, les combustibles, produits par l'enfouissement des végétaux, ont été à peine modifiés, et les matières pierreuses ont elles-mêmes conservé leur caractère originel : par exemple, des calcaires, appartenant également au terrain carbonifère, sont blancs et friables, et en rappellent tout à fait d'autres plus récents, tels que ceux des terrains jurassique ou crétacé.

La vue de l'Exposition ne donne aucune idée de l'importance de l'industrie de la houille. Tandis que les produits métallurgiques et autres produits ouvrés occupent une large place et fixent le regard, on n'y remarque qu'un nombre, relativement très-petit, d'échantillons provenant des exploitations houillères, qui occupent tant de milliers d'ouvriers. Ces dernières mêmes ne sont représentées que par des échantillons de houille qui n'appellent aucunement l'attention, si l'on en excepte toutefois les blocs rapportés de la Nouvelle-Écosse et de la Nouvelle-Galles du Sud. Ceux-ci montrent, sur toute leur épaisseur, les couches de houille, exceptionnellement puissantes, que l'on exploite dans ces contrées (1).

§ II. — France.

La France possède des bassins houillers assez nombreux ; car, si l'on y comprend les lambeaux de très-petite dimension, il en existe plus de 60, répartis dans 44 de nos dépar-

---

(1) Nous pouvons mentionner aussi certaines collections d'ensemble, notamment celles qui montrent les principales couches de la Loire et du Pas-de-Calais, ainsi que celles de la Belgique et de la Prusse ; puis, à raison de leurs dimensions, certains blocs de houille, tels que celui de Pensylvanie, pesant 3.700 kilogrammes.

tements ; mais la plupart sont de petite étendue. Leur superficie totale représente à peine 4.000 kilomètres carrés. La carte géologique de France de MM. Dufrénoy et Élie de Beaumont donne une idée exacte de leur distribution, qui est coordonnée avec le relief des divers massifs montagneux.

La plupart de ces bassins sont superposés au plateau central formé de terrains anciens ; ils sont situés sur le littoral des terrains secondaires, qui s'étendent tout autour de ce massif proéminent.

Le principal d'entre eux est le bassin de la Loire qui, sur une surface de 260 kilomètres carrés, présente la plus riche concentration de houille. Ces charbons, dont les principaux centres d'exploitation sont groupés autour de Saint-Étienne et de Rive-de-Gier, sont en même temps les plus convenables pour la forge et pour les usages métallurgiques.

Les bassins de Saône-et-Loire sont bien connus par les exploitations de Blanzy, du Creusot et d'Épinac. Les bassins de Bezenet et de Commentry, dans l'Allier ; ceux de Decize, dans la Nièvre ; de Brassac et de Saint-Éloi, dans le Puy-de-Dôme ; d'Ahun, dans la Creuse, donnent aussi des chiffres élevés d'extraction. D'autres, tels que ceux de Bert et de Mauriac, jusqu'à présent éloignés du réseau des chemins de fer, n'ont encore donné qu'un faible produit.

Parmi les bassins qui s'appuient sur le plateau central, dans sa région méridionale, le bassin du Gard est le plus productif. Celui de l'Aveyron, d'une étendue de 120 kilomètres carrés, depuis longtemps connu par les usines métallurgiques qu'il alimente, paraît appelé à se développer encore davantage. Les bassins houillers de Graissessac (Hérault) et de Carmaux (Tarn), reliés au chemin de fer, pourront accroître progressivement leur extraction.

La production totale des bassins du centre peut être évaluée à 6 millions de tonnes, dont le seul bassin de la Loire fournit la moitié.

Le bassin des départements du Nord et du Pas-de-Calais n'est autre que le prolongement, au-dessous des terrains plus modernes, du terrain houiller de la Belgique, qui se montre à découvert depuis Aix-la-Chapelle jusqu'au delà de Mons. Il produit au delà de 3.800.000 tonnes.

Dans l'Ouest, on possède le bassin de la Sarthe et de la Mayenne, de la Basse-Loire, et quelques autres de moindre importance, qui reposent sur les terrains anciens de la Bretagne. Au total, ces bassins de l'Ouest ne produisent que 280,000 tonnes. Le supplément nécessaire à la consommation du marché littoral, de Brest à Nantes et à Bordeaux, est presque exclusivement fourni par les houillères anglaises.

Dans l'est, le bassin de Ronchamp (Haute-Saône), qui s'appuie sur le revers méridional des Vosges, fournit une extraction de 200,000 tonnes.

C'est le bassin de Sarrebruck, dont la production dépasse aujourd'hui 3 millions de tonnes, et dont plus du tiers est exporté en France, sous forme de houille ou de coke, qui alimente pour la plus grande partie les industries de cette région de l'Empire. Toutefois, le prolongement du bassin de Sarrebruck, qui, dans la Moselle, a été atteint sous les terrains secondaires, produit déjà 180.000 tonnes.

Il convient de signaler ici le terrain qui, dans la région occidentale de la chaîne des Alpes, principalement en Dauphiné et en Savoie, ainsi que dans le Valais et le Piémont, renferme des couches d'anthracite, et que beaucoup de géologues rapportent au terrain carbonifère.

A côté des couches à anthracite, où ce combustible est exploité en abondance aux environs de La Mure (Isère), on l'extrait également dans une autre région qui s'étend du Briançonnais (Hautes-Alpes) à travers le département de la Savoie, où sa largeur atteint 15 kilomètres, et se poursuit jusque dans le département de la Haute-Savoie. Dans cette seconde région, on exploite l'anthracite dans un grand nombre de localités, notamment aux environs de Saint-Michel et d'Aime. On n'y connaît pas moins de 60 à 70 couches d'anthracite, dont l'épaisseur varie, pour un certain nombre, de 1 à 3 mètres.

Ce n'est pas d'après la quantité extraite que l'on peut mesurer l'importance de cette anthracite des Alpes; dans un certain nombre de communes, les populations, privées de toute autre espèce de combustible, vont chercher l'anthracite, de la manière la plus pénible, à dos de mulets, jusqu'à des altitudes qui, pour diverses mines, dépassent 2.000 mètres.

D'ailleurs ce combustible, grâce au développement des voies de communication et au prolongement du chemin de fer jusqu'à Saint-Michel, est peut-être appelé à fournir des produits plus importants, quand ces ressources seront mieux connues et mieux appréciées, et que de meilleurs moyens de transport permettront d'en tirer parti. Le pays même et le nord de l'Italie, qui manquent à peu près de combustible minéral, pourront lui offrir des débouchés.

Il a été récemment reconnu que des couches de combustible médiocre, sur lesquelles on faisait des recherches depuis quelque temps dans le département des Basses-Pyrénées, aux environs de Bayonne, sont accompagnées des empreintes de plantes qui caractérisent le terrain houiller. Ces recherches se poursuivent. Quoi qu'il en soit, la découverte du véritable terrain houiller dans les Pyrénées, méritait d'être mentionnée ici. Comme dans d'autres régions, il est recouvert par des couches arénacées appartenant au trias ou au terrain permien.

Parmi les dépôts de lignite de la France qui sont destinés à acquérir plus d'importance qu'ils n'en out eu jusqu'à ce jour, il convient de citer celui de l'arrondissement de Forcalquier, dans le département des Basses-Alpes. Ce bassin, situé entre la montagne de Lure et la ville de Manosque, sur la rive droite de la Durance, n'est encore entré que pour une part insignifiante dans la consommation; mais il renferme plusieurs couches de lignite épaisses, régulières, et dont quelques-unes sont de bonne qualité. Aussi, dès que le chemin de fer en cours d'exécution atteindra cette partie des Alpes et qu'on aura exécuté des galeries d'écoulement des eaux, il est probable que l'extraction de ce combustible pourra se développer considérablement. Il est d'ailleurs à observer qu'à proximité de ce lignite, se trouvent des couches de calcaires, susceptibles de donner des chaux hydrauliques et des ciments, de même que dans la Provence.

Les plus importantes exploitations de lignite de la France sont dans cette dernière région, et particulièrement dans le département des Bouches-du-Rhône, aux environs de Fuveau. Le chiffre d'extraction a atteint, en 1864, 190.000 tonnes : depuis lors, il a un peu faibli, par suite de la concurrence que lui font les houilles sur le marché de Marseille. Ce lignite a été jusqu'à présent considéré comme appartenant aux couches inférieures des terrains tertiaires ; on a été récemment conduit à le rapporter à la craie supérieure, dont il constituerait la partie lacustre.

En France, comme dans d'autres pays, certains dépôts

de lignite ne tirent leur importance que de la pyrite de fer
qui y est mélangée en quantité considérable, et qui permet d'en tirer parti pour la fabrication du sulfate de fer
et de l'alun, comme dans le petit bassin tertiaire de Boux-
viller (Bas-Rhin).

Il ressort du dernier document officiel publié par l'Administration des mines, que de 1860 à 1864, la production
houillère de la France n'a pas cessé de progresser et qu'elle
s'est élevée de 8.300.000 tonnes à 11.200.000, c'est-à-dire
qu'elle s'est accrue de 2.900.000 tonnes. D'autre part, si
l'on se rappelle qu'en 1851 l'extraction, pour toute la
France, n'atteignait pas 4.500.000 tonnes, on voit qu'en
quatorze ans, la production indigène est devenue deux fois et
demie plus considérable. Depuis cette publication, la production n'a pas cessé de s'accroître. En 1866, elle était de
12 millions de tonnes d'une valeur de 144.400.000 francs,
soit 11^f,79 la tonne. En 1867, elle paraît devoir s'élever,
d'après les dix premiers mois de l'année, à 12.360.000 tonnes, d'une valeur de 153.264.000 francs. Ainsi, la production française a augmenté de 5 millions de tonnes depuis dix
ans ; le prix de vente moyen, qui était de 12^f,46 en 1856,
n'a pas sensiblement varié.

Au 1er novembre 1867, il existait 610 concessions de
mines de houille occupant une superficie de 2.667 kilomètres carrés.

La production indigène de houille et de lignite s'est
répartie, en 1864, entre les 71 bassins exploités, conformément au tableau ci-après :

Bassin de Valenciennes. . . . .   3.121.737 tonnes.
  —   de la Loire. . . . .   3.043.053   —
  —   d'Alais. . . . .   1.168.362   —
  —   de Commentry. . . . .   779.916   —
  —   du Creusot et de Blanzy. . . . . . .   680.940   —
  —   d'Aubin. . . . .   5o1.009   —
  —   de Ronchamp. . . . .   2o5.481   —
  —   d'Aix. . . . .   192.299   —
  —   de Brassac. . . . .   173.590   —
  —   d'Épinac. . . . .   153.980   —
  —   de Saint-Gervais (Graissesac). . . . .   148.702   —
  —   de la Sarre. . . . .   140.701   —
  —   de Carmaux. . . . .   112.583   —
  —   de la Basse-Loire. . . . .   106.247   —
  —   de Decize. . . . .   102.176   —
  —   du Maine. . . . .   100.492   —
Plus 55 autres bassin. . . . .   513.360   —
          Total. . . . .   11.242.633 tonnes.

Les exportations à la même époque ont été de 342.860
tonnes, dont :

Suisse . . . .   90.660 tonnes.
Italie. . . . .   68.130   —
Belgique. . . . .   54.030   —
Turquie et Égypte. . . . .   37.490   —
Algérie. . . . .   26.370   —
Espagne. . . . .   10.520   —
États romains. . . . .   8.330   —

La proportion relative des diverses qualités de houille et
leur prix sont représentés comme il suit :

NATURE.	TONNES.	PRIX DE LA TONNE.
Anthracite.	880.400	12,27
Houille dure à courte flamme. . . .	1.762.913	11,75
Houille grasse maréchale.	742.765	12,52
Houille grasse à longue flamme. . .	5.505.592	11,62
Houille maigre à longue flamme. .	2.086.689	10,23
Lignite.	264.274	10,54

Le chiffre des ouvriers employés en 1864, à ces extractions, a été de 77.342, qui ont fourni 22.333.524 journées de travail, et le salaire total s'élevait à 58 millions de francs; le nombre des journées de travail a donc été, en moyenne, de 288 et le salaire annuel, de 750 francs (1).

Malgré l'accroissement progressif des salaires, les prix de vente ont subi une marche inverse, que montrent les chiffres officiels suivants :

ANNÉES.	PRIX DE VENTE de la tonne sur le carreau des mines.	PRIX DE VENTE sur les lieux de consommation.	DIFFÉRENCE.
	francs.	francs.	francs.
1860	11,65	22,93	11,28
1861	11,53	22,75	11,22
1862	11,39	22,12	10,73
1863	11,28	21,85	10,57
1864	11,14	21,78	10,64

Ainsi, en cinq années, le prix moyen des ventes a diminué de 0^f,51 sur le carreau des mines, et de 1^f,15 sur les lieux de consommation; tandis que le salaire augmentait moyennement de 36 francs par année, pour les 77.000 ouvriers de tout âge qui prennent part au travail des mines.

Quant aux quantités de houille importée en 1864, elles

(1) Parmi les publications nombreuses, dont les bassins houillers de la France ont été l'objet, nous devons citer, avant tout, la description géologique de la France, par MM. Dufrénoy et Élie de Beaumont.

M. Amédée Burat a récemment publié un ouvrage sous le titre de : *Les houillères de la France* qui résume très-bien les conditions actuelles de leur exploitation, et auquel un certain nombre de faits statistiques qui précèdent ont été empruntés.

L'ouvrage que M. Geinitz a publié, en Allemagne, sur les charbons minéraux, mérite aussi d'être signalé ici.

provenaient, dans les proportions suivantes, de la Belgique,
de l'Angleterre et des province rhénanes :

	Tonnes.
Belgique, ... , , .	4.017.660
Grande-Bretagne.	1.326.580
Provinces rhénanes.	1.287.660
Pays divers.	1.350
Total.	6.633.050

La consommation de la France qui se compose de la production, augmentée des importations étrangères et diminuée
de ses exportations, a donc été pour cette même année 1864,
de 17 491.460 tonnes, que l'on répartit ainsi qu'il suit :

	Tonnes.
Usines et ateliers industriels. . . .	13.024.270
Consommation domestique.	2.086.310
Industrie des transports.	1.683.610
Usines, minières et carrières.	696.770
Total.	17.491.460

Ces 17.491.460 tonnes ont coûté la somme de 381 millions de francs, dont 187 millions représentant les frais de
transport.

§ III. — Iles Britanniques.

Ce sont les îles Britanniques, et particulièrement l'Angleterre, qui, pour la houille, forment la partie privilégiée,
non-seulement de l'Europe, mais de l'ancien monde. La
surface des bassins houillers y atteint 15.700 kilomètres
carrés. Leur production annuelle est bien supérieure à celle
de toutes les régions du globe réunies.

Les divers bassins houillers de l'Angleterre, dont les
principaux sont ceux de Durham et de Northumberland,
Yorkshire, Lancashire et Sud du pays de Galles, ont été

l'objet de trop nombreuses descriptions pour qu'il y ait lieu d'en parler longuement. Les bassins houillers de l'Écosse et d'une partie du Northumberland, offrent cette circonstance qu'ils sont associés au calcaire carbonifère, et occupent, par conséquent, la partie inférieure du système carbonifère, niveau plus ancien que celui des couches houillères de l'Angleterre centrale et méridionale. Quant à l'Irlande, où le système est représenté par le calcaire carbonifère et occupe les deux tiers de sa superficie totale, l'étage productif en houille y est comparativement très-restreint. Cette condition géologique de l'Irlande contraste, d'une manière frappante, avec celle de l'Angleterre si favorable, au contraire, à toutes les branches d'industrie qui ont besoin de combustibles; car la tourbe, très-abondamment répandue en Irlande, ne peut remplacer la houille.

Quelque considérables que soient les ressources de l'Angleterre, l'accroissement de l'extraction qui, dans la dernière période de dix ans, a été en moyenne d'environ 3,5 p. 100, a récemment inspiré des inquiétudes pour l'avenir. On s'est préoccupé de l'époque où l'on aura épuisé les gîtes actuellement connus, ou situés à des profondeurs que les travaux d'exploitation peuvent atteindre sans trop de difficultés. L'importance que, dans ce pays éminemment pratique, on attribue à la houille, est telle qu'une enquête a été officiellement ordonnée, et se poursuit en ce moment.

La production en houille des îles Britanniques s'est élevée, en 1866, au chiffre énorme de 101.630.543 tonnes, d'une valeur de 635 millions de francs. En tête de la production figurent les comtés de Durham et Northumberland (25.194.550), Lancashire (12.298.580), Staffordshire et Worcestershire (12.320.500), et Yorkshire (9.714.700).

Toute l'Écosse figure pour 12.625.000 et l'Irlande seulement pour 123.750.

Le nombre des ouvriers employés aux houillères était, en 1865, de 315.000. La moyenne des salaires payés aux mineurs adultes, à Newcastle, était de 7^f,15 par journée de sept heures.

L'emploi général de cette énorme quantité de houille mérite d'être connu. On emploie 29 millions de tonnes environ dans les usines à fer ; 62 millions servent à la consommation domestique et à divers usages, ce qui donne environ 2 tonnes par tête ; dans cette dernière consommation, la seule ville de Londres figure, en 1866, pour 6.013.265 tonnes. Dans les deux années 1864 et 1865, sa consommation avait été de 5.468.045 et 5.903.271 tonnes.

Une quantité considérable est exportée dans toutes les régions du globe. Il n'est pas sans intérêt de jeter un coup-d'œil sur le tableau des exportations faites en 1866, qui a été donné dans la statistique minérale que vient de publier M. Robert Hunt, au nom du Geological Survey. L'exportation qui, en 1856, était de 5.347.674 tonnes, s'est élevée, en 1866, à 9.367.749.

Elle se répartissait ainsi

	Tonnes.
France	1.898.125
Danemark	618.144
Norwége	166.884
Suède	253.026
Russie	520.014
Autriche	76.102
Allemagne	724.121
Prusse	430.015
Hollande	235.279
Belgique	64.843
Espagne	424.443
Portugal	147.147

	Tonnes.
Italie.	5a1.76o
Corfou, Gibraltar, Corse, Malte, Sicile,	
Majorque, etc.	38g.o2i
Grèce.	29.642
Turquie.	2a4.5y5
Afrique.	4o8.y88
Australie.	18.a56
Indes orientales.	66o.o86
Indes occidentales.	4a8.ig3
Amérique du Nord.	ao3.2i7
Amérique du Sud.	687.4a6

Dans ces dix dernières années, de 1855 à 1865, la production de la houille s'est accrue en Angleterre de 59 p. 100, et le nombre des mines s'est élevé de 2,815 à 3,188.

En 1866, malgré l'état de malaise et de forte dépression qui s'est manifesté dans beaucoup d'industries, et particulièrement dans celles du fer, la production de houille a continué de s'accroître très-sensiblement. La rapidité de l'accroissement de ces dernières années résulte du tableau suivant :

		Accroissement.
1863.	88.2g2.2i5	
1864.	92.787.8y3	4.4g5.a58
1865.	98.i5o.587	5.127.i45
1866.	101.63o.543	3.47g.g56

Pendant cette dernière année, d'une part l'exportation s'est augmentée de 782.63i tonnes, d'autre part on a consommé dans l'intérieur du pays 2.5oo.ooo tonnes de plus que l'année dernière.

La supériorité de l'Angleterre pour l'industrie de la houille, ressort surtout de la comparaison des prix : sur le carreau de la mine, elle ne coûte guère plus de la moitié de ce que coûte la houille en France, où l'on se propose, avant tout, de ne rien abandonner.

Avec une superficie houillère montant au cinquième de celle de l'Angleterre, notre production n'est cependant que le neuvième de celle de nos voisins.

§ IV. — **Belgique**.

Le terrain houiller de la Belgique présente une disposition extrêmement remarquable, la forme d'une bande longue et étroite, qui traverse le pays depuis Mons et Charleroi jusqu'à Liége. D'une part, vers l'ouest, son prolongement constitue le bassin du nord de la France ; d'autre part, vers l'est, elle atteint les environs d'Aix-la-Chapelle. Cette disposition linéaire est due à la manière énergique dont les couches ont été comprimées et plissées, ainsi que l'expriment si clairement les sections transversales du bassin. La longueur totale de cette zone dépasse 400 kilomètres ; elle constitue réellement un seul et même bassin, dont la surface est d'environ 2,500 kilomètres carrés, et qui paraît être, au moins jusqu'à présent, le plus riche du continent. La largeur moyenne n'est que de 6 à 10 kilomètres.

La partie belge de ce vaste bassin n'a pas produit, en 1865, moins de 11.800.000 tonnes, dont plus des trois quarts pour le Hainaut, et le reste, pour les environs de Liége et de Namur.

Sur la quantité de houille extraite en 1864, qui avait été de 11.158.336 tonnes, 7.834.743 ont été consommées à l'intérieur, et le reste exporté, pour la plus grande partie, en France, qui en a reçu 3.150.185 tonnes.

En 1864, le nombre des ouvriers employés dans les mines était de 79.779, dont 60.536 à l'intérieur, et 19,243 à l'extérieur.

§ V. — Prusse.

La Prusse renferme de riches bassins houillers.

Le puissant bassin de la Ruhr ou de Westphalie, situé sur la rive droite du Rhin, forme comme le prolongement de la zone houillère de la Belgique, tant par son alignement que par les ploiements de couches, auxquels il a été soumis. Dans la partie septentrionale, les couches houillères, comme en Belgique et en France, sont recouvertes par le terrain crétacé, sous lequel les explorations, poursuivies depuis 1851, les ont déjà fait reconnaître, jusqu'à une distance considérable de la limite de l'affleurement. Des puits vont rechercher cette partie recouverte et remarquablement riche, à des profondeurs de 360 à 400 mètres. Un profil général représente bien ces circonstances.

Dans ce bassin, on ne connaît pas moins de 90 couches, dont 60 sont exploitables et forment une épaisseur totale qui dépasse 50 mètres. Les couches supérieures, qui forment les deux cinquièmes de l'ensemble, fournissent des houilles grasses.

L'important bassin de Sarrebruck, qui repose sur le versant méridional du Hündsrucke, a une étendue de plus de 2812 kilomètres carrés; mais, à raison des éruptions de porphyre et de mélaphyre qui le traversent et des terrains plus récents qui le recouvrent en partie, il n'affleure guère que sur 1.680 kilomètres carrés, sans compter la partie qui se prolonge dans la Bavière rhénane. Le groupe des couches supérieures, qui est pauvre en houille, a, dans ces derniers temps, été rapporté au terrain permien. On connaît, dans le bassin de la Sarre, 77 couches exploitables, c'est-à-dire de plus de 0^{m},60, et formant une épaisseur totale de 80 mètres.

Le bassin houiller de la Haute-Silésie, le plus oriental et en même temps le plus riche, se prolonge jusqu'en Pologne et en Moravie. Il ne se montre aussi que par lambeaux isolés, mais des sondages en ont également fait reconnaître la continuité sur une étendue considérable.

Dans sa partie principale, près de laquelle sont situés les centres de l'industrie du fer et du zinc, il renferme 35 couches exploitables, dont chacune n'a pas moins de 1 mètre, et dont le total atteint environ 100 mètres de puissance.

La Prusse possède en outre 6 autres bassins houillers moins importants.

Le total de la production de tous les bassins s'est élevé, dans une période de dix ans, de 1855 à 1865, de 7.982.329 à 18.592.115 tonnes métriques.

En tête de la production de cette dernière année, figure le bassin de la Ruhr, pour 9.165.670, la Haute-Silésie, pour 4.300.000, Sarrebruck, pour 2.950.000 tonnes.

A part ces richesses considérables en houille, la Prusse abonde aussi en lignite. Une série de sondages, exécutés dans ces dernières années, a mieux fait ressortir encore la grande importance des dépôts de lignite que possède la Prusse. Le terrain tertiaire, qui constitue une partie des plaines du royaume, en renferme presque partout. Ils sont d'ailleurs souvent recouverts sur des épaisseurs peu considérables, par des couches quaternaires ou tertiaires, et sont accessibles à une faible profondeur. La province de Saxe, principalement dans les districts de Mersebourg et de Magdebourg, est particulièrement riche en lignite. En dehors de la région des plaines, il en existe aussi surtout dans le Vogelsberg, le Habichtswald et le Westerwald, qui sont également dans des terrains tertiaires, et le plus souvent accompagnés d'épanchements de basalte et d'autres roches éruptives. Certaines couches de lignite, exploitées dans ces bassins, atteignent des épaisseurs de 10, 15 et 20 mètres. Des échantillons bien choisis en montrent les principales variétés. Les nombreux bassins exploités ou connus dans la province de Saxe et dans le Brandebourg, se trouvent particulièrement à Halle et aux environs de Francfort-sur-l'Oder.

L'exploitation des lignites s'est très-considérablement augmentée en Prusse ; elle a plus que doublé depuis 10 ans. Non-seulement les anciens usages de ce combustible pour chauffage de chaudières, évaporations, chauffage domestique, se développent ; mais, dans ces dernières années, il est venu s'en joindre d'autres, à raison de son emploi dans le chauffage au gaz et de la propriété, que possèdent certaines variétés, de·produire de la paraffine en abondance, comme il arrive pour celles des environs de Halle et de Bonn, en Prusse.

La quantité de lignite qui a été extraite, en 1865, de plus de 500 mines, s'est élevée à 5.021.446 tonnes ; plus des trois quarts de cette production proviennent du district minier de Halle. Cette production n'était que de 1.085.000 tonnes, en 1847, de 2.636.700 en 1857 et de 3.681.000 en 1862 ; c'est une progression encore plus rapide que pour la houille.

Il est à ajouter que les pays récemment annexés ont produit, en 1864, 208.850 tonnes, dont les trois quarts appartiennent à la Hesse-Électorale.

§ VI. — Saxe.

Les bassins houillers de la Saxe ont aussi acquis une grande importance, particulièrement celui de Zwickau.

Leur production est évaluée, en nombres ronds, à 2 millions de tonnes, d'une valeur de 20 millions de francs, et obtenues au moyen de 13.499 ouvriers.

En outre le royaume de Saxe renferme, comme la Prusse, d'importantes couches de lignite, dont l'extraction a été, en 1865, de 40.000 tonnes, d'une valeur d'environ 1.900.000 francs et occupant 2.300 ouvriers.

§ VII. — Autriche.

L'Autriche possède en Bohême un riche bassin houiller, sur lequel M. Michel Chevalier a depuis longtemps attiré l'attention (1). Ce même terrain se présente aussi en Moravie et dans la Silésie autrichienne, dans le prolongement du bassin de la Silésie prussienne.

Les couches de Funfkirchen en Hongrie, et celles de Steyerdorf en Banat, qui ont déjà été mentionnées comme se rapprochant tout à fait de la houille proprement dite, quoique appartenant au lias, sont exploitées pour des quantités considérables. Celles de Funfkirchen, exploitées par la Compagnie de navigation du Danube, ne sont pas au nombre de moins de vingt-cinq, d'une épaisseur totale de 45 mètres. La production de 1866 s'est élevée à 203.760 tonnes métriques; elle a été plus que doublée depuis 1859. Elle est obtenue par 945 ouvriers, et à l'aide de onze machines à vapeur; le quintal de combustible revient à 0,60 sur le carreau de la mine. Cette houille est susceptible de produire un véritable coke, qui donne 8 à 12 pour 100 de cendres, et que l'on fabrique en grand; les échantillons de ce coke sont exposés, à côté des coupes du terrain qui fournit le combustible.

---

(1) *Annales des mines*, 1842.

La production de l'Autriche en houille est de 2.836.35o tonnes métriques.

L'Autriche, comme la Prusse, renferme d'énormes quantités de lignite, principalement en Bohême (Aussig et Tœplitz), Moravie, Styrie, Hongrie, Galicie, haute et basse Autriche et Transylvanie. Une partie de ces lignites tertiaires, particulièrement ceux du nord de la Bohême, de la Styrie et de la Carinthie, se trouve en couches, dont l'épaisseur dépasse parfois 10 mètres, et possède une excellente qualité.

L'extraction du lignite s'est élevée en Autriche, pour 1865, à 2.239.420 tonnes, c'est-à-dire qu'elle est à peu près égale à celle de la houille, dans le même pays. Le bassin d'Aussig et de Tœplitz, en Bohême, y figure pour 700.000 tonnes.

L'un des principaux exploitants, M. Drasche, qui, pour sa part seulement, en a extrait 350,000 tonnes, dans différentes parties de l'empire, présente une série d'échantillons, en même temps que diverses coupes, qui permettent de se représenter nettement les gisements de ce combustible.

§ VIII. — **Italie**.

Bien que l'existence du terrain carbonifère en Italie soit aujourd'hui démontrée, on n'y a pas rencontré de couches de houille importantes. L'anthracite, que l'on connaît dans la vallée d'Aoste, ne fournit qu'une faible extraction annuelle, et le terrain carbonifère reconnu dans l'île de Sardaigne, à Seni, par M. le général de la Marmora, est pauvre en combustible.

A défaut de terrain houiller productif, l'Italie possède

des dépôts de lignite, notamment en Toscane, en Piémont, en Ligurie, en Lombardie et en Vénétie.

Ils appartiennent au terrain tertiaire de l'époque miocène; parmi ceux-ci, il en est, comme celui de Monte-Bamboli, qui rivalisent avec la vraie houille du terrain houiller et qui peuvent donner du coke (1). Quelques-uns aussi appartiennent à l'époque tertiaire supérieure ou pliocène; ces derniers se rapprochent beaucoup de la tourbe.

La production de 16 mines de lignite exploitées a été, en 1864, de 42.900 tonnes, d'une valeur de 487.000 francs.

§ IX. — Espagne.

Quoique l'Espagne renferme de riches bassins houillers, l'exploitation de ce combustible n'occupe encore qu'une faible place dans l'industrie.

Le bassin houiller d'Oviedo ou des Asturies est le plus productif. Les concessions s'étendent sur une surface de 206 kilomètres carrés et les couches possèdent une épaisseur totale très-considérable.

Il faut ensuite citer les bassins de Palencia et de Léon, qui forment comme la continuation du premier, sur le versant méridional de la chaîne.

Le bassin de Belmès et d'Espiel, dans la Sierra Morena, qui est à la veille d'être mis en communication avec les chemins de fer, va sans doute fournir aussi son contingent.

On peut encore mentionner ceux de Villanueva del Rio,

---

(1) Charbon.   66,30
Matières volatiles.   39,00
Cendres.   4,70
                              Total. 110,00
Calories. 109,00

près de Séville, et de Saint-Jean de Las Abadesas, en Catalogne. Il y en a enfin de moins importants, comme celui de Hinajeros, province de Cuença.

La production de l'Espagne en houille a été, en 1865, de 360.245 tonnes et a occupé 6.250 ouvriers.

Dans le même royaume, on exploite aussi des combustibles dans les terrains plus récents que le terrain houiller. Les meilleurs charbons de l'Espagne, après ceux du terrain houiller, sont ceux qui sont subordonnés au terrain néocomien et qu'on exploite à Montalban, province de Téruel.

Beaucoup d'autres, tels que ceux d'Alcoy, royaume de Valence, et de Calas, en Catalogne, appartiennent au terrain tertiaire miocène, comme on en trouve dans tant d'autres régions de l'Europe.

§ X. — **Portugal.**

En Portugal, le terrain carbonifère ne forme que des lambeaux peu étendus. Le seul que l'on exploite, celui de S. Pedro de Cava, qui alimente la ville de Porto, a produit, dans ces dernières années, 13.000 tonnes de combustible, consistant en une véritable anthracite.

Dans ce pays, le terrain jurassique renferme des couches de charbon minéral exploitables, dans les provinces de Beira et d'Estramadure. Les gîtes les plus remarquables sont ceux du cap Montego et ceux du district de Leiria, appartenant au terrain jurassique (oolithe moyenne ou supérieure).

§ XI. — **Suède et Norwége. Islande. Spitzberg.**

Suède. — La Suède expose aussi son lignite, que l'on ne trouve que dans une seule province, celle de Malmöhus.

L'exploitation se fait principalement à Hoganäs et a produit, en 1865, environ 40.000 tonnes. Ce combustible, de bonne qualité, appartient au lias.

A part cette région méridionale, le sol du pays est presque entièrement formé de roches cristallines, telles que le gneiss, et de terrain silurien : on ne peut donc même y chercher le combustible.

Norwége. — Des couches de combustible viennent d'être signalées tout récemment par M. Dahl, à proximité des îles Lofoden, dans la partie septentrionale de la Norwége, et elles vont être l'objet de recherches.

Islande. — On peut aussi mentionner ici le lignite, connu en Islande sous le nom de *surtarbrandur*, que l'on exploite et qui figure à l'Exposition. Il appartient au terrain tertiaire de l'étage moyen.

Spitzberg. — Déjà Scoresby avait signalé, dans les îles Spitzberg, la houille, en morceaux apportés par les glaciers, notamment dans le golfe de Glace, dans le Bell Sound et au Kolfjell ; mais on n'avait pas cherché le gîte primitif de ce combustible. M. Blomstrand, l'un des membres scientifiques de la commission suédoise, l'a découvert en 1861, en gravissant le glacier et en explorant les montagnes du bassin ainsi que ses moraines. Il a vu les couches de houille en place, en quatre points différents, sur une ligne de 2 kilomètres. Elles alternent avec des grès et des schistes, renfermant des vestiges nombreux de plantes. L'une d'elles a 2^m,50 et donne peu de cendres. L'exploitation, à 2.500 mètres du rivage et presqu'à fleur de terre, ne serait pas difficile pour les navires qui se trouvent dans ces parages ; la baie King, située à proximité, est un des meilleurs mouillages du Spitzberg.

Il est à ajouter que le calcaire carbonifère est connu dans cette contrée.

Outre le terrain houiller, il se trouve dans ces parages du lignite récent, avec succin.

§ XII. — **Empire Russe.**

En Russie, le terrain carbonifère, représenté seulement par le groupe inférieur ou calcaire, occupe de vastes étendues, ainsi que l'ont appris depuis longtemps les importantes recherches de MM. Murchison, de Verneuil et de Keyserling. On le trouve dans trois régions différentes.

La région la plus importante pour l'exploitation, située au sud, est connue sous le nom de bassin du Donetz.

Ce bassin, sur lequel M. le Play a publié un travail fondamental, à la suite de l'exploration qu'il en a faite en 1838, renferme les principales ressources en combustible, connues en Russie. La production qui, dans ces dernières années, n'a guère dépassé, tant en houille qu'en anthracite, 100.000 tonnes, paraît bien inférieure à celle qu'on pourrait atteindre. Comme en Écosse, les couches de houille alternent avec du calcaire, parsemé de coquilles marines. Le terrain houiller affleure sur une surface d'environ 16.000 kilomètres carrés, c'est-à-dire quatre fois plus grande que l'ensemble des concessions houillères de la France et égale à celle sur laquelle il se montre en Angleterre. Mais l'étendue réelle du terrain houiller, dans cette région, est encore bien supérieure ; car au nord, à l'est et à l'ouest, il disparaît sous des terrains plus récents : sur quelques points, tels que Slavianska et Petrovskoe, il en apparaît des lambeaux ; de telle sorte que, malgré l'absence de recherches, il paraît bien probable que la partie cachée possède une étendue comparable à celle de la partie non recouverte par d'autres terrains.

Lors même que les nombreux affleurements de houille connus dans le bassin du Donetz ne correspondraient qu'à une douzaine de couches, d'une épaisseur totale de 9 à 10 mètres, le volume total de combustible présenterait des ressources considérables pour l'avenir. Quand des voies de communication convenables auront été créées, ce combustible trouvera sans doute d'importants débouchés, tant pour la navigation de la mer Noire et des fleuves que pour d'autres usages.

La seconde région constitue une large zone qui s'étend de la partie centrale de la Russie, située au sud de Moscou, vers le nord, jusque sur les bords de la mer Blanche, sur plus de 13 degrés de latitude. Le terrain houiller s'appuie, vers l'ouest, sur le système dévonien, et est recouvert, vers l'est principalement, par le terrain permien, qui lui est superposé.

Dans les gouvernements de Toula et de Kalouga, il donne lieu à des exploitations déjà assez importantes pour les sucreries et les usines à fer. Cependant sur la plus grande partie de cette vaste étendue, on n'a encore rien trouvé d'exploitable. Ainsi les recherches, qui ont été faites aux environs de Moscou, ont rencontré de nombreuses couches de combustible, mais, généralement, de faible épaisseur et toujours trop mélangées de matières terreuses (moyennement 40 pour 100), pour qu'on ait pu lui trouver des emplois industriels. C'est cette sorte de lignite ou de combustible qui a été signalée plus haut. Dans cette deuxième région centrale et septentrionale, les couches ont conservé une horizontalité remarquable, que l'on ne retrouve pas dans les deux autres régions.

La troisième région se rattache à la chaîne de l'Oural.

Déjà, au commencement du siècle, on avait remarqué, dans le nord de la chaîne et sur le versant occidental, près des usines à fer d'Alexandrowsk, des affleurements de couches charbonneuses. D'autre part, une exploration, qui remonte à 1827, faite par MM. Hoffmann et de Helmersen, avait démontré l'existence du calcaire carbonifère dans la région méridionale, où la rivière Sakmara apportait des morceaux de houille, lors de ses crues.

Après que l'exécution de la carte géologique de la Russie d'Europe eût montré, avec certitude, que le terrain carbonifère s'étend surtout le versant occidental de l'Oural, on rechercha la houille aux environs d'Artinsk, au moyen de plusieurs sondages qui restèrent sans résultat.

En 1860, l'Administration des Mines provoqua l'exécution de nouvelles recherches, qu'éclairèrent très-utilement les études, faites sur les lieux, par M. Pander, qui fut si prématurément enlevé à la science, ainsi que celles de MM. Grünewald et Ludwig et de M. Möller. Ces explorations géologiques ont appris que, sur le versant occidental de l'Oural, la houille se trouve à deux niveaux différents : le niveau inférieur, situé à la base du calcaire carbonifère, à sa limite avec le système dévonien est exactement le même que celui de la houille du bassin de Toula et de Kalouga, et se retrouve également sur le versant oriental de la chaîne, où il fournit le combustible aux usines de Kaminsk ; l'autre niveau est à la partie moyenne du calcaire carbonifère.

Ces explorations, accompagnées de sondages, poursuivies depuis l'année 1851 jusque dans ces dernières années, et que M. le général de Helmersen a récemment résumées dans un rapport, ont amené plusieurs découvertes utiles. Dans le district d'Alexandrowsk, on a trouvé, au voisinage de la houille, des couches de minerais de fer (oxyde hydraté) de bonne qualité et appartenant aussi au terrain houiller, qui peuvent être d'une grande importance pour l'avenir de l'industrie du fer.

En résumé, dans les régions, situées sur les deux versants de l'Oural, où les couches de houille sont connues et déjà exploitées, les mines à fer et les 300 bateaux à vapeur du Volga offriraient des débouchés considérables. Sur le versant oriental, dans le district houiller de Soukhoilok, les usines à fer de Kaminsk, si richement dotées en minerais, pourront peut-être tirer parti de la houille pour leur alimentation ; car le combustible végétal commence à leur faire défaut.

Le système carbonifère se poursuit encore plus loin, vers l'est, dans ces régions septentrionales ; car M. P. de Tchihatcheff l'a découvert, dès 1842, sur le versant septentrional de l'Altaï. Comme en Europe, il est représenté par le calcaire carbonifère, renfermant des couches de houille, que l'on commence également à exploiter.

Depuis peu d'années, on exploite du combustible dans la partie orientale du pays des Kirghis, aux environs de Akmolinsk et de Karkaralinsk, principalement pour la fusion du minerai de cuivre et de plomb qu'on trouve dans la même contrée. La nature du terrain qui le renferme et le voisinage du calcaire carbonifère l'a fait rapporter au terrain houiller (1).

En résumé, la production des quatre régions de l'Empire russe, où l'on exploite le terrain carbonifère, est représentée par les nombres suivants, qui se rapportent à l'année 1863 :

______

(1) D'après ce qu'a bien voulu me communiquer M. de Koschkull, il serait alors comme la continuation de celui de l'Altaï.

	Tonnes.
Bassin du Donetz.	92.160
— de Moscou.	21.020
— de l'Oural.	11.610
— de l'Altaï.	3.632

Ainsi le terrain carbonifère de la Russie, malgré sa vaste étendue, a été jusqu'à présent très-peu productif. Mais l'industrie houillère y date de moins de 30 ans, et il est très-probable qu'on arrivera à découvrir de nouvelles ressources.

Dans diverses parties de l'Empire russe, en dehors du terrain houiller proprement dit et des terrains plus récents, on a découvert des gisements de combustible minéral. Deux d'entre eux méritent d'être signalés, comme étant devenus récemment l'objet d'exploitations.

Dans le Caucase, sur les bords du Kouban, on a rencontré une véritable houille, susceptible de donner du coke, bien qu'elle soit subordonnée au terrain jurassique. Une des couches dépasse 6 mètres de puissance, déduction faite des schistes bitumineux auxquels elle est associée. Cette houille, exploitée seulement depuis 1861, a fourni, en 1865, 2.300 tonnes. Dans une contrée où le bois abonde, et où l'industrie ne réclame pas d'autre combustible, elle n'est pas encore mise à profit, comme elle pourra l'être par la suite. Du lignite est connu aussi sur le versant méridional du Caucase et à 100 kilomètres de la mer Noire, près de Koutaïs, également dans le terrain jurassique et dans des conditions de gisements semblables à celui du Kouban. Mais, comme dans le Kouban, l'abondance des forêts est telle qu'on en a jusqu'à présent, négligé l'extraction.

Dans la partie occidentale de la steppe des Kirghis, près du golfe Mort (Mertwoï Koultouk) et non loin d'Orenbourg, on a aussi découvert, en 1855, du lignite en couches de plus de 3 mètres d'épaisseur et qui paraît appartenir au terrain tertiaire miocène, d'après les déterminations de M. Heer. Cette découverte est due au capitaine Antipoff et a donné lieu, en 1863, à une extraction de 5.800 tonnes.

Parmi les autres gisements de lignite connus, et la plupart inexploités, on citera encore celui que M. Sidoroff a découvert, en 1853, à Nisnaja Tongouska, sur le fleuve Taïmour.

La Russie fait aussi exploiter, pour l'usage de sa marine, du charbon de très-bonne qualité et ressemblant parfois au *cannel coal*, à l'extrémité sud de la Sibérie orientale, à Possiette et, dans cette même région, à Dui, dans l'île de Saghalien.

§ XIII. — **Turquie.**

On connaît depuis longtemps en Asie-Mineure, sur le littoral de la mer Noire, entre Eregli (Héraclée) et Amasry, des couches de houille que l'on peut rapporter avec certitude au terrain carbonifère.

Bien que ce combustible ne soit pas de première qualité, il est exploité par le gouvernement pour les besoins d'établissements industriels et pour la navigation à vapeur.

§ XIV. — **Amérique du Nord.**

États-Unis. — Le système carbonifère prend, dans l'Amérique du Nord, en surface et en épaisseur, un développement beaucoup plus grand qu'en aucune autre région du globe. Son étendue y est au moins huit fois plus considérable qu'en Europe.

Aux États-Unis, le terrain carbonifère occupe une surface totale de 322.000 kilomètres carrés et se partage en plusieurs bassins, dont les principaux sont : celui des Apalaches qui s'étend du nord vers le sud, de l'État de New-York à celui d'Alabama ; celui de l'Illinois et d'Indiana ; celui de Michigan et celui du Texas.

Le terrain carbonifère de l'Amérique du Nord se divise en trois étages, correspondant à ceux de l'Europe et identifiés par des fossiles communs ; c'est là un des nombreux exemples de l'uniformité de caractères des divers étages des terrains stratifiés dans des régions très-distantes. C'est dans l'étage supérieur, ou groupe houiller proprement dit, que se trouvent, à peu près exclusivement, les couches de combustible exploitées ou exploitables.

Dans la région des Apalaches, cet étage supérieur occupe une surface de 154.800 kilomètres carrés, et s'étend sur une partie des États de Pensylvanie, d'Ohio, de Virginie, du Kentucky oriental, du Tennessee et de l'Alabama. Son épaisseur totale est de 750 à 900 mètres, et l'épaisseur réunie des diverses couches de combustibles exploitées dépasse 30 mètres à Pottsville, 18 mètres à Wilkesbarre et 7 mètres à Pittsburg. Une seule couche, dite mammoth, de $7^m,62$ de puissance, dont on a exposé un bloc pesant 3.500 kilogrammes, s'étend sur une superficie qu'on a évaluée à 1.175 kilomètres carrés.

Dans les régions occidentale et centrale, où les couches sont à peu près horizontales, on trouve la houille proprement dite, tandis que, dans la partie orientale, où les couches sont brisées et disloquées, à proximité des Alleghanys, le combustible passe à l'anthracite, notamment en Pensylvanie.

Le bassin houiller de l'Illinois et du Missouri, qui s'étend aussi sur une partie très-considérable des États d'Illinois, d'Indiana et de Kentucky et, à l'ouest du Mississipi, sur une partie des États de Iowa, Kansas et Arkansas, occupe une superficie à peu près égale à celle du bassin des

Apalaches. L'épaisseur de l'étage supérieur qui, dans le Missouri, varie de 180 à 300 mètres, atteint 1.000 mètres dans le Kentucky occidental; celle des couches de houille réunies est d'environ 22 mètres.

Le bassin de Michigan, situé vers le centre de la péninsule de ce nom, a une surface d'environ 12.900 kilomètres carrés.

Le terrain houiller s'étend, en outre, dans les États du Texas et de Rhode-Island.

Le calcaire carbonifère a été retrouvé jusque dans le bassin du Rio Colorado, sur les bords du Rio Gila, et dans la Sierra Nevada de Californie mais sans qu'on ait observé, dans ces dernières régions l'étage qui renferme la houille.

La production des États-Unis, en 1864, était évaluée à 16.617.015 tonnes. Parmi les 15 États où cette houille a été exploitée, le principal est la Pensylvanie qui y figure pour 12.691 tonnes (1). Depuis lors, cette production a continué à s'accroître considérablement; elle est estimée, pour 1866, à 22 millions de tonnes. Cependant elle est encore bien loin de la valeur qu'elle pourrait avoir et qu'elle atteindra nécessairement.

Amérique anglaise. — Les autres bassins houillers des États-Unis se poursuivent vers le nord, dans les possessions anglaises, à Terre-Neuve, dans le Nouveau-Brunswick et la Nouvelle-Écosse; ils occupent ensemble environ 46.000 kilomètres carrés.

Ce dernier pays présente le terrain houiller sur une épaisseur énorme, qui dépasse 3.600 mètres; on a vu des échan-

---

(1) Pendant l'année 1867, les chemins de fer pensylvaniens ont transporté, en outre d'une énorme quantité de pétrole :

Anthracite. 15.482.140
Houilles grasses. 4.931.378

tillons de ces puissantes couches de houille, représentées, sur toute leur épaisseur, dans le parc de l'Exposition.

Dans la baie de Fundy, l'épaisseur totale du groupe supérieur, y compris le Millstone grit, est de 4.500 mètres ; il renferme 76 couches de houille, réparties vers le milieu de la série, sur une hauteur de 860 mètres, et qui, réunies, donnent 12 mètres de charbon exploitable. A Pictou, il y a six couches de houille, d'une épaisseur totale de 24 mètres. Deux de ces couches atteignent respectivement des puissances de 7 mètres et 11 mètres.

En 1866, il y avait 30 exploitations de houille à la Nouvelle-Écosse, la plupart ouvertes depuis peu, et donnant une production de 560.680 tonnes.

Amérique boréale. — Le développement du terrain carbonifère de l'Amérique du Nord s'étend jusque dans les régions arctiques. Au-dessus des terrains siluriens de ces contrées, se trouvent des couches, avec coquilles marines, qui caractérisent parfaitement le calcaire carbonifère. Sur d'autres points la houille est associée, comme d'ordinaire, à des couches de grès, d'argile, et, comme dans beaucoup d'autres contrées, à des couches de fer carbonaté argileux et d'hématite brune.

C'est à Parry qu'on doit la découverte de la houille dans ces régions glaciales ; les expéditions d'Austin et de Belcher ont bien mis en évidence toute son extension, depuis l'île Baring jusque dans le sud de l'île Melville et dans l'île Bathurst. Le combustible de l'île Disco, à l'ouest du Groenland, est tertiaire ; mais, à cette exception près, celui qui provient des régions arctiques appartient au terrain houiller et présente parfois des caractères particuliers.

Les gisements de combustibles, dont il vient d'être question, situés bien au delà du 70° de latitude, dans des régions complétement glaciales et inhabitées, ne sont pas exploités. L'extension du terrain houiller dans ces parages présente, toutefois, un grand intérêt, d'autant plus que les vestiges végétaux, comme les fossiles animaux, paraissent attester l'uniformité de température qui, à l'époque de la formation de la houille, s'étendait de nos latitudes jusque dans la région polaire arctique.

Californie. — En Californie, notamment dans le comté de Contra Costa, au Monte Diablo, on a découvert des couches d'un combustible qui, bien qu'appartenant à un terrain relativement récent, se rapproche des véritables houilles : aussi est-il activement exploité, de manière à faire concurrence à celui qui arrive d'Angleterre, de New-York, du Chili et de Vancouver. Il est situé sur la limite du terrain crétacé et du terrain tertiaire, et c'est au même gisement qu'appartient celui du territoire de Washington et de Vancouver que l'on exploite en abondance, surtout dans cette dernière localité.

Pendant l'année 1864, la production de la Californie avait été de 65.000 tonnes, et l'importation des charbons étrangers d'environ 100.000 tonnes.

§ XV. — Amérique du Sud.

On ne connaît jusqu'à présent dans l'Amérique méridionale que peu de gîtes de combustible exploitables.

Chili. — Un combustible minéral qui n'est pas de la houille, mais un lignite (1) abondant et de très-bonne qua-

---

(1) Il a à peu près l'aspect du lignite de Fuveau; il renferme environ moitié de son poids de carbone fixe.

lité, est fourni, au Chili, par le terrain tertiaire, dans la partie littorale des provinces de Conception, Valdivia, Chilöe jusqu'au désert d'Atacama. Ce lignite, qu'on trouve en couches épaisses, à proximité de la mer, est exploité en grande quantité, et l'énorme bloc provenant des mines de Lota donne une idée exacte de la nature de ce combustible, qui constitue l'une des principales branches de l'industrie minérale au Chili. L'extraction de 1865 s'est élevée à 140.000 tonnes et a été produite par plus de 600 mines. La plus grande partie est consommée dans le pays, tant pour la fusion du minerai de cuivre que pour l'usage domestique ; on s'en sert également pour la navigation ; enfin on en exporte jusqu'à de grandes distances, sur le littoral des deux Amériques.

Les couches nombreuses et puissantes que l'on connaît au détroit de Magellan, notamment près de la pointe Saint-Isidore, paraissent appartenir au même terrain.

Brésil. — On connaît au Brésil des combustibles dans la province de Sainte-Catherine, non loin du littoral. Un autre gisement a été assez récemment découvert, aussi dans la partie méridionale de l'empire, principalement à Candiota, province de Saint-Pierre-de-Rio-Grande du Sud, où il en existe, dit-on, de nombreuses couches sur les bords de la rivière Vaccacahy et notamment près du ruisseau des Rats (Arroïo dos Ratos). Ce combustible, qui n'est pas une véritable houille, laisse 25 pour 100 de cendres ; cependant une compagnie l'exploite, depuis huit ans, pour ses navires, quoique les moyens de transport laissent encore beaucoup à désirer et puissent être considérablement améliorés.

D'après une observation récente de M. Agassiz, ces couches pourraient appartenir au terrain carbonifère, et il en serait peut-être ainsi de celles des îles Falkland.

§ XVI. — **Afrique**.

Natal. — On a découvert récemment dans la partie méridionale de l'Afrique, dans la colonie anglaise de Natal, un gisement de combustible d'assez bonne qualité pour que les maréchaux de la colonie l'emploient déjà, et assez abondant pour que l'on projette de construire un chemin de fer qui le relie à un port, distant d'environ 250 kilomètres. On comprend de quelle importance peut être une découverte de ce genre pour le commerce maritime, dans cette situation géographique.

Madagascar. — De la houille a été signalée sur la côte nord-ouest de Madagascar, et examinée par M. Jules Guillemin, qui a reconnu cinq affleurements d'un charbon, parfois de bonne qualité, accompagné d'empreintes de plantes qui paraissent caractériser le terrain houiller. Mais les couches observées jusqu'à présent sont minces ; la plus épaisse n'a que $0^{m},80$. Toutefois, le fait paraît d'autant plus mériter l'attention que, dans la même région, sur le continent africain, sur la côte de Mozambique, les Portugais ont aussi, dit-on, découvert du terrain houiller.

§ XVII. — **Asie**.

Inde. — L'Inde anglaise possède un terrain dans lequel se trouve un étage de couches renfermant du charbon minéral, et qui s'étend sur plus de la moitié de la distance qui sépare Calcutta de Bombay. Cette bande du Bengale n'occupe pas moins de 5 degrés de latitude. Elle peut se décomposer en 27 groupes ou bassins, parmi les-

quels l'un des principaux est celui de Ranigung. Sur
2.500 mètres de couches, il renferme une épaisseur totale
de 5o à 4o mètres de combustible exploitable.

La disposition de ces différents bassins, aussi bien que la
nature de leur combustible, ont été l'objet d'une étude approfondie de la part de M. T. Oldhame et du *Geological Survey*,
dont il est le directeur. Ce combustible paraît appartenir,
comme on l'a dit plus haut, à une époque postérieure au terrain carbonifère, et qui peut être triasique ou même jurassique.

Tandis que certains charbons, tels que celui de Khasi,
sont d'excellente qualité et se rapprochent des houilles anglaises, la plupart sont très-chargés de matières terreuses.
On peut admettre, comme une sorte de moyenne, la proportion : carbone fixe, 52,20 ; matières volatiles, 31,90 ;
cendres, 15,50 ; or la composition moyenne des bonnes
houilles anglaises pourrait être prise comme étant : carbone fixe, 68,10 ; matières volatiles, 29,20 ; cendres,
2,70. On en conclut que les charbons indiens n'ont pas
plus des deux tiers, et quelquefois pas plus de la moitié du
pouvoir calorifique des meilleures houilles anglaises.

La production totale de houille exploitée au Bengale,
sensiblement stationnaire depuis 1859, s'est accrue en 1866;
elle a été, dans cette année, de 390.500 tonnes. Depuis
huit ans, elle forme à peu près les 8/9 de la houille qui est
consommée; 1/9 est importé d'Angleterre. Les chemins de
fer absorbent environ près de la moitié de cette production
totale. Jusqu'à présent, ce charbon n'a été exploité qu'à une
faible profondeur; les puits les plus profonds n'atteignent
pas 75 mètres, et une bonne partie a été extraite à ciel ouvert.

Chine. — On peut ajouter que la Chine paraît riche en

combustible minéral dans certaines régions de sa vaste étendue.

D'après un rapport adressé récemment au gouvernement chinois par M. Pumpelly, à la suite d'une exploration du Si-Shan, il existe, dans cette province, des couches de combustible atteignant 2 mètres d'épaisseur, et d'une qualité égale à celle des meilleurs charbons anglais. C'est souvent une véritable anthracite, peu pyriteuse, et ne donnant pas au delà de 4 p. 100 de cendres. Avec les moyens d'épuisement qu'emploient les Chinois, les mines ne peuvent dépasser une profondeur de 70 mètres, et ne donnent qu'une extraction insignifiante : 805 tonnes par an.

Cependant les bâtiments à vapeur, qui naviguent dans les mers de Chine, consomment de la houille pour une valeur que l'on estime à plus de 25 millions de francs; la plus grande partie provient de l'Angleterre, une certaine quantité du Japon, de l'Australie et de l'Amérique. Il serait facile à la Chine de tirer parti de ses grandes ressources en combustible, en adoptant les procédés d'exploitation de l'Europe, et en créant des voies de transport économiques.

Le calcaire dévonien paraît extrêmement développé en Chine. Il est recouvert par un grand dépôt de grés, schistes et conglomérats, riches en combustible, qui, selon M. Newberry, ne renferment pas de plantes houillères, mais des cycadées, et appartiendraient à un terrain plus moderne que le terrain houiller, peut-être au trias. Aux environs de Pékin, où la houille est exploitée, elle est avoisinée, comme dans certains de nos bassins houillers, par des couches de minerai de fer. Malgré sa bonne qualité et son abondance, elle ne fait pas encore concurrence aux houilles anglaises.

En outre, dans l'île de Formose, il existe aussi du char-

bon minéral, à l'exploitation duquel sont occupés 3oo ouvriers chinois : ce n'est qu'un lignite.

Japon. — Le Japon renferme aussi des charbons de plusieurs qualités différentes, que l'on exploite dans divers
districts; le meilleur est celui de Gorio.

Iles Philippines. — L'Espagne présente, dans l'exposition des produits de ses provinces d'outre-mer, des échantillons d'un combustible, que l'on exploite dans l'île de Cebré.
Il s'y montre sur plusieurs points, en couches qui atteignent
2 mètres d'épaisseur; il y est l'objet de deux exploitations
différentes. Ce combustible, qui est de qualité moyenne et
que le gouvernement emploie, pour ses navires à vapeur,
mélangé à la houille anglaise, coûte, sur la plage de Cebré,
3o francs la tonne.

§ XVII. — Australie.

Nouvelle-Galles du Sud. — Des couches importantes de
houille ont été découvertes en Australie, dans la Nouvelle-
Galles du Sud, et donnent lieu à une exploitation de plus
en plus considérable. On ne connaît pas moins de onze
couches distinctes, dont certaines atteignent au delà de
9 mètres d'épaisseur. M. W. Keene, explorateur des houillères au service du gouvernement, a fait figurer à l'Exposition des couches entières qui attestent de cette épaisseur, ainsi qu'une collection d'échantillons fort intéressants.
Ce gisement de houille a d'autant plus d'importance, que
non-seulement il est d'une exploitation facile, mais que,
pour le moment, il est unique dans cette vaste région du
globe, dont l'Australie forme la terre principale.

La production de la Nouvelle-Galles du Sud, en houille, a été, en 1865, de 382.968 tonnes d'une valeur de 5.283.000 francs. Elle est destinée à remplacer, au moins dans ces contrées, la houille anglaise.

Le groupe de couches de grès et de schistes, auquel la houille est subordonnée dans la Nouvelle-Galles du Sud, repose en discordance sur les schistes aurifères, et est considéré par M. Keene comme le vrai terrain carbonifère. Malgré les recherches auxquelles il a donné lieu de la part de plusieurs géologues, son âge n'est pas encore déterminé avec certitude parce que, tout en présentant des analogies avec les terrains houillers de l'Europe, il en diffère par certains caractères.

Victoria.—Les couches de combustible, reconnues jusqu'à présent dans la province de Victoria, dans un terrain de même nature, n'ont donné que des résultats peu importants.

Tasmanie. — De la houille de bonne qualité se rencontre aussi dans beaucoup de parties de la Tasmanie ou Terre de Van-Diemen. Elle est exploitée, tant pour la navigation de cabotage que pour les usages de la capitale, Hobart-Town.

Nouvelle-Zélande. — Il existe, dans la Nouvelle-Zélande, du combustible minéral, qui appartient, non au terrain houiller, mais à des terrains plus récents et sur lequel on commence en ce moment des explorations.

Bornéo, Nouvelle-Calédonie. On peut aussi mentionner le lignite de Bornéo et de Sumatra, dont le gouvernement des Pays-Bas a exposé des collections intéressantes, recueillies par ses ingénieurs.

Des indices de combustibles observés dans la Nouvelle-Calédonie paraissent avoir peu d'importance, d'après l'exploration récente de M. Garnier.

§ XVIII. — **Observations générales.**

D'après ce qui précède, on reconnaît que des combustibles de bonne qualité peuvent se trouver dans les terrains secondaires et accidentellemennt dans les terrains tertiaires. En outre, les terrains tertiaires, particulièrement ceux de l'époque moyenne ou miocène, renferment abondamment du lignite. Celui-ci est même connu dans un nombre de contrées plus considérable que le terrain houiller. Ce qui s'explique, non-seulement parce que ces accumulations de végétaux se sont formées très-fréquemment, mais parce que les terrains les plus récents n'ont pas été recouverts et soustraits à nos investigations, comme les terrains des époques les plus anciennes. Toutefois, les gîtes de combustible, sans comparaison les plus importants, aussi bien par leur abondance que par leur qualité, appartiennent au terrain houiller.

Le terrain carbonifère, renfermant de la houille, est réparti d'une manière très-inégale à la surface du globe. Il est remarquable que les bassins de l'Europe les plus considérables sont concentrés entre le 49° et 56° de latitude, les petits bassins de l'Andalousie étant les plus méridionaux. L'Europe occidentale et la région orientale de l'Amérique du Nord possèdent, entre autres priviléges, celui d'être exceptionnellement bien partagés en houille. Sur de vastes étendues, telles que la totalité de l'Afrique, on ne connaît pas de véritable terrain houiller, sauf quelques indices dont il vient d'être question.

D'ailleurs, le terrain carbonifère lui-même est très-inégalement partagé en houille, de telle sorte que l'étendue superficielle sur laquelle il affleure ne peut aucunement donner une idée de sa richesse. Dans beaucoup de régions et sur des espaces considérables, le terrain carbonifère est seulement représenté par son étage inférieur, le calcaire carbonifère, qui, le plus ordinairement, ne fournit pas de combustible. C'est ainsi qu'on l'a rencontré, d'une part, dans l'Amérique du Sud, où il a été reconnu par Alcide d'Orbigny, dans la Bolivie et dans la province de Santa-Cruz; d'autre part, dans l'Himalaya et dans le Pendjab, puis dans l'île de Timor et dans l'Altaï.

Il est bien remarquable de trouver, dans les régions du globe les plus distantes, en Europe de même que dans le nord de l'Asie et dans les parages arctiques, des traits de ressemblance frappants dans les nombreux animaux marins qui caractérisent si sûrement l'époque du calcaire carbonifère, aussi bien que dans les végétaux des couches houillères.

L'accroissement annuel qu'offre l'extraction de la houille se manifeste dans les principales contrées qui la produisent, à mesure que les voies de communication et la vapeur se développent et, avec elles, l'industrie qu'elles favorisent.

Les chiffres qui ont été donnés plus haut montrent que l'immense production en houille de l'Angleterre, dépasse celle de tous les pays réunis ; que, sous ce rapport, les plus importants de tous les autres pays, d'une part les États-Unis, d'autre part la Prusse, ont une production qui n'est guère que le sixième de celle de l'Angleterre. Dans cette série, la France occupe le quatrième rang.

Une telle augmentation a pu inspirer des inquiétudes pour l'avenir, même pour les contrées qui semblent privilégiées, et partout où un terrain houiller est suffisamment connu, on cherche à se rendre compte des ressources qu'il peut offrir, et il est l'objet d'une étude précise.

Parmi les divers procédés qui ont été employés pour faire saisir, à première vue, les résultats statistiques qui se rapportent à l'extraction des substances minérales, et en particulier de la houille, celui adopté par la Prusse est tout à fait frappant. Il consiste, comme chacun a pu le remarquer, à représenter la production annuelle de chaque bassin par un cube proportionnel qui, dans le cas particulier, est à l'échelle de $\frac{1}{8.000.000}$. Les huit principaux bassins figurent ainsi, et ils sont rangés suivant leur importance relative, sous les noms suivants : Westphalie, Haute-Silésie, Sarrebruck, Waldenburg, Aix-la-Chapelle, Ibbenburen, Wettin et Lobejun, Minden. Les deux séries de cubes empilés, qui représentent la production en 1855 et en 1865, montrent avec quelle rapidité elle s'est développée dans cette période de dix ans.

D'autres représentations graphiques expriment claire-ment tous les résultats qui se rapportent à la production, à la consommation et à la circulation des combustibles en Prusse, pendant ces dernières années.

Poursuite du terrain houiller sous des terrains plus ré-cents. — Malgré l'ancienneté du terrain houiller, et quoi-que des dépôts, épais de plusieurs milliers de mètres, se soient formés postérieurement, dans les mers qui couvraient les parties aujourd'hui émergées sous forme de continents, les terrains houillers se montrent souvent au jour, par suite des mouvements qui les ont soustraits au recouvre-ment des sédiments postérieurs.

Il n'y a guère à espérer aujourd'hui de rencontrer, dans les contrées civilisées, au moins, un affleurement de bassins houillers de quelque importance. Les découvertes les plus récentes se sont faites, d'une part, en explorant plus profondément et plus complétement les bassins houillers que l'on exploite, et en y trouvant ainsi de nouvelles ressources ; d'autre part, en cherchant leur prolongement, lorsqu'ils sont recouverts par des terrains stériles qui s'y sont superposés.

Quelquefois, comme il arrive au bassin de la Loire, le terrain houiller est partout encaissé par des terrains plus anciens et, par conséquent, se montre en entier à découvert. Mais il n'en est pas toujours ainsi ; en beaucoup de lieux, on le voit, en effet, plonger et disparaître dans la profondeur, sous des terrains plus modernes. C'est alors qu'il s'agit de le poursuivre, au moyen de sondages ou de puits qui vont l'atteindre.

Le bassin houiller du Pas-de-Calais, en particulier, présente un exemple remarquable des découvertes de ce genre. Un sondage pour la recherche d'eaux jaillissantes, exécuté à Oignies, à 12 kilomètres au nord-ouest de Douai, fit connaître, en 1846, la présence du terrain houiller en ce point, sous les terrains crétacés qui le recouvrent, de même que dans le département du Nord. Bientôt après, d'autres sondages trouvaient le prolongement de la zone houillère, déjà connue depuis la Belgique jusqu'à une petite distance au sud-ouest de Douai. Mais, comme l'a fait reconnaître M. du Souich, cette zone éprouve une déviation brusque vers le nord-ouest ; c'est cette déviation même qui avait rendu infructueuses les tentatives qui avaient d'abord été faites, conformément aux prévisions et aux analogies. A la suite de cette heureuse découverte, un

champ nouveau s'offrait aux recherches qui se multiplièrent
rapidement ; elles ont donné lieu, de 1850 à 1854, à l'in-
stitution de dix-neuf concessions, mesurant une superficie
de 525 kilomètres carrés. Ces diverses mines se succèdent
des environs de Douai à ceux de la ville d'Aire, sur une
longueur totale de 56 kilomètres ; la bande houillère diminue progressiüement de largeur vers l'ouest, et sa largeur moyenne ne dépasse pas 8 kilomètres et demi. Les
puits successivement creusés, au nombre de trente-neuf,
avant d'atteindre le terrain houiller, ont dû traverser 100
à 150 mètres de terrains stériles, parfois très-aquifères
dans leur partie supérieure et appartenant aux groupes tertiaire et crétacé.

L'extraction de la houille dans le département du Pas-de-
Calais s'est développée rapidement, surtout depuis 1862,
époque à laquelle ces mines se sont trouvées reliées au réseau des chemins de fer et canaux du nord de la France.
La quantité annuelle, qui était, à cette époque, de 10.200
tonnes, s'est élevée, en 1866, à 16.200 ; c'est le septième
environ de la production totale de la France.

La présence constatée, dans le département de la Moselle,
du prolongement du bassin houiller de Sarrebruck sous les
couches très-perméables du grès des Vosges, en dehors de
la partie qui forme la lisière même de la Prusse, aux environs de Schœnecken, constitue aussi un fait très-important.
Cette découverte remonte à 1854, et déjà l'une des exploitations, celle de la Petite-Rosselle, près de Styring, donne
lieu à une extraction considérable. Toutefois, ce prolongement du bassin prussien est encore loin d'avoir produit les
résultats qu'on est en droit d'en espérer. La présence de
nappes aquifères, à la fois abondantes et profondes, dans
les couches stériles qui sont superposées aux couches car-

bonifères, a, jusqu'à présent, apporté un obstacle à leur exploitation. Le succès avec lequel ces niveaux d'eaux souterrains ont été récemment traversés, grâce à l'ingénieux procédé de MM. Kind et Chaudron, doit donner l'espoir que l'on parviendra bientôt à atteindre, par d'autres puits, le terrain houiller de la Moselle, et à mettre en valeur cette nouvelle source de prospérité.

Parmi les efforts que l'on fait en France pour tirer meilleur parti de certains bassins houillers, on peut citer, malgré sa production très-modeste, ceux dont est l'objet le bassin du Reyran, dans le département du Var. Non-seulement la bande étroite et allongée qu'il forme au milieu de terrains plus anciens est explorée avec soin dans toute sa longueur; mais aussi on s'occupe de voir s'il ne se prolonge pas sous le trias, tant aux environs de Fréjus que dans la direction de Toulon. Il est inutile de faire ressortir quelle serait l'importance de la découverte d'une extension du terrain houiller dans cette région de la Méditerranée.

D'autres bassins de la France, tels que ceux du Gard, de Brassac, de Decize, de Saône-et-Loire et de l'Allier, se prolongent également, dans certaines parties, sous des terrains secondaires et tertiaires. Ils seront eux-mêmes, dans l'avenir, l'objet de recherches qui conduiront peut-être à atteindre certaines réserves encore recouvertes et inconnues.

Des travaux du genre de ceux que nous venons de citer se sont faits et se poursuivent encore dans divers bassins, hors de France, notamment en Angleterre et en Allemagne, à mesure que les exploitations se développent.

Les difficultés inhérentes à ces travaux ralentissent nécessairement le développement de telles recherches; mais on peut supposer qu'il reste encore d'importantes ressour-

ces, que, dans l'avenir, des sondages convenablement diri-
gés sauront atteindre et que des procédés d'exploitation,
encore plus puissants que ceux employés aujourd'hui, permettront d'utiliser.

L'existence de vastes dépôts houillers, tels que ceux des
États-Unis, montrent que ces bassins n'ont pas nécessairement une étendue restreinte et comme littorale.

Études topographiques des terrains houillers. — Dans
une même région ou dans un même bassin houiller, suivant une expression ordinairement usitée, quoique parfois
inexacte, on cherche à connaître rigoureusement les formes
et la disposition des couches de houille, leurs inclinaisons
générales, leur ploiement, les failles qui les traversent. Puis
on suit leur mode de succession, tant sur une même verticale et perpendiculairement aux couches que dans les diverses parties du bassin, afin que les couches déjà connues
sur certains points puissent être retrouvées dans leur prolongement. Ainsi, dans ces topographies souterraines, on a
principalement en vue une étude géométrique des couches
de houille, et l'on recherche une corrélation entre les différentes régions d'un même bassin.

La nature spéciale des diverses couches de houille est aussi
indiquée dans toutes ses particularités, afin que chacune des
variétés puisse être adaptée à l'usage qui lui convient le
mieux. Ainsi l'on voit les analyses de la houille provenant de
chaque couche, mises en correspondance avec la manière
dont cette houille se comporte à la calcination ou en se
transformant en coke.

De nombreux dessins, représentant des plans et des coupes
de terrains houillers exploités, montrent avec quelle attention cette étude topographique est poursuivie dans diverses

contrées. Plusieurs bassins houillers de la France présentent des exemples de ces études, parmi lesquelles nous citerons les suivantes.

La carte topographique souterraine du bassin houiller de Valenciennes et du couchant de Mons a été exécutée à l'échelle de $\frac{1}{25.000}$ par M. Dormoy, ingénieur des mines. Cinq coupes générales, faites dans toute la largeur du bassin qui est de 15 à 20 kilomètres, indiquent en détail comment les divers faisceaux de couches de houille exploités dans le pays sont subordonnés les uns aux autres.

Une carte topographique spéciale *des concessions et mines d'Anzin* est présentée par la compagnie.

La carte topographique superficielle et souterraine du bassin houiller du Pas-de-Calais a été exécutée par M. Coince, ingénieur des mines, en utilisant les recherches antérieures de MM. du Souich et Sens. Cette carte, à l'échelle de $\frac{1}{10.000}$, représente les faisceaux de couches dans leurs parties actuellement connues. Les failles rencontrées dans l'exploitation ont donné lieu à une étude spéciale. Le travail est accompagné d'une collection d'échantillons de diverses couches.

Étude des bassins houillers de la Creuse, par M. Gruner, inspecteur général des mines. Cette description comprend un atlas de planches et un volume de texte, encore à l'état manuscrit et au moment d'être publié. Les planches, au nombre de douze, se composent de deux cartes d'ensemble à l'échelle de $\frac{1}{10.000}$ et de dix plans et coupes à l'échelle de $\frac{1}{5.000}$.

L'*Étude du bassin houiller de la Loire*, qu'on doit également à M. Gruner, se compose d'une carte d'ensemble à l'échelle de $\frac{1}{40.000}$ et d'une série de plans et coupes à l'échelle de $\frac{1}{5.000}$ ainsi que d'un texte qui n'est pas encore publié.

Topographie de la grande couche de **Rive-de-Gier** (*Loire*). Cette topographie, commencée par M. Chatelus, poursuivie et exécutée pour une partie considérable par M. Gruner, a été terminée et complétée par M. Leseure, ingénieur des mines à Rive-de-Gier. L'examen des plans et des coupes atteste un terrain tellement bouleversé, qu'il a paru utile de construire un plan relief de la grande couche, à la même échelle de $\frac{1}{5.000}$, afin de traduire en une image plus sensible les dislocations éprouvées par les couches, et d'éclairer sur la marche à suivre dans la recherche de leur prolongement.

Carte du terrain dévonien du département de la Loire-Inférieure. Cette carte avait pour but de préciser les contours et de rechercher les subdivisions du système des couches où l'on exploite l'anthracite, dans le département de la Loire-Inférieure, ainsi que d'établir la correspondance des veines de houille de Montrelais et Monzeil avec celles de Chalonnes. Elle est due à M. Lorieux, ingénieur des mines, et à M. Wolski, garde-mines.

La représentation graphique du *bassin houiller de Liège* forme la première partie de la carte générale des mines de Belgique, qui est exécutée, sur l'ordre du gouvernement, par M. l'ingénieur principal Van-Scherpenzeel-Thim. Dans ce travail important, les couches, dans leurs allures si compliquées, sont représentées clairement par un système qui appartient à l'auteur. La coupe du même bassin houiller est relevée sur toute son épaisseur.

Les divers *bassins houillers de la Prusse* ont aussi été l'objet d'une étude approfondie, comme le témoignent les nombreux documents exposés. Le riche bassin houiller de la Westphalie et de la rive droite du Rhin est représenté par une grande carte à l'échelle de $\frac{1}{12.800}$ et en 32 feuilles, qui sera bientôt terminée. Elle représente tous les gisements houillers dans leurs allures, et les couches caractéristiques y sont figurées avec des couleurs qui permettent de suivre certains niveaux servant de terme de comparaison. Une carte d'assemblage, à l'échelle de $\frac{1}{64.000}$ résume bien la disposition des couches, et des coupes verticales la complètent très-utilement.

Des études analogues et très-détaillées, qui sont également représentées, ont été faites sur le bassin houiller de Sarrebruck, celui de la Silésie et celui de la Wurm.

A part ces études topographiques spéciales, il est juste de mentionner ici les précieuses indications de détail que fournit la carte géologique de l'Angleterre, publiée par le *Geological Survey*, sous la haute direction de sir Roderick Murchison, tant dans ses cartes proprement dites que dans les sections verticales et horizontales qui l'accompagnent.

CHAPITRE III.

BITUMES ET HUILES MINÉRALES.

§ I. — Bitumes.

On peut réunir sous le nom général de *bitumes*, les composés carburés de nature variée, depuis le *pétrole* jusqu'au *bitume visqueux* ou *malthe*, quelquefois nommé aussi *pissasphalte*, et jusqu'à celui qui est solide à la température ordinaire, et auquel on réserve le nom d'*asphalte*.

Un même gisement présente parfois ces diverses variétés réunies. On conçoit, en effet, que si le pétrole, au lieu de se trouver dans des roches imperméables, comme les argiles, imprégnait des roches poreuses, comme les calcaires, il a pu subir des transformations ultérieures, et changer d'état, en laissant pour résidus des bitumes glutineux, de l'asphalte ou quelquefois de l'ozokérite.

Les pétroles de provenances diverses sont employés à des usages variés. On connaît leur emploi pour l'éclairage au moyen de lampes. En outre, les parties les plus volatiles, dites pétroleum, jouent aujourd'hui un rôle important, comme dissolvant, et paraissent appelées à remplacer, dans bien des cas, le sulfure de carbone ou la benzine. Ces huiles légères ont aussi été employées pour carburer l'air, qui brûle alors dans les mêmes conditions que le gaz d'éclairage. En outre, les huiles de pétrole fournissent la paraffine en proportions variables, et l'importance qu'a prise la fabrication de ce produit a offert aussi un débouché important. Mentionnons encore l'usage, déjà ancien, du pétrole pour le graissage ; on utilise aussi, à cet effet, les résidus de la fabrication de la paraffine.

Amérique du Nord. — Chacun sait avec quelle abondance extraordinaire le pétrole, à peine connu dans l'Amérique du Nord, il y a peu d'années encore, s'est tout à coup révélé vers 1858. La production s'est accrue depuis lors, avec une rapidité surprenante ; dans ces six dernières années, il a été extrait 2.025.000.000 de litres ou environ 16 millions de tonnes. Pendant l'année 1866, la production moyenne de chaque jour a été évaluée à 1.440 tonnes métriques.

Pour juger de la rapidité avec laquelle cette production s'est développée, il suffit de jeter un coup d'œil sur le tableau suivant, qui représente les quantités exportées depuis 1861 (1) :

Années.	Litres.
1861	5.423.856
1862	49.430.162
1863	127.856.347
1864	144.317.297
1865	157.190.805
1866	305.026.360
1867	304.908.561
Total	1.074.153.388

Du 1er janvier 1868 au 4 mai de cette même année, on avait exporté 103.560.913 litres, contre 68.897.641 pour la période correspondante de 1867. Tout fait donc présager que le total des exportations, pendant l'année courante, ne sera pas inférieur à celui de l'année dernière et de 1866 ; ce qui semble indiquer que le nouveau produit est définitivement entré dans la consommation générale, et s'y maintient avec une grande fermeté.

Le chiffre des exportations réunies, depuis 1861 jusqu'au 4 mai 1868, s'élèverait donc à 1.177.714.301 litres. Si, pour tenir compte de la consommation intérieure des États-Unis, on ajoute le chiffre approximatif de 294.428.575 li-

---

(1) Je dois les chiffres qui suivent, et dont on appréciera l'intérêt, à l'obligeance de M. Félix Foucou, ingénieur civil, que je me fais un plaisir de remercier.

tres, représentant le quart de la quantité exportée, on arrive à une production totale, pour ces huit années, de 1.472.142.876 litres.

Cette quantité énorme de pétrole, qui a joué un si grand rôle industriel, correspond au volume d'un cube, dont le côté aurait environ 114 mètres, c'est-à-dire serait à peu près égal à la hauteur de la coupole de Saint-Paul de Londres ou du dôme de Milan.

Le poids total de l'huile exportée pendant les sept années, à raison d'une densité moyenne de 0,82 est de 1.148.492 tonnes. C'est à peu près la quantité de houille que l'on a extraite du bassin d'Alais, en 1864, ou le tiers de la production du bassin de Valenciennes et du Pas-de-Calais, pendant une année.

Une forte partie de cette immense production est transportée en Europe ; en 1866 on en a reçu environ 280 millions de litres.

Parmi les États européens, la Russie seule fait exception. Dans cet empire, en effet, on vient de frapper de droits très-élevés les pétroles américains, afin de protéger le développement des exploitations de pétrole indigène, tant de la région de la mer Caspienne que du Caucase.

Le tableau ci-joint montre pour quelle part figure la France, dans l'exportation du pétrole américain :

ANNÉES.	PÉTROLE BRUT ET RAFFINÉ.	VALEUR.
	kilogrammes.	francs.
1863	12.765.910	6.761.704
1864	33.749.311	19.659.917
1865	18.406.229	15.691.155
1866	40.680.299	20.419.061
1867	40.368.100	18.596.143
	145.969.849	81.127.980

Les ports qui ont reçu ces quantités sont, par ordre d'importance, le Havre et Rouen, Marseille, Saint-Nazaire et Nantes, enfin Bordeaux.

D'après le chiffre de la production française d'huiles de schistes, en 1867, que l'on trouvera plus loin, on peut voir que, dans le mouvement total auquel donne lieu le commerce des huiles minérales en France, la production de notre pays entre pour un peu moins de 6 p. 100, tandis que celle de l'Amérique fournit un contingent de un peu plus de 94 p. 100. Ce contingent représente à peu près le dixième de la production totale de la vallée de «Oil Creek,» soit le produit de trente-six jours de travail, lorsque ce travail fournit une moyenne de 11.000 barils par jour.

L'importation de l'Angleterre, en 1866, a été d'environ 92 millions de litres, c'est-à-dire double de celle de la France. On remarque aussi, pour l'Angleterre, que cette importation s'est considérablement accrue, comparativement à 1865, année pendant laquelle elle a été d'environ 35 millions de litres.

On peut dire que tous les pays sont aujourd'hui tributaires des États-Unis pour les huiles minérales : les deux Amériques, l'Europe, l'Asie, l'Afrique et l'Australie.

A raison de son importance, il n'est pas sans intérêt de connaître le mouvement du pétrole américain pendant les années 1865 et 1866.

CONTRÉES DESTINATAIRES.	QUANTITÉS EXPORTÉES.	
	1866.	1865.
	litres.	litres.
Angleterre.	92.230.168	34.498.926
Russie et Allemagne du Nord (1).	41.779.368	22.055.616
Hollande.	7.491.960	2.398.954
Belgique (Anvers) (2).	58.495.419	25.073.244
France.	46.093.392	20.704.751
Portugal.	1.436.773	1.047.024
Espagne.	3.637.652	1.251.649
Gibraltar.	10.763.536	2.880.471
Italie.	10.497.123	6.893.666
Allemagne du Sud (Trieste).	504.630	298.669
Turquie.	436.625	379.330
Afrique.	728.221	215.235
Chine et Indes orientales.	851.023	352.710
Australie.	6.297.255	5.325.984
Nouvelle-Zélande.	283.860	156.960
Amérique du Sud.	8.947.737	5.062.792
Amérique du Nord.	3.840.452	2.500.879
Indes occidentales.	8.086.558	5.044.243

(1) Quantité correspondante aux ports de Cronstadt, Stettin et Kœnigsberg.
(2) Une partie de ce qui arrive au port d'Anvers est dirigée sur la France et sur l'Allemagne.

Les différences considérables qu'on remarque entre la production des années 1865 et 1866, correspondent tant à la guerre qu'à un encombrement momentané des marchés.

Cette immense exportation, qui se fait principalement par les ports de Philadelphie et de New-York, a formé, en 1866, le chargement de 731 navires.

Le pétrole, primitivement expédié à l'état brut, est maintenant raffiné, pour la plus grande partie, aux États-Unis ; c'est à ce dernier état que, dès 1862, les quatre cinquièmes environ de la production ont été expédiés.

Les trois centres principaux de production sont : la Pensylvanie occidentale (Venango County, dans lequel se trou-

vent Oil-Creek, Titusville et d'autres centres bien connus), la
Virginie occidentale ou West Virginia et le Canada occidental (Enniskiillen). Cependant d'autres régions des États-Unis
fournissent également du pétrole.

C'est le premier de ces centres, celui de Venango County,
en Pensylvanie, qui, à raison de sa richesse et des moyens
de transport dont il dispose, fournit la presque totalité de
ce qui arrive en Europe.

A la date du 12 novembre 1867, la production journalière, au centre de la grande région d'huile de Pensylvanie,
dans « Oil Creek » était de 9.500 barils (1) ou de 1.425.000
litres. Elle avait augmenté de 225.000 litres par jour, dans
les deux mois précédents. Cet accroissement avait été causé
par la hausse des prix survenue en juillet, août et septembre
de la même année.

Au 1ᵉʳ novembre 1867, l'approvisionnement était évalué
à 655.000 barils, soit, en nombre rond, 98 millions de litres, répartis dans les réservoirs de fer, les réservoirs de
bois, les « bulk boats » ou bateaux faisant l'office de réservoirs flottants, enfin entre les mains des raffineurs et
des spéculateurs. La capacité totale des seuls réservoirs de
fer est de 717.000 barils, soit de 107 millions et demi de
litres.

Le 7 février 1868, le stock de pétrole était de 541.000
barils, représentant la production accumulée de quarante-
neuf jours de travail.

Le tableau suivant fait connaître le prix moyen, à New-
York, pendant les cinq dernières années, du pétrole brut de
Pensylvanie (*Oil Creek*) et du pétrole raffiné de première
qualité (*Standard white*), ainsi que l'écart entre ces deux

____

(1) Un baril vaut 33 gallons impériaux de 4ˡⁱᵗ.54, soit, à très-peu près,
150 litres.

prix. La valeur du baril est comprise dans ces chiffres, et elle représente, en moyenne, o^f.o5 par litre : la marchandise est toute prête à être mise à bord.

ANNÉES.	BRUT.	RAFFINÉ.	ÉCART DES PRIX.
	fr.	fr.	fr.
1863	0,23 le litre.	0,35 le litre.	0,12
1864	0,24 —	0,37 —	0,13
1865	0,29 —	0,44 —	0,15
1866	0,21 1/2 —	0,35 —	0,13 1/2
1867	0,14 4/5 —	0,23 4/5 —	0,09

Pendant les trois premiers mois de 1868, les prix ont été sensiblement aussi bas que la moyenne de 1867, par suite d'une augmentation notable de la production, qui a dépassé très-souvent 11.000 barils par jour. Le pétrole brut a été vendu jusqu'à 6^f.5o les 100 kilogrammes sur le carreau de la mine, sans y comprendre, il est vrai, le récipient. Jusqu'au commencement du mois d'avril, le prix moyen du liquide seul, dans « Oil Creek », a été de 7^f.5o les 100 kilogrammes, ce qui le fait ressortir à 12^f.5o dans New-York, et à 31 francs environ au Havre. Mais à cause de la persistance d'un bon marché excessif pendant plus de six mois, la production vient de se ralentir, et comme la demande va, au contraire, en augmentant, il se produit en ce moment une hausse sérieuse. Dans les premiers jours de mai 1868, le pétrole brut s'est élevé rapidement à 10 francs les 100 kilogrammes dans « Oil Creek. »

Les roches, dans lesquelles des milliers de puits sont forés pour chercher le pétrole, appartiennent aux terrains stratifiés, et constituent par conséquent des couches. Contrairement à ce qui arrive pour beaucoup de substances minérales, telles que la houille, qui sont restreintes à certains étages bien déterminés, et ordinairement uniques, ou en très-petit nombre dans une même contrée, les couches qui fournissent l'huile minérale appartiennent à plusieurs niveaux très-différents de la série.

A raison de l'extrême importance industrielle du produit et de l'intérêt théorique qui se rattache à sa formation, il est intéressant de connaître les principaux caractères de son gisement.

Dans le Kentucky et le Tennessee, le pétrole est fourni par les couches siluriennes inférieures, c'est-à-dire les roches stratifiées les plus anciennes (calcaire de Trenton et schiste d'Utica). Un seul puits du Kentucky, percé dans ces conditions, a débité environ 7.500.000 litres.

Un autre niveau très-productif, celui du Canada occidental, appartient au terrain dévonien inférieur. C'est au même terrain dévonien, mais à son étage supérieur (Chemung et Portage) qu'appartiennent les couches les plus productives, celles de la Pensylvanie occidentale et du groupe si important de « Oil Creek. »

A un niveau encore plus élevé, et à divers étages du terrain carbonifère, se trouvent des sources très-productives. Les plus importantes de la Virginie occidentale appartiennent au terrain carbonifère supérieur.

Dans certaines couches calcaires de ces terrains, le pétrole remplit les cavités de fossiles, orthocères, brachiopodes et coraux ; il imprègne aussi certaines parties poreuses de la roche. Ces parties oléifères sont souvent entourées de calcaire compacte et sans trace de pétrole.

En résumé, dans l'Amérique du Nord, les couches oléifères, actuellement les plus productives, appartiennent aux étages géologiques les plus anciens, aux terrains silurien, dévonien et carbonifère.

Toutefois, cette région du globe renferme aussi du pétrole en certaine quantité, dans les terrains moins anciens. Ainsi, dans la Caroline septentrionale et le Connecticut, on en a trouvé de petites quantités dans le trias. Le Colorado et l'Utah en présentent à proximité des lignites du terrain crétacé. Enfin, les pétroles de Californie appartiennent au terrain tertiaire; mais dans cette dernière contrée, on n'a pas encore cherché à les exploiter, à raison de la faiblesse du prix de vente.

Ce n'est pas irrégulièrement, au milieu des vastes étendues qu'occupent les différents terrains à pétrole, que les puits forés sont productifs. Les couches qu'ils percent paraissent devoir satisfaire, de même que quand il s'agit de nappes d'eau, à certaines conditions spéciales, que l'expérience a commencé à faire connaître.

Au Canada comme aux États-Unis, les sources de pétrole les plus abondantes sont dans les parties où les couches sont ployées, et sur les axes anticlinaux. Dans ces parties disloquées, il s'est formé des cavités, des crevasses et des failles, qui servent de collecteurs naturels; l'huile minérale s'y est rassemblée en abondance, en même temps que l'eau salée et le gaz hydrogène carboné, dont elle est généralement accompagnée. Dans le cas où le pétrole jaillit par les surfaces anticlinales, dont nous parlons, on remarque qu'une couche d'argile recouvre la couche dont il dérive, comme un toit, de manière à l'empêcher de s'échapper, avant le moment où la sonde vient percer l'enveloppe argileuse.

Dans le réservoir qui renferme à la fois l'eau salée, le pétrole et le gaz, quelles que soient sa forme ou sa disposition, verticale ou inclinée, ces trois substances sont nécessairement superposées, suivant leur ordre de densité. Selon la partie que la sonde vient frapper, elles se présentent successivement ou simultanément, et dans des circonstances différentes. L'élasticité du gaz hydrogène carboné explique la sortie impétueuse et spontanée du pétrole, par l'orifice des puits récemment ouverts, d'où il jaillit, souvent en volume considérable, à des hauteurs de plusieurs mètres.

Dans la Pensylvanie occidentale, principal centre de production, et où les puits les plus abondants sont disposés en quatre groupes, on a remarqué que la quantité de pétrole est proportionnelle à la profondeur atteinte par le forage. Les plus productifs sont à la profondeur de 180 à 200 mètres.

La qualité elle-même paraît être aussi en rapport avec la profondeur des puits ; les variétés légères viennent des plus grandes profondeurs. On conçoit que dans les réservoirs voisins de la surface, les huiles aient pu s'oxyder et s'épaissir. La plupart de celles de West Virginia, qui sortent du terrain houiller, sont lourdes et servent principalement pour le graissage des machines. C'est ce qu'on observe clairement pour les puits exécutés dans la région sud-ouest du Canada, dans les dépôts quaternaires qui recouvrent le terrain dévonien, sur des épaisseurs de 15 à 60 mètres. A la base de ces argiles quaternaires, on trouve souvent des couches de gravier saturé de pétrole ; mais ces dernières, bien qu'assez productives, sont bientôt épuisées. On distingue l'huile fournie par ces couches de *l'huile de roche*, c'est-à-dire de celle qui provient de son gisement originel, et on lui donne le nom d'*huile de surface (surface-oil)*. Cett huile de surface, devenue plus dense et plus visqueuse, est recherchée comme huile lubrifiante.

Dans certains cas, la qualité de l'huile est aussi influencée par la présence du soufre qui lui communique une odeur très-forte, même à l'état brut, et qui nécessite deux distillations, avant qu'on puisse l'employer pour la combustion; c'est ce qu'on voit pour les huiles du Canada occidental, où le pétrole paraît associé à des couches qui renferment du soufre, et à des sources sulfureuses.

Des échantillons qui représentent les diverses variétés des pétroles, exploitées tant aux États-Unis qu'au Canada, sont exposés, avec l'indication de leur provenance.

Certains puits de la Pensylvanie ont donné, par jour, 220.000 litres, et jusqu'à 600.000 litres. Par exemple, les puits connus sous le nom de Empire Well, Noble Well et Tarr Farm, ont donné dans l'origine, les deux premiers, 300.000 litres par jour, et le dernier, 450.000 litres. Cette production, après avoir duré quelques semaines, a diminué progressivement. Cependant, à la fin de 1866, c'est-à-dire deux ans après avoir été ouvert, le Tarr Farm donnait encore, par jour, 45.000 litres.

Plusieurs des puits récemment foncés dans la vallée de « Oil Creek » ont donné et donnent encore entre 45.000 et 30.000 litres par jour (300 et 200 barils).

Toutefois le plus grand nombre se maintient entre 15.000 et 11.250 litres (100 et 75 barils) et même au-dessous.

Les forages pour huiles se font très-souvent à la corde, mais aussi avec des tiges de bois. L'outillage permet de forer en trois mois, pour une somme de 10.000 à 12.000 francs, des trous de sonde de 8 à 10 centimètres de diamètre et de 200 mètres de profondeur.

Autrefois l'huile sortait avec le gaz. Les puits actuels sont presque tous des « *pumping wells.* » Les Américains de « Oil Creek » renoncent de plus en plus à chercher des « *flowing-wells.* » A cela il y a deux raisons.

1° A l'origine, les gaz inflammables et l'huile qui s'échappaient ensemble par le même orifice, donnaient lieu à des conflagrations désastreuses ; les exploitants furent amenés à faire sortir les gaz par un tuyau et l'huile par un autre. A cet effet, ils observèrent que les gaz s'échappaient de fissures situées sensiblement au même niveau, c'est-à-dire à la seconde assise de la formation de grès dévonien. Comme l'expérience leur avait déjà appris qu'il ne fallait pas compter sur des réservoirs très-abondants en huile, dans les fissures de la première et de la seconde assise de ce grès, ils tubèrent leur puits pour traverser les deux assises et descendre dans la troisième, qui leur fournissait des approvisionnements immenses. Mais en faisant ce tubage, ils ménagèrent un petit conduit, de près de 2 centimètres de diamètre, pour conduire le gaz de la seconde assise dans l'atmosphère. On emploie à cet effet le « *seed bag* » (sac à graine), sorte de long fourreau de cuir, bourré de graine de lin ; par sa dilatation au contact de l'eau ou de l'huile, cet appareil produit une fermeture hermétique. Un autre conduit de plus grand diamètre fut chargé d'amener l'huile de la troisième assise, généralement située entre 180 et 240 mètres de profondeur, suivant les localités.

2° Comme conséquence de cette innovation, non-seulement les conflagrations devinrent très-rares, mais encore le gaz fut utilisé à chauffer les chaudières. Certains exploitants eurent même assez de gaz pour chauffer leurs propres chaudières et en vendre à leurs voisins, qui foraient de nouveaux puits, et firent ainsi marcher les appareils de sondage. La vente de la quantité de gaz nécessaire pour chauffer une chaudière pendant vingt-quatre heures se fait généralement sur le prix de 5 à 6 dollars (en papier, soit de 20 à 24 francs au taux de 140). Il y a encore économie pour le consommateur ; car le charbon et le bois coûtent fort cher, à cause de la difficulté des transports à travers les ravins de « Oil Creek. »

Le transport des huiles a donné lieu', en 1866, à un véritable progrès. Au lieu de barils, toujours difficiles à transporter au milieu des bois et des montagnes, on tend à employer des tubes en fer, posés sur des chevalets et mesurant, dans des localités, jusqu'à 10 et 12 kilomètres de longueur. En Virginie, une machine de 24 chevaux-vapeur refoule à une distance de 6 kilomètres environ, 80 barils d'huile légère, par heure. La même machine ne refoule que 20 barils d'huile lourde ou *lubricating oil*. Le prix de ce mode de transport est de 2 francs à 2ᶠ.50 par baril, tandis qu'il en coûtait autrefois 5 et 6 francs, alors qu'on ne pouvait guère transporter sur un même véhicule attelé de deux chevaux plus de trois barils à la fois. Un autre avantage de cette innovation a été de drainer la partie grossière de la population de ces régions à pétrole, celle des charretiers et palefreniers, qui sont allés chercher du travail ailleurs. Aujourd'hui l'on vit très-paisible dans ces régions et tout aussi en sécurité que dans nos grandes villes d'Europe.

Il arrive un moment où la proportion d'eau qui accompagne le pétrole devient de plus en plus prédominante, et où le puits doit être abandonné, par suite de la rareté de l'huile.

C'est alors que peut intervenir avec avantage le *torpedo* du colonel Roberts qui, par l'explosion produite au fond du puits, ouvre de nouvelles fissures, et provoque souvent la réapparition du pétrole. C'est un cylindre de fer très-épais et à compartiments, chargé avec de la poudre et de la nitroglycérine. On descend l'appareil avec une corde au fond du puits et l'on laisse tomber le long de la corde roidie un poids, qui fait éclater une capsule enfermée à la partie supérieure du torpedo. La production d'huile, surtout en Virginie, a été considérablement augmentée par ce procédé. Le colonel Roberts se propose de construire des torpedos de 3o mètres de hauteur et plus.

Parfois un forage, entrepris à quelques mètres d'un puits stérile ou épuisé, produit une source abondante de pétrole, comme si les réservoirs correspondaient à des fissures verticales.

Comme la loi ne trace aucune servitude de voisinage aux exploitants, des puits sont quelquefois forés sur deux propriétés contiguës, et seulement à quelques mètres l'un de l'autre. Le plus célèbre exemple de cette concurrence a été vu au puits de Tarr Farm. Lorsqu'on eut percé ce puits qui donna, pendant plusieurs semaines, un flot d'huile s'élevant à des milliers de barils par jour, les propriétaires vendirent les terrains du voisinage à des prix fabuleux. Quelques mois après, l'un des acheteurs rencontrait, au même niveau, et à moins de 5o mètres du fameux puits, un autre réservoir jaillissant, qui lança les outils à 3o mètres de hauteur, et inonda le sol d'eau salée pendant plusieurs semaines. Mais cette seconde issue ouverte au liquide causa une diminution très-notable dans le rendement du premier puits. Pendant quelque temps, les deux propriétaires se firent la guerre ; quand le second puits s'arrêtait, le premier reprenait comme auparavant, et, réciproquement, si l'on arrêtait le premier, le second donnait de l'huile en abondance, mêlée à l'eau salée. Mais bientôt on s'entendit pour partager les produits fournis par les deux réservoirs.

De nombreuses compagnies, exploitent le pétrole, à l'aide de puits forés à la sonde. Elles sont actuellement au nombre de plus de 38o, et beaucoup sont organisées avec un capital considérable, qui est souvent de 5 à 1o millions de francs, et va jusqu'à 20 et 25 et même 60 millions. Quoiqu'un grand nombre d'entre elles ne soient pas en bénéfice, l'ardeur générale ne s'en trouve pas ralentie, et la production croît avec la rapidité que l'on a signalée plus haut.

Il est difficile de donner un chiffre exact pour le nombre des puits actuellement en opération. A la fin de 1867, il y en avait environ 255 en voie de forage; depuis lors, un grand nombre ont été forés sur plusieurs points de la vallée de « Oil Creek. »

Le territoire de *Petroleum Centre*, d'où est déjà sortie une si grande quantité de pétrole, vient (avril 1868) d'être l'objet d'une recrudescence d'activité considérable. Tout à côté, le petit territoire nommé *Wood's farm* a reçu récemment l'outillage nécessaire pour percer trente nouveaux puits de 250 mètres de profondeur. Enfin, l'attention a été éveillée aussi, par quelques sondages heureux, sur le territoire de la ville de « Oil City », située au confluent de « Oil Creek » dans la rivière Alleghany.

Ces faits confirment l'opinion que la grande région de pétrole de l'Amérique du Nord n'est pas précisément la vallée de « Oil Creek », mais une zone qui englobe la moitié inférieure de ce cours d'eau et les ruisseaux qui l'alimentent, et remonte ensuite vers le nord-nord-est, dans la direction même de la grande fracture du fleuve Saint-Laurent.

On sait, d'ailleurs, que des expériences se poursuivent activement, tant en Amérique qu'en Angleterre, pour employer le pétrole sous les chaudières des appareils à vapeur.

Comme les puits les plus productifs finissent par perdre et tarir, on pourrait croire que les réservoirs de pétrole qui donnent, en ce moment, une si énorme production, ne tarderont pas à s'épuiser. Mais il faut remarquer d'une part que toute la région à pétrole de la Pensylvanie est confinée aux trois comtés de « Venango », « Warren » et « Crawford », qui réunis ne présentent qu'une superficie inférieure, d'un tiers environ, à celle des deux départements français du Haut-Rhin et du Bas-Rhin ; d'autre part que les étages oléifères se prolongent, dans cet immense territoire de l'Amérique du Nord, sur plusieurs centaines de milliers de kilomètres.

On peut donc supposer que le pétrole se trouve accumulé, encore pour un long avenir, dans cette région déjà si exceptionnellement dotée en houille.

France. — On sait que le bitume est souvent mélangé au calcaire, d'une manière telle qu'on ne l'en isole pas pour les besoins de l'industrie ; le calcaire est alors employé, sous le nom de *calcaire asphaltique*, dans la fabrication des mastics.

C'est ainsi qu'on l'exploite en France, aux environs de Seyssel, dans le département de l'Ain, où certaines couches calcaires, appartenant à l'étage du terrain crétacé, connu sous le nom de néocomien, en sont partiellement imprégnées ; l'imprégnation s'est étendue jusque dans les couches tertiaires de la molasse, qui recouvrent ces dernières. Des gisements, tout à fait semblables, se trouvent dans les départements de la Savoie et de la Haute-Savoie, mais ces derniers n'ont été, jusqu'à présent, que peu exploités.

Le calcaire asphaltique exploité à Lobsann (Bas-Rhin), non loin de Soultz-sous-Forêts, bien que ressemblant beaucoup au calcaire dont il vient d'être question, appartient à un autre gisement, au terrain tertiaire.

Tout à proximité, à moins de 3 kilomètres de distance, le même étage renferme du pétrole imprégnant des couches de sable que l'on exploite, depuis plus d'un siècle, à Bechelbronn. Sur l'indice d'une source chargée de pétrole, on a foncé un puits et des galeries qui servent à l'exploitation du sable bitumineux. C'est une des localités, en très-petit nombre, où le développement des travaux souterrains permet de voir, dans toutes leurs particularités, les allures des gîtes oléifères. Le sable ne rend en moyenne que 4,6 pour 100 et ne produit annuellement que 70 à 80 tonnes de bitume. La même substance, à l'état plus liquide encore, a été rencontrée à Schwabwiller, à 6 kilomètres de Bechelbronn.

Les travaux qui ont été exécutés à Bechelbronn, bien que dépassant une profondeur de 80 mètres, n'ont pas encore atteint la limite inférieure du terrain tertiaire. Il serait intéressant de traverser complétement ce terrain, afin de voir si, au dessous des couches actuellement connues, il n'en existe pas d'autres plus riches, et qui seraient susceptibles d'être exploitées, par de simples forages, à la manière de celles des États-Unis.

Dans le Haut-Rhin, à Hirtzbach, le terrain tertiaire présente des indices de pétrole qui, à diverses reprises, et dès 1782, ont donné lieu à des recherches ; les explorations, qui, il est vrai, n'ont été poussées qu'à une faible profondeur, n'ont pas eu de succès.

La formation tertiaire de la Limagne d'Auvergne (Puy-de-Dôme), est intéressante par divers gîtes bitumineux qui, pour la plupart, sont associés à des brèches d'origine éruptive et constituent l'un des produits remarquables de l'activité volcanique, pendant la période tertiaire. Des calcaires et marnes imprégnées de bitume ont été exploitées près de

Dallet et de Pont-du-Château; mais aujourd'hui, le grès à ciment de bitume, ou molasse bitumineuse, a plus d'importance, parce qu'on peut en extraire le brai par des lessivages à l'eau chaude. C'est ce qu'on fait à Lussat. Des expériences ont été faites dans ce but, avec le sulfure de carbone comme dissolvant : on isolerait ensuite celui-ci par une distillation à basse température.

Des gisements bitumineux existent encore dans d'autres parties de la France, telles que le département des Basses-Alpes aux environs de Manosque; le département du Gard, aux environs d'Alais, dans des couches tertiaires lacustres, rappelant tout à fait celles de Lobsann, notamment à Servas et Saint-Jean-de-Marvejols; l'Hérault, près de Gabian; les Landes, près de Bastennes; les Basses-Pyrénées. Ces divers gisements, quoique la plupart inexploités, présentent un intérêt théorique, par leur analogie avec d'autres qui sont plus importants.

Espagne. — Une exploitation considérable de calcaire asphaltique, qui se fait à Maestu, province d'Alava, non loin de Victoria, en Espagne, est également représentée à l'Exposition. Le calcaire rend en moyenne de 12 à 14 pour 100 et se trouve dans le terrain crétacé. Ce terrain fournit aussi du calcaire asphaltique à Burgos et à Santander.

Portugal. — Le Portugal envoie également des échantillons de grès bitumineux qui, avec des richesses très-variables, ont un grand développement dans le district de Leiria. Le seul gîte qui soit en ce moment en exploitation, est celui de Granja, près de Monte-Real. On y a trouvé quatre couches, dans une position presque verticale, avec des épaisseurs variables entre $0^m,30$ et $2^m,40$, et les

concentrations de bitume y sont quelquefois considérables. Ces couches alternent avec des argiles et des marnes ; elles forment la base d'une série sédimentaire assez
étendue, caractérisée par la présence de fossiles d'eau
douce et qui paraît représenter, dans cette région, l'étage
inférieur du terrain crétacé, connu sous le nom de Wealdien.

Italie. — En Italie, où, depuis longtemps, on connaissait
des sources de pétrole et des jets d'hydrogène carboné, des
études géologiques intéressantes, dues à M. Bianconi et à
l'abbé Stoppani, ont été faites sur les deux régions principales qui, à part la Sicile, présentent du bitume ; l'Abruzze
citérieure, aux environs de Tocco et de Pescara, et l'Émilie,
aux environs de Plaisance, de Parme et de Modène. Mais
ces gisements, très-intéressants, au point de vue théorique,
ont été peu productifs, du moins jusqu'à ce jour.

Ainsi, sur l'un des trois dépôts de l'arrondissement de
Chieti (Abruzze citérieure), on a foré un puits de 60 mètres
de profondeur qui, en 1865, a donné 180 tonnes d'un pétrole très-pur, d'une valeur de 36.000 francs, et 50 tonnes
de bitume, d'une valeur de 7.000 francs.

Dans l'Émilie, les puits de pétrole se réduisent à 19, de
28 qu'ils étaient en 1862, et leur production journalière
est, pour ainsi dire, nulle (26 kilogrammes). On tente en
ce moment d'exploiter sur deux points.

Il est une troisième localité où une compagnie vient d'être
établie : c'est aux environs de Voghera, où cinq puits ont
été forés, sur une profondeur de 30 à 60 mètres, et où un
autre va l'être, jusqu'à celle de 300 mètres.

Dans ces diverses régions de l'Italie, le pétrole paraît se
trouver constamment dans les mêmes conditions géologi-

ques et appartenir au terrain tertiaire de l'étage moyen ou miocène. Comme il arrive dans d'autres contrées, il est souvent associé au gypse, au soufre, au sel gemme, ainsi qu'à du lignite, et accompagné de jets d'hydrogène carboné.

L'association du pétrole au soufre se reconnaît clairement, même sur de petits échantillons que présente l'Exposition, et dont l'un provient des environs d'Urbino.

Hanovre. — Dans le Hanovre, on a extrait du pétrole et de l'asphalte, particulièrement aux environs de Bentheim, Hanovre et Peine, où ils appartiennent généralement aux couches du terrain néocomien, et parfois au terrain jurassique; sur quelques points, l'huile sort du diluvium.

Autriche : Galicie. — La partie de la Galicie qui borde, vers le nord, la chaîne des Karpathes, renferme une série de gîtes de pétrole, qui s'étendent dans la région orientale de cette province et en Bukowine.

Les localités dans lesquelles on a découvert ces gîtes, constituent une zone qui, mesurée parallèlement à la chaîne, a une longueur d'environ 250 kilomètres. Dans cette étendue, on a ouvert, depuis 1858, des exploitations régulières. D'autres, en très-grand nombre et situées surtout dans la partie orientale, consistent seulement en orifices peu profonds, que creusent les paysans. Il n'y a pas moins de 5.000 de ces petits bassins, répartis dans une douzaine de localités des environs de Boryslaw.

La variété intéressante, connue sous le nom d'ozokérite, a été trouvée avec une abondance remarquable, dans plusieurs mines de la Galicie, particulièrement près de Mœhrisch-OEstrau, où on l'exploite, surtout depuis trois ans, pour la fabrication de la paraffine, ainsi qu'en Roumanie.

L'exposition autrichienne présente de volumineux échantillons de cette substance.

D'après une enquête que la chambre de commerce de Vienne a récemment faite, la production, qui appartient surtout à la Galicie orientale, s'élevait à :

	tonnes.
Pétrole.	9 107
Ozokérite (Erdwachs).	2.520

Ces matières sont raffinées et distillées dans 36 établissements, et fournissent des huiles à brûler et à graisser, en même temps que de la paraffine, qui a donné 10.150 kilogrammes de bougies.

Le pétrole de la Galicie se trouve dans les terrains tertiaires (1). Les gîtes sont disposés sur une ligne de fractures parallèle aux Karpathes et, dans quelques points, en relation avec des sources thermales. Ils sont aussi associés à du sel gemme.

Croatie et Dalmatie. — Comme exploitations de bitume de provinces autrichiennes, également représentées à l'Exposition, il convient de signaler les gîtes de la Croatie, situés aux environs de Moslawina, et qui paraissent se rattacher à ceux que l'on connaît également en Dalmatie et en Albanie.

Albanie. — Les gisements bitumineux de l'Albanie sont principalement concentrés entre Kanina au sud d'Avlona, et le méridien de Bérat, notamment aux environs de Selenitza. Ils appartiennent au terrain tertiaire, et d'après une exploration récente de M. Coquand, à l'étage le plus récent

---

(1) D'après M. de Hochstetter, il appartiendrait à l'étage inférieur dans la partie occidentale, et à l'étage moyen ou miocène, dans la région orientale.

ou pliocène. Ici le bitume a été, en général, amené à l'état solide ou asphalte.

C'est encore au même étage pliocène qu'appartiennent les couches d'où sort, dans l'île de Zante, le bitume qu'Hérodote a déjà signalé.

Principautés Danubiennes. — Les dispositions géologiques de la Galicie se retrouvent dans les Principautés Danubiennes, qui forment comme leur continuation, à travers la Bukowine.

La position heureuse de la Valachie, par rapport au Danube, lui a permis de diriger sur Marseille une partie de ses pétroles ; et si la Moldavie, moins favorisée, n'a pu emprunter le fleuve pour écouler ses produits, le voisinage des possessions autrichiennes lui a donné la possibilité de faire franchir les Karpathes à ses pétroles bruts et raffinés, et d'alimenter Cronstadt, ainsi que les centres de population les plus importants de la Transylvanie.

Dans les Principautés Danubiennes, le pétrole, ainsi que le sel gemme qu'on y trouve en quelques points, appartiennent également au terrain tertiaire. D'après l'étude récente qu'en a faite M. Coquand, ces deux substances paraissent y occuper deux niveaux distincts. L'un, à la partie supérieure de l'étage dit éocène, contemporain à la fois des gypses de Montmartre, du sel, du gypse et du soufre de la Sicile, des sels gemmes des hauts plateaux de l'Algérie (Outaia, Milah, etc.), est représenté, en Moldavie, par le sel gemme exploité à Okna, d'où proviennent les belles masses exposées, ainsi que par les exploitations de pétrole de Moniezti et de Teskani. L'autre, appartenant à un niveau plus élevé, au terrain tertiaire moyen ou miocène, correspond au gypse et au sel gemme de Volterra, en Toscane, et de la province de Saragosse. Ce niveau supérieur est principalement représenté en Valachie, et renferme également des lignites et du succin, dont on voit aussi de nombreux échantillons à l'Exposition.

Ainsi, les gîtes bitumineux des provinces Danubiennes, de même que ceux de la Galicie, qui comptent parmi les principaux de l'Europe, bordent la chaîne des Karpathes.

On remarque que, sur cent puits forés pour recueillir le pétrole, la moitié, à peine, rencontrent cette substance ; ce qui montre que les zones oléifères sont très-étroites et séparées par des terrains stériles. Les puits ne sont distants les uns des autres que d'un intervalle de 20 mètres, et seraient plus rapprochés encore, si les réglements l'autorisaient. Il est indispensable d'en agir ainsi pour drainer tout le pétrole ; car les argiles qui le renferment ne lui permettent pas de se mouvoir facilement. En général, on considère comme excellent un puits qui donne 500 litres par jour, pendant la première année. Au-dessous de 350 litres, il est considéré comme médiocre. On voit combien ces puits sont loin de ceux des États-Unis.

On ne connaît aucun exemple d'huile jaillissant des puits, comme aux États-Unis. Dans les Karpathes, elle suinte tranquillement des parois. La pauvreté en pétrole des terrains de la Moldavie et de la Valachie, ne permet pas d'exploiter au moyen de la sonde : on pratique un puits circulaire d'un mètre de diamètre. Quand le pic a entamé les couches pétrolifères, le dégagement du gaz hydrogène carboné est quelquefois assez abondant pour causer l'asphyxie de l'ouvrier qui travaille au fond du puits.

La quantité de pétrole produite par la Moldavie et la Valachie réunies, a été d'environ 9.000 tonnes, pour l'année 1866, par suite des tentatives qui ont été faites par divers exploitants anglais et français ; mais ce chiffre ne s'est pas maintenu. Il est arrivé à Marseille 2.712 tonnes de ce pétrole brut, en même temps que 355 tonnes de Circassie et 8.200 tonnes d'Amérique.

La baisse considérable que les pétroles ont subie par suite des arrivages de l'Amérique du Nord, permettra difficilement à un pays sans routes et sans administration, comme les Principautés dans l'état actuel, de soutenir cette rude concurrence ; car les frais de transport et d'enfutaillement y représentent déjà une somme égale ou supérieure au prix des pétroles américains qui, en outre, sont de meilleure qualité.

Empire russe. — La région qui entoure le Caucase est encore plus privilégiée par l'abondance du pétrole, et paraît constituer la principale zone pétrolifère de l'Europe.

La Russie envoie une collection des environs de Bakou et de la presqu'île d'Apschéron, localité plus remarquable encore par l'abondance du pétrole que par les feux éternels ou sacrés, qui l'ont depuis longtemps rendue célèbre.

Le pétrole est renfermé dans les terrains tertiaires, qui bordent l'extrémité orientale du Caucase et forment le littoral occidental de la mer Caspienne, aux environs de Bakou et dans la presqu'île d'Apschéron.

On l'exploite au moyen de puits, dans lesquels il continue à suinter depuis des temps reculés. Le plus abondant des 85 puits, actuellement en exploitation, fournit par jour plus de 2.000 litres, et cela, depuis un temps très-long, sans qu'on remarque de diminution notable dans le rendement. Il importe de l'extraire chaque jour ; car, si on laisse quelques jours seulement le puits abandonné à lui-même, le niveau y reste stationnaire.

En outre, on trouve, à la surface même du sol, un revê-
tement formé de bitume à peu près solide ou ozokérite, que
l'on exploite également, particulièrement pour la fabrication
de la paraffine. Ces dépôts superficiels, qui ont la forme de
coulées, partent de certains orifices et s'étendent sur plusieurs centaines de mètres, avec des épaisseurs de 2 à
3 mètres; ils paraissent provenir de l'oxydation et de la
transformation du pétrole qui s'est épanché anciennement.

Le bitume est également exploité, mais en moindre quantité, tant au nord qu'au sud et à l'ouest de Bakou, jusqu'à des distances de 130 et 150 kilomètres de ce centre
principal.

Les nombreuses sources thermales qui jaillissent dans la
même région prouvent, en même temps que d'autres phénomènes, que l'activité volcanique n'y est pas éteinte.

La production annuelle de cette région, comprenant les
districts d'Apschéron, de Lenkoran et de Derbent, peut
être évaluée à :

	kilogrammes.
Naphte blanc.	32.000
Naphte noir.	8.636.000
Total.	8.668.000

La moitié environ de cette production est employée dans
ce voisinage ou expédiée sur Astrakan ; l'autre moitié est
dirigée sur la Perse.

Une compagnie a fondé, en 1857, une fabrique de pho-
togène, à 14 kilomètres de Bakou, et, en 1860, une autre
compagnie a établi, à la pointe de la presqu'île d'Apschéron, dans l'île de Swjetoy, une fabrique de paraffine, où
l'on traite surtout l'ozokérite.

On connaît depuis longtemps les volcans boueux, et les
dégagements de gaz hydrogène carboné, accompagnés d'une

certaine quantité de pétrole, qui sont situés à l'extrémité occidentale de la chaîne du Caucase, des deux côtés du Bosphore cimmérien, d'une part en Crimée, dans la presqu'île de Kertch, d'autre part dans la presqu'île de Taman. Ils forment la contre-partie, en quelque sorte symétrique, des abondants gisements de pétrole, qui se trouvent à l'extrémité orientale de cette grande fracture, et à environ 1.000 kilomètres de distance.

Dans la presqu'île de Kertch, où les Tatars recueillaient, depuis un temps immémorial, du pétrole, principalement pour graisser leurs voitures et pour l'éclairage, une compagnie américaine s'est établie, en 1863, pour l'exploiter au moyen de puits. Après avoir foré jusqu'à 160 mètres, on a reconnu que la plus grande quantité se trouve à une profondeur moindre, c'est-à-dire seulement de 8 à 20 mètres.

Plus récemment encore, l'attention s'est portée sur les indices de pétrole que l'on connaissait depuis longtemps de l'autre côté du Bosphore, dans la presqu'île de Taman et dans le bassin du Kouban, dans une partie qui n'a été définitivement conquise qu'en 1863 et 1864. On s'est empressé de faire des recherches actives, commencées par M. le colonel Novosylzeff et habilement continuées par M. le capitaine du corps des mines, de Koschkull, à l'obligeance duquel je dois une partie de ces détails, ainsi qu'au savant éminent, M. Abich, qui a récemment visité la localité.

Dans cette région, les sources naturelles et indices de pétrole constituent quatre groupes, dont les extrêmes sont distants de 170 kilomètres : ces groupes, situés au pied du Caucase, sont disposés suivant une ligne droite, exactement parallèle à l'axe de la chaîne. Cette longue zone, en même temps jalonnée par de nombreuses sources thermales, a de 6 à 7 kilomèt. de largeur.

Un puits foncé à 12 kilomètres de la forteresse de Krysmskoyé, a atteint successivement quatre nappes de pétrole, à des profondeurs de 16, 40, 60 et 80 mètres. Ces diverses nappes, d'abord jaillissant, par l'impulsion du gaz, de même qu'aux États-Unis, jusqu'à une hauteur de 16 mètres, ont donné des quantités de pétrole différentes et croissant avec la profondeur ; la quantité d'huile minérale fournie pendant 139 jours a été de 1.440.000 litres. Le bitume était mélangé à de l'eau qui formait de un neuvième à un dixième du volume total.

A part ces deux régions principales, il en existe encore deux autres qui produisent du pétrole : l'une dans le district de Tiflis, où le puits dit du Tzar, produit 96,000 litres ; l'autre non loin de Grosnaja, où se trouvent quatre puits, remontant aussi à une époque inconnue, et fournissant annuellement 1.120.000 litres.

Dans le prolongement du grand alignement dont il vient d'être question, et sur le bord oriental de la mer Caspienne, l'île de Naphte ou de Tschéleken, appartenant à la Perse, présente des émanations semblables. Le pétrole, également accompagné de sources salées et chaudes, est exploité par des milliers de petits bassins. Quelques-uns, au moment où ils viennent d'être foncés, fournissent jusqu'à 600 kilogrammes par jour ; mais leur rendement diminue bientôt et, quelquefois, au bout de six mois ou deux ans, ils sont abandonnés. Il en est d'autres toutefois qui sont beaucoup plus longtemps productifs.

Il est à remarquer que le napthe est également connu au sud de la mer Caspienne, dans la province de Mazandéran.

Enfin, il convient d'ajouter que des indices de pétrole reconnus dans la région moyenne de la Russie, dans les gouvernements de Samara et de Simbirsk, ont donné lieu à des forages qui s'exécutent depuis 1865, d'après les indications de M. le général de Helmersen.

Perse. — Il est des gîtes que l'on exploite depuis une antiquité très-reculée, en Perse, dans la vallée de l'Euphrate, et à Chiras, dans le Kurdistan. C'est toujours dans des conditions assez analogues, dans des terrains tertiaires, et ils en occupent deux étages, d'après les recherches de M. Ainsvorth; ils sont accompagnés de vastes dépôts de gypse et de soufre et associés à des sources thermales.

Cuba. — Des divers minéraux utiles que possède l'île de Cuba, le plus remarquable est peut-être l'asphalte, connu dans le pays sous le nom de *chapapote*. Il est quelquefois accompagné aussi de bitume visqueux, et associé à des couches probablement tertiaires, en même temps qu'à de la serpentine. On en rencontre, dit-on, en divers points, sur une zone de plus de 500 kilomètres de longueur. L'asphalte provenant de plusieurs mines, qui est exposé, rappelle la houille, par son état solide et son éclat; il a été en effet utilisé comme combustible. Les puits forés pour son exploitation produisent, sur certains points, du pétrole et de l'hydrogène carboné. Son prix varie, de 37 à 75 francs la tonne.

Birmanie. — Le pétrole abonde également dans l'empire Birman, qui fournit à l'Europe des quantités considérables de cette huile, connue en Angleterre sous le nom de Rangoon-tar ou de Burmèse naphta. Dans le bassin de la rivière Iraouaddy, on a foncé des puits nombreux qui atteignent jusqu'à 60 mètres de profondeur. En 1862, ils étaient au nombre de 520 et fournissaient ensemble 18 millions de litres d'une huile minérale, caractérisée par l'abondance de la paraffine qu'elle renferme.

Trinité. — Parmi les nombreux gîtes bitumineux utilisés, nous pouvons citer encore ceux connus depuis longtemps dans l'île de la Trinité, qui continuent à envoyer leurs produits en Europe.

République de l'Équateur. — Les gîtes de pétrole récemment découverts aux environs de Guyaquil commencent à fixer l'attention.

Java. — Enfin, à la suite de cette énumération des gîtes exploités, on peut citer l'île de Java, où de nombreuses sources de bitume, situées à proximité de sources thermales, jaillissent de terrains tertiaires, qui contiennent du lignite dans le voisinage des volcans.

Observations sur le gisement des bitumes. — D'après ce qui précède, on voit que les divers gisements, dans lesquels le pétrole est exploité, appartiennent aux terrains stratifiés.

Ceux-ci sont de divers âges, depuis les terrains tertiaires, comme dans la région des Carpathes, jusqu'aux terrains les plus anciens, les terrains dévonien et silurien, comme dans l'Amérique du Nord. Ceux de cette dernière région sont d'autant plus remarquables qu'ils appartiennent à des couches qui ne renferment pas de débris de végétaux, en quantité notable.

Quoique le gisement des bitumes ait été étudié dans beaucoup de contrées, l'origine de cette substance n'est pas déterminée avec certitude. On la fait généralement dériver de substances organisées végétales ou animales, par une transformation analogue à celle qui a produit la houille.

Cependant deux ordres de considérations ont conduit à penser que les pétroles peuvent avoir une origine franchement minérale : d'une part, l'association des gîtes de bitume avec des phénomènes éruptifs, comme en Auvergne, ou au moins avec des dislocations qui dérivent des phénomènes internes, aussi bien que les sources thermales qui les accompagnent souvent ; d'autre part, la possibilité de reproduire des hydrocarbures liquides, par une synthèse directe, et sans le secours de corps ayant passé par la vie.

§ 11. — Schistes bitumineux ou naphtoschistes.

On exploite, pour la fabrication d'huiles dites minérales, des roches argileuses ou schistes, qu'on nomme improprement schistes bitumineux. En général, le bitume n'y est pas tout formé ; mais la matière charbonneuse dont ces schistes sont imprégnés, soumise à l'action de la chaleur, produit, en se décomposant, des huiles, à peu près comme le goudron se produit aux dépens du bois, sans y préexister. Pour ne pas employer le nom inexact de schiste bitumineux, on a proposé le nom de *pyroschiste, schiste à kérosène* et plus récemment, celui de *naphtoschiste*, c'est-à-dire schiste produisant des matières analogues au bitume.

France. — La distillation des schistes qui, dès 1833, avait déjà donné lieu, en France, à des procédés d'extraction, s'est considérablement développée jusqu'en 1865.

A part les premières exploitations de naphtoschiste du département de Saône-et-Loire, aux environs d'Autun, on en a ouvert d'autres dans le département de l'Allier, près de Buxières-la-Grue. Les schistes de cette dernière localité présentent, dans leur aspect, une grande ressemblance avec ceux d'Autun, et renferment, comme eux, des empreintes de poissons.

Le terrain houiller des environs de Fréjus (Var), à Boson, renferme des couches de naphtoschiste, ressemblant aussi au boghead d'Écosse et à certains cannel coal, que l'on voit exposés; depuis peu d'années, on les exploite pour les distiller et pour en fabriquer des huiles.

Le bassin houiller de Vouvant (Vendée) en contient aussi qui ne sont pas exploités.

Ceux que l'on exploite dans l'Ardèche, à Vagnas, appartiennent au terrain tertiaire.

La concurrence des pétroles d'Amérique a réduit très-considérablement la production. En 1866, elle n'était, en huile brute, que de 9,000 tonnes, et en 1867, elle n'a pas atteint 5.000 tonnes. Leur rendement moyen en huiles fines et propres à l'éclairage est de 55 p. 100. Le prix moyen des huiles brutes, sur les lieux de production, est de 25 francs les 100 kilogrammes.

Cette grande réduction dans la production trouve son explication dans la baisse de prix correspondante à l'invasion des huiles américaines, ainsi qu'il résulte des chiffres suivants qui s'appliquent à l'huile raffinée.

Avant 1863, l'huile de schiste de fabrication française et raffinée était recherchée de 75 à 90 francs les cent kilog. — En 1863, date des premières importations sérieuses de pétrole d'Amérique, les acheteurs ne voulurent plus la payer que 75 francs ; en 1864, elle tomba à 60 francs. Par suite d'une perturbation passagère, qui fit craindre, pendant l'année 1865, une pénurie de pétrole aux États-Unis, l'huile de schiste reprit faveur; on la paya jusqu'à 95 francs. Mais l'année suivante, l'Amérique du Nord inondait de son produit tous les marchés, et ce prix descendait à 50 francs. En 1867, il n'a pu s'élever au-dessus de 40 francs; qui est encore le prix actuel dans les grands centres de consommation; ce prix est inférieur, de 10 francs environ, à celui que les consommateurs paient pour le même poids de pétrole raffiné d'Amérique.

Si l'on adopte la teneur moyenne de 5 pour 100, qui représente en général, la richesse des naphtoschistes français en huile brute, on arrive, pour la quantité de roche extraite, aux chiffres suivants :

1865 et années antérieures.	260.000 tonnes.
1866.	160.000 —
1867.	80.000 —

Le calcaire asphaltique de Lobsann, dont il a été question plus haut, est aussi distillé pour la fabrication d'huiles minérales, et en a produit ainsi 1.000 tonnes environ en 1865.

Dans de nombreux départements de la France, et sur de grandes étendues, il existe des couches assez chargées de matières bitumineuses pour que, jetées sur un foyer, elles brûlent avec flamme. Ces couches sont situées dans le terrain jurassique, à la partie supérieure de l'étage dit du lias, et appartiennent aux assises nommées *Marnes à possidonies*. Aussi, sur plusieurs points, par exemple dans le département du Doubs, on a tenté d'en extraire des huiles par distillation. Ces tentatives n'ont pas réussi.

Des essais du même genre, faits en Belgique, en Wurtemberg et en Angleterre, sur les marnes du même étage, n'ont donné que des résultats peu importants.

En 1865, la France produisait 12.000 tonnes d'huile de

schiste brute, se décomposant comme il suit : bassin de Saône-et-Loire, 8.000 tonnes ; bassin de l'Allier, 2.500 tonnes ; bassin de l'Ardèche, 1.500 tonnes. Cela correspond en huile épurée, à une production de 6.000 à 7.000 tonnes.

Grande-Bretagne. — La couche charbonneuse, connue en Écosse sous le nom de *boghead*, forme comme le type le plus riche des roches dont il s'agit. On connaît toute l'importance qu'a présentée cette exploitation, tant pour la Grande-Bretagne que pour bien d'autres pays où on importait cette substance.

Un combustible, désigné sous le nom de *cannel*, à cause de la flamme qu'il produit en brûlant, et provenant des terrains houillers de l'Écosse, du Lancashire, du Yorkshire et du Flintshire, sert à peu près aux mêmes emplois. On a aussi découvert, il y a six ans, dans le Nord du pays de Galles, plusieurs couches de cette variété, d'une excellente qualité, que le bas prix des huiles empêche d'utiliser, comme elles pourront l'être plus tard.

La production de l'Angleterre en huiles minérales s'est aussi fortement ressentie de la dépréciation due à l'abondance des huiles d'Amérique. Cette production qui, en 1865, était d'environ 25.000 tonnes, est tombée, en 1866, à 18.000, et, en 1867, à environ 8.000 tonnes.

Pays d'Allemagne. — La fabrication d'huiles et de paraffine est alimentée, dans certaines parties de l'Allemagne, au moyen de variétés spéciales de lignite, notamment en Prusse, aux environs de Halle et à Rott près Bonn.

En Autriche, à Steyerdorf, ce sont les schistes du lias avoisinant les couches de houille du même étage, qui sont utilisés pour la fabrication d'huiles et de paraffine. On estime que le rendement en huile, de 1860 à 1866, a été en moyenne de 3,8 et 4,5 pour 100.

Espagne. — L'Espagne paraît renfermer, dans les provinces du Nord, des gisements de naphtoschiste, sur lesquels des travaux viennent d'être commencés.

Italie. — En Italie, on a tenté aussi d'exploiter les naphtoschistes qui accompagnent le lignite, dans le Véronais et le Vicentin. On les désigne sous le nom de *liberone*.

Russie. — On en connaît dans le nord de la Russie, qui sont représentés à l'Exposition par des échantillons du bassin de la Petchora, bord de l'Ouchta. Ils ont reçu le nom vulgaire de *domanik*.

Nouvelle-Galles du Sud. — La Nouvelle-Galles du Sud, si riche en houille, renferme également, dans les couches supérieures du terrain carbonifère, des naphtoschistes, avec empreintes de plantes (connues sous le nom de glossopteris), que leur aspect et leur qualité rapprochent du boghead d'Écosse. Ces schistes auxquels, selon les variétés, on a donné les noms impropres de *cannel-coal, black-cannel, brown-cannel* et *shaly-cannel*, sont exploités et distillés au moyen de la houille du voisinage. Déjà, en 1865, on en avait exploité 700 tonnes; on en signale des quantités extrêmement considérables.

Brésil. — On vient également de découvrir au Brésil, dans la province de Bahia, des schistes très-chargés de matières charbonneuses, que l'on dit être abondants. Comme ils sont situés au bord de la mer, dans un endroit accessible aux navires, sur la rive droite du fleuve Maraü, ils méritent aussi d'être signalés.

CHAPITRE IV.

MINERAIS DE FER.

Les minerais de fer exposés représentent, dans leurs principales variétés, les diverses espèces qui servent à l'extraction du métal, c'est-à-dire le *fer oxydulé*, le *fer oxydé rouge*, le *fer carbonaté*, dans ses deux principales variétés, *spathique* ou *lithoïde*, enfin, le *fer oxydé hydraté*.

Chacune de ces espèces présente, au point de vue métallurgique, des qualités spéciales ; aussi, malgré l'inconvénient de diviser ce qui concerne la production en fer d'un même pays, croyons-nous devoir passer séparément en revue les faits relatifs à chacune de ces quatre espèces.

§ I. — **Fer oxydulé.**

Le *fer oxydulé, fer oxydé magnétique, minerai magnétique* ou *magnétite*, depuis longtemps célèbre par les fers d'excellente qualité, qu'il produit en Suède et dans l'Oural, a encore grandi en importance, par les récents perfectionnements de la métallurgie du fer et de l'acier.

Il est habituellement mélangé de peroxyde de fer ou oligiste, qui s'y trouve en proportions variables.

Suède. — Les gîtes de la Suède, qui sont représentés par une série de volumineux échantillons, constituent de nombreux amas de forme lenticulaire, disposés parallèlement aux feuillets du gneiss encaissant et contemporains de la cristallisation même de la roche, c'est-à-dire, remontant à la période géologique la plus ancienne.

Parmi les échantillons exposés, on en remarque un de Taberg (Jonkœping), qui renferme du manganèse en quantité notable, en même temps qu'une forte quantité d'acide titanique (10 p. 100), et qui produit de la fonte blanche miroitante.

On a extrait en Suède, en 1865, à part le minerai des marais et des lacs qui est abondamment exploité, 492.474 tonnes d'oxyde magnétique, dans 524 mines, au moyen de 5.000 ouvriers. Cette production n'est pas aussi élevée qu'elle pourrait l'être, en raison du grand nombre de gîtes que renferme le pays, particulièrement dans le gouvernement d'OErebro, et de l'importance que le développement du procédé Bessemer paraît devoir donner à cette espèce de minerai.

Les amas que l'on connaît en Laponie, aux environs de Gellivara, sous le 67ᵉ degré de latitude, ont aussi attiré l'attention, et, en 1865, on a essayé de créer des moyens de transport jusqu'à la mer, en canalisant le fleuve Luleo, et en établissant un chemin de fer. Après des dépenses considérables, cette entreprise est suspendue.

Norwége. — La Norwége renferme, particulièrement aux environ d'Arendal, des amas de minerai de fer semblables à ceux de Suède, mais en quantité beaucoup moins importante.

France. — En France, l'oxyde magnétique est à peine exploité. A l'extrémité sud-ouest des Pyrénées-Orientales, à Mas-Carol, on en extrait, qu'on importe en Catalogne pour les forges catalanes, et il en existe quelques autres gîtes dans cette même région des Pyrénées.

Le silico-aluminate magnétique, connu en Bretagne et en

particulier à Bas-Vallon (Côtes-du-Nord), ne peut être considéré comme appartenant à l'espèce qui nous occupe. Il est en couches subordonnées au terrain silurien et à un niveau bien déterminé.

D'ailleurs, d'autres gisements, tel que celui de Villefranche (Aveyron), celui de Collobrières (Var), où l'oxyde magnétique est mélangé de grenat, ne sont pas exploités.

Quant à celui de Dielette, près Cherbourg, dans le département de la Manche, qui est encaissé dans les schistes cristallins, et qui est formé d'un mélange de magnétite et d'oligiste, il n'est découvert qu'à marée basse, et n'a pu, malgré sa richesse qui dépasse 45 p. 100, être l'objet d'une exploitation suivie.

Depuis ces dernières années, on supplée, en France, à l'absence du minerai magnétique d'Algérie par des importations, qui ont exercé une influence des plus bienfaisantes sur la fabrication du fer et de l'acier.

Algérie. — Il existe, en effet, en Algérie, aux environs de Bône, un amas de ce minerai extrêmement remarquable, tant par ses dimensions que par l'homogénéité de sa masse. Il consiste ordinairement en un mélange intime de magnétite et d'oligiste. On a constaté que les fontes qui en proviennent sont d'une ténacité remarquable ; son rendement moyen atteint 66 p. 100.

Autrefois exploité par les Vandales, il a été récemment l'objet de travaux très-considérables, tant pour son exploitation que pour son transport au rivage et son embarquement. Depuis le 1er mai 1865 jusqu'au 31 décembre 1866, la mine a produit 159.200 tonnes, et cette production est en voie d'accroissement ; celle de 1867 est de 170.000 tonnes !

et celle de 1868 approchera du chiffre de 200.000. La tonne se vend 10 francs, rendue sur le quai de Bône.

D'autres amas analogues ont été reconnus dans les environs de Bône et de Philippeville, ordinairement associés à des micaschistes grenatifères et à des calcaires-marbres. L'un d'eux, situé à Medjez Rassoul, de nature manganésifère, a été également exploité autrefois par les Vandales. On l'étudie en ce moment, au point de vue de l'exploitation dont il pourrait être l'objet.

Sardaigne. — Le fer oxydulé est répandu dans diverses parties de l'île de Sardaigne, et particulièrement dans la région méridionale, depuis le cap Spartivento jusqu'à la vallée d'Iglésias. Il se trouve dans les schistes siluriens et métamorphiques, constituant des couches ou peut-être des filons, et avoisiné par de gros filons quartzeux. Il a été rencontré en masses considérables à Saint-Léon, à proximité de syénite et de granite. Comme en Suède, il est accompagné de grenat qui est quelquefois assez abondant pour entraver l'exploitation du minerai, ainsi que d'amphibole et de quartz. Ce gîte a été l'objet de travaux persévérants et très-considérables de la part de la Société Pétin-Gaudet. Un chemin de fer de 15 kilomètres a été établi pour le transport à la mer ; on exporte actuellement 40.000 tonnes de minerai par an, et bientôt cette production pourra être augmentée. Ce minerai participe à la production de fontes éminemment propres à la fabrication de l'acier Bessemer, et qui sont élaborées en France.

Italie. — L'île d'Elbe possède au cap Calamita, à proximité de ses masses d'oligiste, un gisement important de magnétite, qui fournit, en moyenne, 10.000 tonnes par an.

Nous ne faisons que mentionner les amas de minera oxydulé de la vallée d'Aoste, de Cogne et de Traverselle, en Piémont, qui ne produisent qu'une faible quantité de minerai ; on sait combien ce dernier gisement est intéressant par les espèces, en beaux cristaux, qu'il a fournies à la plupart des collections.

Il convient de mentionner aussi les gîtes de fer oxydulé, qui se trouvent en Toscane, à Stazemma, dans la vallée de Serravezza. Ces gîtes, abandonnés depuis des siècles, ont été récemment l'objet d'études.

Autriche. — Le gîte de Moravitza, en Banat (Hongrie), est employé très-utilement aux usines de Reschitza.

Oural. — Les puissants amas d'oxyde magnétique de l'Oural, dont le principal, la montagne de Vissoko-gora, près de Blagodat, alimente les usines de M. P. Demidoff, sont également représentés à l'Exposition.

États-Unis et Canada. — Aux États-Unis, dans l'État du Michigan et dans celui de New-York, à Marquette, sur les bords du lac Supérieur et du lac Champlain, de puissants amas d'oxyde magnétique, mélangé d'oligiste, sont subordonnés au gneiss (terrains Laurentien et Huronien), c'est-à-dire dans un gisement analogue à celui de Suède (1). Leur exploitation s'est considérablement accrue dans ces derniers temps. Du commencement de 1866 au 1ᵉʳ décembre de la même année, on a transporté, sur le chemin de fer qui part des mines, 204.454 tonnes, ce qui excède le chiffre de 1865 de 20.043 tonnes.

---

(1) Celui d'Adirondack, dans l'État de New York (Essex County), atteint 50 mètres d'épaisseur.

Ce groupe d'amas se prolonge dans le Canada, où il est subordonné aux mêmes terrains. Quoique, dans cette région aussi, ces amas soient nombreux et souvent de grandes dimensions, ils ont été peu utilisés jusqu'à ce jour. Cependant une exploitation vient d'être ouverte à Gros-Cap, pour expédier du minerai aux États-Unis.

Des amas analogues se retrouvent encore dans d'autres parties des États-Unis, par exemple, dans le Missouri où l'une des « *Iron mountains*, » nommée Pilote Knop, a 190 mètres de hauteur et l'autre 70 mètres.

Dans l'État de New-Jersey, le minerai consiste surtout en oxyde magnétique, et est recherché pour la fabrication de l'acier Bessemer. Les propriétaires de gîtes importants situées dans le Morris County, n'ont pas hésité à faire exécuter, à grands frais, une carte du pays qui les renferme, sur laquelle les différentes couches connues sont tracées avec beaucoup de soin (1).

Tous les gîtes de fer des États-Unis, dont il vient d'être question, sont dans les mêmes conditions, c'est-à-dire subordonnés aux schistes cristallins et régulièrement stratifiés avec eux, aussi bien que le calcaire ou le quartz qui les accompagnent souvent. Ils présentent, en général, un mélange des deux espèces, magnétite et oligiste. Cette dernière prédomine au lac Supérieur et au Missouri, tandis que la première est plus abondante dans l'État de New-York. En outre, le minerai est souvent mélangé entièrement de lits de quartz jaspe.

Ces minerais ne sont encore que peu exploités, parce que le combustible en est éloigné.

Un important gisement d'oxyde magnétique vient d'être

____

(1) MM. Cooper et Hewett. La carte a été exécutée par M. Cook.

également découvert en Californie, vers l'extrémité septentrionale de la Sierra Nevada. A proximité de bancs calcaires subordonnés aux schistes cristallins et au milieu de magnifiques forêts, il ne paraît attendre que des voies de transport pour être mis en valeur.

Mexique. — Nous rappellerons, à cette occasion, la montagne de minerai magnétique Cerro Mercado, située au Mexique près Durango, et depuis longtemps signalée, mais qui est à peine exploitée, malgré sa richesse.

Cuba.—L'Exposition présente également des blocs d'oxyde magnétique provenant de l'île de Cuba, où ce minerai constitue, ainsi que l'oligiste, des gîtes considérables, dit-on, sur le versant sud de la Sierra Maestra, et à moins de 40 kilomètres des célèbres mines de cuivre del Cobre. Quoique à peu de distance du port de Juaragua, et bien que le combustible végétal existe en abondance dans les environs, ce gisement n'a pas encore été exploité.

Brésil. — Au Brésil, où l'oligiste est si abondamment associé au quartz, sous forme feuilletée, de manière à constituer, sur de grandes étendues, la roche connue sous le nom d'*Itabirite*, il existe, en outre, des gîtes considérables et riches d'oligiste, mélangé de magnétite, tels que celui de Saint-Jean d'Ipanema, dans la province de Saint-Paul, qu'une colonie suédoise exploite depuis 1810. On annonce, en outre, qu'on vient d'en découvrir de nouveaux gisements. Mais la production en fer est loin d'être en rapport avec les puissantes ressources que renferme ce vaste empire, où abondent à la fois le minerai et le combustible végétal.

Portugal. — Parmi les gisements d'oxyde de fer magné-

tique qui ne sont pas encore exploités, comme ils pourront
l'être plus tard, il convient de citer ceux du Portugal, situés
dans la partie septentrionale du royaume, dans la province
de Galice. Ils sont subordonnés aux schistes cristallins et à
proximité de masses calcaires. Celui de la Sierra dos
Monges, situé dans le district d'Évora, d'où proviennent des
échantillons exposés, paraît être l'un des plus importants,
tant par sa richesse que par sa proximité du chemin de fer
qui, après un trajet de 85 kilomètres, conduit au port de
Barreiro.

Du minerai magnétique est également connu dans le
même royaume, dans l'Algarve, où il est arrivé dans les
terrains secondaires, à la suite des diorites et des serpentines
qui le traversent. Il rappelle ainsi le gisement de Cogne,
en Piémont, et de Blagodat dans l'Oural, second type différent de celui dont on vient de voir plusieurs exemples, aux
États-Unis et au Canada comme en Suède.

Appendice.

1° *Franklinite*. — La Franklinite, qui consiste en une
combinaison des oxydes de fer, de manganèse et de zinc, et
qui constitue, comme on le sait, un gîte très-considérable
à New-Jersey, est exploitée pour le zinc qu'elle renferme.
Le résidu, ensuite traité comme minerai de fer, produit de
belles fontes miroitantes qui sont exposées à côté du minerai,
et qui ressemblent, à s'y méprendre, aux fontes miroitantes
du Rhin.

2° *Fer titané*. — Le fer titané, qui se rapproche par sa
composition de l'oxyde magnétique, mais qui renferme de
l'oxyde de titane combiné en des proportions variables, est

disséminé dans diverses roches éruptives, y compris les laves actuelles. Bien qu'il ne s'y trouve habituellement qu'en très-petits grains, la destruction de ces roches et les lavages naturels qui en sont la conséquence, l'accumulent parfois sur certaines plages, en assez grande abondance pour qu'on ait cherché à en tirer parti pour la fabrication du fer et de l'acier.

Ainsi, on en a rencontré abondamment à la Nouvelle-Zélande, au pied du mont Egmont, ancien volcan, sur la plage, dans les environs de Taranaki, et l'on en a transporté, il y a quelques années, en Europe.

A part ceux de ces dépôts qui, comme celui de Maryland, étaient connus jusqu'à présent, on en signale un très-considérable au Canada, à l'embouchure de la rivière Moisic, sur la rive nord du fleuve Saint-Laurent. Ce fer titané, qu'une compagnie cherche à exploiter, et qui renferme 11 pour 100 de titane et 63 pour 100 de fer métallique, est représenté à l'Exposition, ainsi que le fer et l'acier qui en ont été obtenus, à l'aide de la tourbe, dans des expériences faites sur une assez grande échelle.

En outre, le fer titané se trouve quelquefois à l'état massif, comme celui qui a été signalé par Berthier, à Maisdon, près de Nantes.

Des compagnies anglaises ont cherché à exploiter ce même minéral, en Norwége, aux environs d'Egersund.

Si le fer titané devenait susceptible d'un emploi, on en trouverait des masses considérables, notamment au Canada, associées aux masses de feldspath labrador du terrain de gneiss (laurentien). Le gîte connu le plus volumineux, celui situé dans la baie de Saint-Paul, à Saint-Urbain, a été suivi sur une longueur de 90 mètres, avec une épaisseur de 38 mètres. Le minerai y est quelquefois mélangé d'un peu de rutile.

§ II. — Fer oxydé rouge.

Le fer oxydé rouge, qui est l'*hématite* proprement dite, est désigné plus ordinairement sous le nom d'*oligiste*.

Italie. — Ce minerai représente, en volumineux blocs, le gisement de l'île d'Elbe, dont l'extraction, qui s'élève, pour l'année 1865, à 99.674 tonnes, d'une valeur de 1.495.000 fr. est obtenue avec 681 ouvriers.

France. — Le gîte de fer oligiste de Framont, dans les Vosges, n'est à mentionner ici que pour mémoire, comme offrant en France, une reproduction en miniature, pour ainsi dire, du gîte de l'île d'Elbe. En effet, c'est un amas produit dans les roches stratifiées anciennes, au contact d'une éruption de porphyre, et composé aussi d'oligiste cristallisé, associé à de la pyrite et à du fer oxydé hydraté, qui paraît former la tête des gîtes pyriteux. Ce gîte n'est plus guère exploité, à cause de l'élévation du prix de revient de son minerai; mais les beaux minéraux qu'il produit, tels que la phénakite, le rendent encore très-digne d'intérêt.

On peut également mentionner, bien qu'ils ne soient pas exploités, certains gîtes du même minerai que renferment les Pyrénées.

C'est aux environs de la Voulte et de Privas, dans le département de l'Ardèche, que se trouvent nos principaux gisements d'oligiste; mais ce minerai appartient ici à la variété compacte. Dans chacune de ces localités, il constitue un puissant amas lenticulaire, disposé parallèlement aux couches du terrain jurassique, auquel il est subordonné, et méritant par conséquent le nom de couche.

Ces deux couches, bien que présentant beaucoup de traits de ressemblance, n'occupent pas exactement le même niveau : celle de la Voulte appartient aux marnes inférieures de l'étage oxfordien, tandis que celle de Privas est située dans l'oolithe inférieure et par conséquent plus ancienne. Cette dernière présente, sur une épaisseur de 8^m,50, du minerai massif, rendant 42 pour 100 de fer en moyenne.

Quoique les affleurements de la couche s'étendent sur une longueur de 5 kilomètres environ, les dimensions de la partie exploitable ne dépassent probablement pas 2.000 mètres, suivant la direction, et 1.100 mètres, suivant l'inclinaison. Dans le gisement de la Voulte, la puissance en minerai s'élève à 14 mètres ; mais elle est divisée en trois couches par des roches stériles, et sa plus grande longueur aux affleurements est de 1.200 mètres.

Une étude topographique détaillée de ces couches est exposée par M. l'ingénieur Ledoux.

Les deux couches de Privas et de la Voulte ont produit, en 1865, 252.000 tonnes de minerai, qui ont alimenté 14 hauts fourneaux.

Angleterre. — L'Angleterre possède aussi d'importantes gisements d'hématite, connue vulgairement sous le nom de *red ore*, que l'on exploite principalement dans le Lancashire et le Cumberland.

Ces minerais sont très-recherchés, autant à cause de leur pureté que de leur richesse, qui atteint 50 p. 100. Ils contiennent à peine des traces de phosphore et, au plus, un millième de soufre. La proportion de l'oxyde de manganèse excède rarement 1/4 p. 100. Ils sont associés au calcaire carbonifère dont ils remplissent parfois d'énormes poches plus ou moins verticales, et comparables, quant à leur forme, à celles que nos minerais en grains remplissent dans les terrains moins anciens, dans les calcaires jurassiques et crétacés. Ce minerai est quelquefois siliceux et difficile à fondre, comme la variété de Privas et de la Voulte, dite agatisée.

La production dépasse 800.000 tonnes, dont plus des sept dixièmes sont fournis par le Lancashire, aux environs d'Ulver-Stone. Rendue aux mines du pays de Galles et du Staffordshire, cette hématite, d'une valeur de 50 p. 100, ne revient pas à moins de 22^f,50 à 25 francs la tonne.

Nassau. — Les nombreux amas d'oligiste de Nassau, également remarquables par leur pureté, et subordonnés aux couches du terrain dévonien, se trouvent habituellement dans le voisinage des roches éruptives contemporaines, à la sortie desquelles se rattache leur origine.

Belgique. — L'oligiste des bords de la Meuse, en Belgique, en masses compactes ou terreuses, à structure oolithique, est en couches dans le terrain carbonifère.

Son emploi, très-restreint il y a une quinzaine d'années, s'est considérablement développé; car sa richesse, autant que la facilité des transports, le font traiter aux usines de l'Allemagne et même du nord de la France. La production de 1866 s'est élevée à près de 250.000 tonnes.

Espagne. — Les gisements d'oligiste de la province de Cordoue, situés non loin des houillères de Belmès, sont représentés à l'Exposition.

Nouvelle-Galles du Sud. — Il en est aussi de très-abondants que l'on a récemment découverts en Australie, dans la Nouvelle-Galles du Sud. Ils sont dans les terrains stratifiés anciens, associés à des schistes et à des quartzites, et prennent surtout du développement près de Narara-Creek. Heureusement située à proximité de belles couches de houille, cette hématite rouge, d'un rendement de plus de 60 p. 100, commence à alimenter les usines qu'on vient de construire à New-Scheffield, près de Nattaï, et qui se sont empressées d'exposer leurs fontes et leurs fers.

§ III. — Fer carbonaté.

Le fer carbonaté constitue deux variétés, ou sous-espèces généralement distinctes, aussi bien par leur gisement et leur origine que par leur aspect et les qualités du fer qu'elles produisent.

1. *Fer spathique.*

On sait que le fer carbonaté, à structure éminemment cristalline, est surtout connu sous le nom de fer spathique; il a reçu, en Allemagne, celui de *stahlerz* ou minerai d'acier, à cause de son aptitude à produire des aciers naturels.

Prusse et Autriche. — Des gîtes de ce minerai, qui sont connus depuis longtemps, comme des centres de production, pour la fabrication de l'acier naturel, sont représentés à l'Exposition : ce sont ceux de Styrie (Loelling) et de Carinthie, de la Thuringe et de Müsen, dans le pays de Siegen.

France. — Des gîtes de fer spathique se rencontrent dans plusieurs parties des Alpes françaises, et constituent un groupe depuis longtemps connu.

Le département de l'Isère possède les filons des environs d'Allevard et de Vizille qui, sur les flancs de la chaîne de Belledonne, traversent les micaschistes et se prolongent parfois dans le terrain houiller et jusque dans le trias.

Dans le département de la Savoie, les seules exploitations actuellement en activité sont celles de Saint-Georges d'Hurtières, près d'Aiguebelle. Ce groupe renferme plusieurs filons encaissés dans le micaschiste, dont le principal a de 2 à 4 mètres d'épaisseur. Par suite d'anciens usages locaux, le mode d'exploitation de ce minerai est singulièrement arriéré, ce qui en élève considérablement le prix de revient et en abaisse la production annuelle (6.000 tonnes). Mais, dès que cet ancien état de choses aura pu changer, ce gisement prendra sans doute une place plus importante dans la production de nos minerais de fer à acier.

Bien que de nombreuses exploitations aient été ouvertes sur ces filons, surtout entre les altitudes de 900 et de 1.400 mètres, la montagne paraît présenter encore des massifs considérables et qui sont intacts, notamment entre les galeries inférieures actuelles et le niveau de l'Arc, qui est à plus de 600 mètres en contre-bas. De même qu'aux environs d'Allevard et de Vizille, qui sont dans des conditions de gisement analogues, le fer spathique est ici accompagné de divers sulfures métalliques, dont, avec le quartz et parfois la barytine, ils forment comme la gangue.

Parmi ces sulfures, la pyrite de cuivre est assez abondante, dans quelques parties du filon, pour être l'objet d'une exploitation spéciale. Cette pyrite qui, dans la première moitié du XIVe siècle, formait le principal produit des mines et donnait annuellement jusqu'à 73.000 kilogrammes de cuivre, n'en fournissait plus, dans le siècle dernier, que de 20 à 25.000, et aujourd'hui à peine 4.000. C'est l'industrie du fer qui, sur ce point, est appelée à prendre la place prédominante.

Un autre groupe de gîtes de fer carbonaté existe en Savoie, près de Modane, et à proximité du tunnel des Alpes. Il est constitué par plusieurs filons, qui traversent le terrain à anthracite et dont le principal, connu sous le nom de Grand-Filon, a été exploité jusqu'à une altitude de près de 3.000 mètres, avec la mine de galène, dite des Sarrasins. Ces deux mines, situées au-dessus de la limite des neiges permanentes, sont peut-être les plus élevées de l'Europe. Celle de fer spathique, exploitée au milieu du XVIIe siècle, malgré les conditions si difficiles d'accès où elle se trouve, a été arrêtée en 1845 ; mais elle ne restera sans doute pas toujours abandonnée.

Dans la chaîne des Pyrénées, particulièrement dans le massif du Canigou, on trouve le fer spathique accompagnant l'hématite brune, sur les points qui seront signalés plus loin.

Espagne. — Sur le versant espagnol, dans la vallée de la Bidassoa (Guipuzcoa), il existe des filons importants, où le fer spathique est associé à l'hématite brune, ainsi que dans plusieurs autres régions de l'Espagne.

Italie. — La contrée de Bergame expose aussi du fer carbonaté spathique, dont le gisement diffère de ceux qui viennent d'être signalés. Ce minerai forme plusieurs couches subordonnées à du schiste et à des grès, qui appartiennent à l'époque du trias, et est accompagné d'hématite brune ; les gîtes forment un groupe qui s'étend sur environ 3o kilomètres. Là, comme dans les autres régions des Alpes, certaines couches sont manganésifères et servent à la fabrication des fontes à acier.

Les mines des environs de Bergame, Brescia et Côme, au nombre de dix-neuf, ont produit, en 1865, 24.317 tonnes.

Angleterre. — En Angleterre, le fer carbonaté spathique, ainsi que l'hématite brune, qui est en relation avec lui, ne se trouvent qu'en très-petite quantité.

Il en existe dans la presqu'île de Cornwall et le Somersetshire, où il constitue des filons dans le calcaire carbonifère.

II. *Fer carbonaté lithoïde.*

Angleterre. — On sait quelle est l'importance pour l'Angleterre, du fer carbonaté lithoïde, qui forme des couches subordonnées au terrain houiller. Pendant longtemps il a fourni la plus grande quantité du fer de ce pays ; aujourd'hui, d'autres minerais sont extraits en abondance dans d'autres gisements, et cependant le fer carbonaté des houillères est encore entré, en 1866, pour plus des quatre dixièmes de la production totale.

Le sud du Staffordshire est, de tous les districts, proportionnellement à son étendue, le plus riche en minerai houiller, mais aussi celui dans lequel on l'a le plus exploité. Les grands bassins du pays de Galles et de l'Écosse contiennent encore, vu leur étendue, des quantités de minerai fort considérables ; cependant, partout où les affleurements sont épuisés, les travaux se poursuivent dans la profondeur, et les prix de revient commencent à hausser.

A part le carbonate lithoïde proprement dit (*clay-iron-stone*), il existe une variété à structure schisteuse, connue sous le nom de *blackband* et que l'on exploite depuis longtemps en Écòsse. Elle est mélangée de matières charbonneuses, de telle sorte qu'on peut la griller sans addition de combustible. Après le grillage, elle constitue un minerai très-facilement réductible, très-fusible et très-riche ; il rend alors jusqu'à 60 pour 100.

Ces deux variétés de fer carbonaté du terrain houiller forment des couches, dont l'épaisseur ordinaire ne dépasse guère 0^m,10, et atteint au maximum 0,50 ; aussi le prix de revient s'élève-t-il ordinairement à plus de 12 fr. la tonne.

Les fers carbonatés lithoïdes de l'Angleterre se distinguent avantageusement, en général, des minerais similaires du continent par la rareté habituelle des pyrites et la présence constante d'une certaine quantité de manganèse ; mais tous, sans exception, même ceux réputés des meilleurs, renferment de l'acide phosphorique, ordinairement de 0,003 à 0,005. Le rendement en minerai brut est évalué moyennement à 30 pour 100 dans le pays de Galles et à 35 pour 100 dans le Staffordshire.

Un gisement de minerai de fer, complétement inexploité il y a moins de vingt ans, vient d'acquérir, en Angleterre, une importance considérable, à cause de son bas prix de revient : c'est celui du minerai, dit de Cleveland (Yorkshire). Il a en outre l'avantage d'être situé à proximité du bassin houiller de Newcastle, qui est pauvre en fer carbonaté lithoïde, et près de la mer. On l'exploite à partir de Stokton et de Middlesboro jusqu'à Whitby.

Ce minerai est en couches dans l'étage jurassique, connu sous le nom de lias, et dans les marnes de la partie moyenne de cet étage. Comme les minerais liasiques de la France, il a la structure oolithique ; mais le fer, au lieu d'être à l'état d'oxyde hydraté, s'y trouve à celui de carbonate et de silicate ou chamoisite, constituant un mélange analogue au minerai bleu de Hayange, dans la Moselle. Vers l'extrémité occidentale du gîte, les grains sont plus ou moins magnétiques ainsi que cela se voit en France. La couche a souvent une épaisseur de 4 mètres, et présente beaucoup de régularité.

Ce minerai tient en moyenne, à l'état cru, 28 à 30 pour 100, et après grillage, 40 pour 100. Il est fortement phosphoreux, et contient en moyenne 1,5 à 2 pour 100 d'acide phosphorique, c'est-à-dire au moins le double de ce que renferment les minerais houillers ; il présente, en outre, de la pyrite de fer, et est inférieur, par sa qualité, au carbonate du terrain houiller. Rendu au haut fourneau, il ne revient, à l'état cru, qu'à 5 à 6 francs, et après grillage, qu'à 7^f,50 à 8 francs la tonne. C'est le prix le plus bas auquel les minerais de fer puissent être livrés aux maîtres de forges anglais

L'extraction de ce minerai s'est accrue d'une manière très-rapide, et, en 1866, elle a atteint 2.800.000 tonnes, à l'état cru, c'est-à-dire qu'elle forme environ 28 p. 100 des minerais de fer anglais.

La production des îles Britanniques en minerai de fer de toutes sortes a été, en 1866, de 9.665.012 tonnes de minerai, d'une valeur de 77.975.000 francs.

Le plus important de tous les comtés de l'Angleterre, pour la production, est le Yorkshire qui a fourni 3.166.000 tonnes, d'une valeur de 20.751.175 francs.

Vient ensuite le Staffordshire, avec sa production de 1.211.243 tonnes de fer carbonaté des houillères, d'une valeur de 9.281.400 francs.

Le Cumberland et le Lancashire ont respectivement fourni 838.726 tonnes de minerai : ces derniers chiffres sont, il est vrai, inférieurs à ceux du Staffordshire ; mais ils s'appliquent à l'hématite rouge, dont la valeur est bien supérieure à celle du minerai des houillères. Ils représentent en effet 22.090.400 francs.

Parmi les quinze autres comtés de l'Angleterre qui concourent à cette énorme production de métal, on peut citer encore le Gloucestershire, le Devonshire, le Somersetshire et le Cornwall, qui fournissent de l'hématite brune, et quelquefois aussi du fer carbonaté spathique, d'un poids de 256.806 tonnes.

L'Écosse a produit 1.587.000 tonnes de minerai, c'est-à-dire environ moitié de la production du Yorkshire.

Quant à l'Irlande, elle ne figure dans le total que pour 25.525 tonnes.

Les divers minerais de fer dont il vient d'être question ont concouru à la production de l'Angleterre, en 1866, pour les proportions suivantes :

	Sur 100.
Fer carbonaté des houillères, lithoïde et blackband.	42
Minerai du Cleveland.	28
Hématite rouge de Lancashire et du Cumberland.	15
Hématite brune et autres variétés voisines.	13
Fer spathique.	2
Total.	100

Pour compléter, nous ajouterons qu'on a importé, pendant cette même année 1866, 56.989 tonnes de minerai étranger, provenant principalement d'Espagne (Garutcha et Sommo-Rostro).

Tandis que depuis vingt-cinq ans la production de l'Angleterre en houille a triplé, celle de la fonte, et par suite celle des minerais de fer, s'est accrue suivant une progression encore plus rapide, dans le rapport de 1 à 5.

Les importantes études publiées par le *Geological Survey* ont contribué à bien faire connaître le gisement du minerai de fer dans la Grande-Bretagne, de même que celui de la houille.

France. — En France, cette sorte de minerai est peu exploitée; le bassin houiller d'Aubin (Aveyron) est celui qui le renferme le plus abondamment.

Il existe aussi du fer carbonaté, mais qui est très-cristallin, dans un gisement tout différent de celui où le fer spathique se trouve ordinairement. Il appartient au terrain houiller comme le fer carbonaté lithoïde; il y forme des couches, évidemment contemporaines de ce terrain et souvent continues. On l'a rencontré dans le département du Gard et dans le bassin houiller d'Alais, particulièrement à Palmesalade. Malgré sa ressemblance d'aspect avec le fer spathique des filons, il ne possède pas, comme lui, la propension aciéreuse, c'est-à-dire qu'il ne donne pas de fonte à acier. On pourrait le distinguer par une épithète particulière, telle que celle de *fer carbonaté saccharoïde*, par opposition au fer carbonaté lamellaire. C'est un des exemples remarquables où l'on voit l'utilité de prendre en considération le mode de formation géologique au point de vue de la nature des produits. Cette même variété de sidérose cristalline abonde en Westphalie, aussi dans le terrain houiller.

Le fer carbonaté lithoïde se trouve fréquemment en rognons dans le lias; mais ordinairement il n'y est pas assez abondant pour être exploité. Toutefois, dans certaines localités ces rognons liasiques ont été remaniés dans les alluvions anciennes et concentrés, par suite de lavages naturels; ils se sont, en même temps, décomposés; on peut alors exploiter le minerai passé à l'état d'oxyde hydraté. C'est ce qui a lieu aux environs de Zinswiller (Bas-Rhin) et de Florange (Moselle). Il en est de même dans le grand-duché de Luxembourg, aux environs d'Athis.

Prusse. — Le carbonate lithoïde a été l'objet d'une étude approfondie dans le bassin houiller de la Westphalie. La position de ses diverses couches, dont l'importance n'a été reconnue que dans ces dernières années, est figurée sur plusieurs coupes verticales du bassin, les unes d'ensemble, les autres de détail; les deux principales sont prises aux environs d'Essen et de Dortmund.

Russie. — Le fer carbonaté lithoïde se rencontre en Russie, et est exploité aux environs de Mourom. Il appartient ici au terrain permien, et est remarquable par sa blancheur.

Une partie du minerai extrait en Pologne, dans le district de Radom, consiste en fer carbonaté lithoïde; une autre partie a été décomposée et a passé à l'état d'oxyde hydraté. Ce minerai se trouve dans un étage plus récent que ceux dont il vient d'être question; on l'a rapporté au lias.

États-Unis. — On expose aussi un volumineux échantillon de blackband, d'une épaisseur de $1^m,60$, que l'on vient de découvrir, à la fin de 1866, en Pensylvanie (États-Unis), à proximité de la puissante couche d'anthracite, dite mammoth.

§ IV. — **Fer oxydé hydraté.**

Le peroxyde de fer hydraté, connu sous le nom de fer hydroxydé ou de limonite, présente plusieurs variétés, que l'on distingue d'après leur aspect et leur composition, ainsi que d'après la nature du fer qu'elles produisent ; parmi celles-ci, l'hématite brune mérite une mention spéciale.

France. — Les minerais de fer de la France qui, par l'importance de leur extraction, occupent dans notre pays le premier rang après la houille, appartiennent, pour la plus grande partie, à cette espèce. Ils sont représentés à l'Exposition par une collection nombreuse, dans laquelle ils sont classés par départements. On les considérera ici, d'après leurs différents gisements, auxquels correspondent des variétés distinctes.

Pour l'examen général auquel nous devons nous borner, nous grouperons ces gisements sous deux catégories principales : 1° *filons et amas transversaux ;* 2° *couches et amas subordonnés parallèlement aux terrains stratifiés ;* pour abréger on peut désigner ces derniers sous les noms d'*amas concordants,* et ranger à leur suite les dépôts superficiels de diverses natures.

C'est à la première sorte de gisement qu'appartient principalement l'hématite brune manganésifère, qui est le plus particulièrement recherchée, à cause de l'absence de corps nuisibles à la qualité du fer, et de la présence habituelle du manganèse. Ses qualités comme son origine la rattachent, dans ses principaux gisements, aux gîtes de fer spathique ; elle lui est d'ailleurs fréquemment associée.

Parmi les divers amas d'hématite brune, celui de Vicdessos, dans l'Ariége, qui est le plus exploité, est représenté non-seulement par la collection de ses minerais, mais aussi par divers dessins ainsi que par un modèle, dû à M. l'ingénieur Mussy, et représentant bien la disposition de ce gisement remarquable.

Des amas de même nature se sont produits dans les Pyrénées-Orientales ; ils sont groupés autour du massif granitique du Canigou qui a environ 16 kilomètres de diamètre, et s'est intercallé dans les terrains stratifiés. Ces amas, répartis en deux régions distinctes, renferment en abondance des minerais très-purs, riches en manganèse et d'excellente qualité. Ils n'attendent que l'exécution d'un chemin de fer pour être plus activement exploités.

D'autres régions des Pyrénées renferment également des gisements d'hématite brune, qui sont représentés dans la collection du Ministère des travaux publics.

A part ces amas, il existe aussi, en différents points du territoire, des filons de fer oxydé hydraté, par exemple dans les Vosges : mais ces derniers, quoique nombreux, ont cessé d'être exploités à cause du prix élevé auquel leur minerai revenait. Il en est de même de ceux de Chizeuil (Saône-et-Loire) et de Chaillac (Indre).

C'est ordinairement en couches ou en amas lenticulaires subordonnés aux terrains stratifiés que se trouve l'oxyde hydraté.

Ces gîtes de fer stratifiés sont répartis dans divers étages de la série des terrains.

Le terrain du trias ne renferme guère, en France, de couches exploitables que dans les départements du Gard et de l'Ardèche. A la partie inférieure de ce terrain, il existe des couches de limonite cloisonnée, qui sont particulièrement connues au Travers, près de Bességes, et à Bordezac (Gard), et qui se prolongent dans le département de l'Ardèche, entre l'Argentière et Aubenas, principalement à Merzelet et à Ailhon. Ces minerais, quoique peu manganésifères et fréquemment mélangés de barytine, sont en général de bonne qualité, surtout à la mine de Travers, qui, malheureusement, est noyée depuis plusieurs années.

Ce sont principalement les terrains jurassique et crétacé qui sont importants pour l'industrie du fer, tant par la quantité de minerai produite, que par son bas prix de revient. Le terrain jurassique renferme lui-même le minerai à divers étages.

Nous mentionnerons pour mémoire, et surtout à cause de l'intérêt géologique qu'elle présente, la couche située à la base même du lias, dans l'arrondissement de Semur (Côte-d'Or). Elle est représentée par un modèle, ainsi que par une série d'échantillons, qui expriment clairement les conditions dans lesquelles elle s'est formée. Tandis qu'à Beauregard cette couche se présente avec les caractères ordinaires, elle a été silicifiée non loin de là, à Thostes, selon toute probabilité pour l'arrivée de sources siliceuses, contemporaines de sa formation, et de celles qui ont silicifié les arkoses dans une foule de points, sur la périphérie du plateau central de la France.

C'est aussi à la base du lias qu'appartient la couche située à Mazenay et à Change; on l'exploite pour l'alimentation des usines du Creusot, qui n'emploie plus d'autre minerai indigène. L'épaisseur de cette couche est de o^m,70 à o^m,80 dans la première localité, et d'environ 2 mètres dans la seconde. L'extraction s'est élevée, en 1866, à 213.000 tonnes.

Le niveau situé à la partie supérieure du lias est des plus importants, notamment dans le nord-est de la France. C'est à ce niveau qu'appartient la couche de minerai oolithique qui, il y a vingt-cinq ans, n'était exploitée que pour les usines de Hayange, et qui, aujourd'hui, joue un rôle capital dans la production du fer. Cette couche se retrouve en une foule de points, dans les deux départements de la Moselle et de la Meurthe, aux environs d'Ottange, de Longwy, d'Hayange, d'Ars-sur-Moselle et de Frouard, où elle donne lieu, surtout depuis quelques années, à une vaste exploitation.

Bien qu'elle occupe un niveau constant, à la partie supérieure de l'étage du lias, l'épaisseur exploitable, ainsi que la composition, en sont extrêmement variables. Le rendement varie de 28 à 40 p. 100 de fer; le prix de revient est généralement très-peu élevé, en moyenne, 3 francs à 3f,40 la tonne. Les trente-deux concessions qui ont été accordées jusqu'à présent sur cette couche, occupent une superficie de 14.614 hectares, et ont produit, en 1865, 819.534 tonnes.

La progression considérable que l'extraction a présentée dans ces dernières années, est loin d'avoir atteint sa limite; car, à part les usines des deux départements qu'il alimente, on exporte encore ce minerai dans la Meuse, le Bas-Rhin, la Haute-Marne, les Ardennes, le nord de la France, la Belgique et la Prusse, pour les usines de Sarrebruck; le canal de la Sarre, récemment terminé, contribue déjà pour une bonne part à ces exportations.

En 1866, le département de la Moselle, qui figure à la tête des départements producteurs en minerais de fer, a extrait 641.444 tonnes de minerai oolithique, dont le prix de revient a été, sur le lieu d'extraction, de 3f,39 pour celui qui est extrait des mines et qui forme la plus grande partie (610.400 tonnes); celui qu'on extrait à ciel ouvert ne revient même qu'à 2 francs la tonne.

Dans le département de la Meurthe, l'exploitation du minerai oolithique a subi une progression non moins forte en 1866; elle a atteint 262.600 tonnes, revenant en moyenne à 3^f,90 la tonne, chargée sur bateaux ou sur wagons.

Le tableau suivant résume l'accroissement rapide qu'à présenté, dans ce centre important, depuis six ans, l'extraction du minerai oolithique.

ANNÉES.	MOSELLE.		MEURTHE.	
	Production.	Valeur.	Production	Valeur.
	tonnes.	francs.	tonnes.	francs.
1861	300.163	865.896	53.861	214.800
1862	374.353	1.155.174	78.443	312.100
1863	383 305	1 268.430	131.550	499.700
1864	455.017	1.380.054	134.000	509.200
1865	604.778	2.005 302	214.656	817.873
1866	641.444	2.170.909	262 600	932.960

Il conviendrait d'ajouter qu'une partie considérable du minerai dont il vient d'être question est consommée en dehors de ces deux départements. Ainsi, dans cette dernière année 1866, on en a expédié, tant de la Moselle que de la Meurthe, 138.800 tonnes dans les départements du Nord, de la Meuse et des Ardennes; 50.690 tonnes en Belgique, et 27.722 tonnes dans la Prusse et la Bavière rhénane.

On verra plus loin que le grand-duché de Luxembourg, dans lequel se prolonge la même couche de minerai, prend largement part à ce mouvement d'exportation.

Cette couche du lias supérieur, dont il vient d'être question dans la Moselle et dans la Meurthe, est exploitée dans d'autres régions de la France où elle se trouve au même niveau, notamment à Vicherey (Vosges), à Jussey (Haute-Saône), à Villebois (Ain), et jusqu'à la Verpillière (Isère).

Dans le département de l'Aveyron, la couche que l'on

exploite à Mondalazac appartient aussi au lias, mais à la partie moyenne de cet étage, comme à Conflans (Haute-Saône), c'est-à-dire à un niveau plus ancien que dans la Moselle et la Meurthe. Son rendement en fer est peu élevé ; aussi, quoiqu'elle soit à proximité de la houille, son extraction a considérablement diminué depuis 1862, où elle était de 114.905 tonnes, jusqu'à 1866, où elle n'était plus que de 59.600. Cette diminution ne tient pas seulement à ce que, depuis lors, un certain nombre de fourneaux qui consommaient le minerai à Aubin ont été éteints, mais à ce qu'on a importé des quantités, bien plus considérables qu'autrefois, de minerais riches et étrangers au département, et parce qu'on emploie des scories.

Il est à ajouter que ce même niveau se retrouve en Allemagne, dans l'Alpe du Wurtemberg (Wasseralfingen), au Hartz, et enfin dans le nord de l'Angleterre, où il a acquis également, dans ces dernières années, une si grande importance par le minerai de Cleveland.

C'est à un étage du terrain jurassique plus élevé, à l'étage oxfordien, que l'on exploite du minerai dans les Ardennes, à Poix, et dans la Meuse, à Mangiennes.

A la base du terrain crétacé, dans l'étage néocomien, on trouve ce minerai qui a une si grande importance métallurgique, particulièrement dans la Haute-Marne, à Vassy, Saint-Dizier, Eurville ; dans la Marne ; dans l'Aube, à Vandeuvre ; dans la Meuse, où il est très-exploité dans l'arrondissement de Bar-le-Duc et à Aulnois ; dans les Ardennes, à Grand-Pré. Il se prolonge également vers le sud, dans le Doubs, à Métabief, et dans le Jura, à Boucherans. Il a souvent la structure oolithique, comme celui du terrain jurassique.

Le département de la Haute-Marne a produit, en 1866,

493.196 tonnes de minerai brut, ce qui équivaut à 284.035 tonnes de minerai prêt à être fondu. Plus des 4/5 de ce minerai proviennent du terrain, néocomien et le reste de l'étage oxfordien. Sur ce chiffre, on a transporté 36.680 tonnes dans les départements du Nord et de la Côte-d'Or.

Le minerai de fer pisolithique ou minerai en grains, que l'on exploite abondamment dans diverses parties de la France, se rapporte au terrain tertiaire, ainsi que des minerais d'autre forme. Toutes ces variétés sont parfaitement représentées dans la collection exposée. Le minerai pisolithique est exploité dans les départements du Cher, de l'Indre, du Doubs, de la Haute-Saône, de la Moselle, de la Côte-d'Or et divers autres.

En général, il ne forme pas de couches régulières, comme les précédents; mais il remplit des poches ou des bassins, dans lesquels on le trouve ordinairement mélangé à de l'argile. Il est habituellement de très-bonne qualité, mais d'un prix de revient souvent trop élevé pour les conditions actuelles de l'industrie du fer.

C'est également au terrain tertiaire qu'appartiennent les gisements exploités dans divers autres départements, Lot-et-Garonne, Dordogne, Charente, etc.

Un gisement de minerai de fer tertiaire a été récemment découvert, près de Frontignan (Hérault), dans la montagne dite de la Gardéole. Comme d'ordinaire, il remplit des crevasses dans le calcaire sous-jacent. Il est parfois très-mélangé de quartz, comme les minerais d'Aumetz et de Saint-Pancré (Moselle).

En France, le centre le plus important de l'exploitation du minerai de fer tertiaire ou minerai de fer fort, est le département du Cher, dont la production a été, en 1866, de

264.474 tonnes, revenant au prix moyen de 10ᶠ.30 par tonne. Cette production a diminué par suite de l'emploi, dans les usines du Creuzot et du Centre, de minerai de l'Algérie et de l'île d'Elbe. Elle s'élevait en effet, en 1846, à 590.718 tonnes.

Pour compléter les chiffres qui ont été donnés plus haut sur la production du département de la Moselle, il convient d'ajouter qu'on a extrait, dans ce département, à part l'énorme quantité de minerai oolithique, 36.604 tonnes de minerai tertiaire, revenant en moyenne à 9ᶠ,13 la tonne. La production totale de ce département, sans comparaison le plus important de la France, à ce point de vue, s'élève donc à 774.048 tonnes.

On voit combien cette richesse en minerai de fer gagnerait encore en importance, si le bassin houiller qui s'étend dans le même département était déjà mis en exploitation régulière et fournissait la houille à de meilleures conditions.

En 1864, la production de la France en minerais de fer, triés ou débourbés, et propres à la fonte, a été de 3.136.710 tonnes d'une valeur de 16.961.000 francs, et par conséquent ayant un prix moyen de 5ᶠ,41. Ces minerais de fer ont occupé 14.880 ouvriers, ayant touché ensemble un salaire de 8.978.000 francs.

Les chiffres relatifs à l'année 1866, qui viennent d'être fournis, pour les centres d'extraction les plus importants, montrent que la production relative de ces centres s'est considérablement modifiée dans ces dernières années.

Quelque important que soit le minerai oolithique pour la production du fer, il est d'autres gisements qui méritent encore l'attention à un plus haut degré. En effet, pour atteindre le but vers lequel on tend aujourd'hui, celui d'obtenir des aciers à bas prix, on n'a pu encore se passer du concours du fer spathique, de l'hématite brune manganésifère ou du fer oxydulé. Ce sont donc les gîtes de cette espèce existant dans différentes contrées, tels que ceux de fer spathique qui ont été signalés plus haut dans diverses parties de la chaîne des Pyrénées ou certaines régions des Alpes, qu'il conviendrait d'étudier, au point de vue de l'exploitation à laquelle ils pourraient donner lieu.

Comme terme de comparaison, nous rapprocherons de la production de la France, en minerai de fer, celles de la Belgique et de la Prusse.

Production de la Belgique. — En 1864, la Belgique a produit, en minerai de fer lavé, 968.000 tonnes environ, le double de ce qu'elle avait produit en 1850, et plus de cinq fois ce qu'elle produisait en 1841. Plus des huit dixièmes de cette quantité ont été fournis par les provinces de Liége et de Namur. Les amas du Hainaut n'ont en effet donné que 119.000 tonnes. L'oligiste et l'oxyde hydraté forment les minerais principaux.

Production de la Prusse. — La quantité de minerai de fer extraite dans le royaume de Prusse, en 1865, a été de 1.724.206 tonnes provenant de 1.100 mines, et d'une valeur de 14.503.000 francs.

De plus, en 1864, dans les pays annexés, on avait extrait les quantités suivantes, qui, depuis lors, se sont considérablement élevées : Hanovre (Hartz), 167.549 tonnes ; Hesse électorale, 16.267 tonnes ; Nassau, 325.432 tonnes.

Ces minerais, qui appartiennent principalement au fer carbonaté, à l'oligiste et à l'oxyde hydraté, proviennent de gisements variés.

Grand-duché de Luxembourg. — La couche oolithique du lias supérieur, si importante pour le nord-est de la France, se poursuit, avec une très-belle épaisseur, dans le grand-duché de Luxembourg, où elle est exploitée très-activement, particulièrement aux environs d'Esch-sur-l'Alzette, de Rodange et de la Madeleine.

L'exploitation de ce minerai s'est élevée, en 1866, à 477.000 tonnes, dont le prix de revient, en wagon près des lieux d'extraction, n'a été que de 2',50. Ce bas prix s'explique, parce qu'on exploite presque partout à ciel ouvert, sur les affleurements des couches.

Il n'est pas sans intérêt de connaître le mouvement considérable que l'on fait subir à ce minerai, en raison de son faible prix de revient et des chemins de fer qui le relient à de nombreux pays.

	tonnes.
Grand-Duché de Luxembourg.	113.000
France (Moselle et Nord).	50.000
Prusse.	131.000
Belgique.	176.000
Total.	470.000

En outre, on extrait, tant dans le grand-duché de Luxembourg qu'en Belgique, dans la province de Luxembourg, particulièrement aux environs d'Athis, du minerai d'alluvion provenant de la destruction des couches du lias supérieur et subordonné aux alluvions anciennes. La quantité extraite en 1866, a été de 94.703 tonnes, dont la répartition est comme il suit :

		tonnes.
France. — Moselle.		52.903
— Meuse.		1.800
Prusse.	environ	20.000
Belgique.	—	20.000
Grand-Duché.	—	20.000
Total.		94.703

Algérie. — Il existe en Algérie, dans la province d'Alger, à Soumah, un gîte de minerai de fer riche et abondant que l'on commence à exploiter, et qui a déjà donné lieu à une exportation, tant en Angleterre qu'en France.

Espagne. —L'hématite brune se rencontre dans la partie espagnole de la chaîne des Pyrénées, de même que dans la partie française. Des travaux d'exploitation, qui ont été récemment développés sur les filons de fer spathique et d'hématite brune, dans la vallée de la Bidassoa, aux environs d'Irun, sont sur le point de prendre encore plus d'extension. Ils produisent actuellement environ 15.000 tonnes par an.

On peut attacher au groupe de minerai de fer si important des Pyrénées, les minerais des environs de Sommo Rostro près de Bilbao, dans la province de Biscaye, bien qu'une partie consiste en oligiste. A peine exploités en 1848, ces excellents minerais fournissent aujourd'hui des quantités considérables tant à la France qu'à l'Angleterre. Leur production qui, en 1862, n'était que de 30.000 tonnes, s'est considérablement élevée depuis lors. En 1865, elle a été de 112.000 tonnes, c'est-à-dire au delà des deux tiers de la production totale de l'Espagne. Ils constituent des amas superposés au terrain crétacé.

Haute Silésie et Pologne. — C'est au terrain triasique et à l'étage du muschelkalk, qu'appartiennent les importants dépôts de minerai de fer de la haute Silésie, qui se sont formés exactement au même niveau et en même temps que les minerais de zinc et de plomb.

Quant au minerai de fer exploité en Pologne, entre Varsovie et Cracovie, il consiste aussi en fer oxydé hydraté, provenant de la décomposition du fer carbonaté, qui y est

encore parfois en mélange; on le rapporte ordinairement
à l'étage du lias.

Russie. — On connaît en Russie des minerais de fer
abondants, et dans différents gisements.

Le peroxyde hydraté, que l'on exploite, principalement
dans les environs de Krapivna, pour les hauts fourneaux
des départements de Toula et de Kalouga, se trouve dans
le terrain carbonifère et résulte de la décomposition du
fer carbonaté lithoïde. C'est un minerai riche, de très-
bonne qualité, et très-abondant. On l'a rencontré, dans les
mêmes conditions, dans le bassin du Donetz.

États-Unis. — Aux États-Unis, le terrain carbonifère ne
renferme pas seulement, en couches, le fer carbonaté, mais
aussi l'oligiste et la limonite. Ces minerais du terrain carbonifère sont exploités ou sont connus dans la Pensylvanie,
l'Ohio, et plusieurs autres États.

Des couches subordonnées au terrain silurien (Étage de
Clinton) et fossilifères sont aussi exploités dans l'État de
New-York.

Nouvelle-Écosse. — L'hématite brune paraît exister également en dépôts importants, à la Nouvelle-Écosse, particulièrement à Londonderry, comté de Colchester. On expose de beaux échantillons de cette hématite, ainsi que
du fer et de l'acier qui en sont fabriqués et que l'on exporte en Angleterre pour la coutellerie.

§ V. — **Appendice. Minerai de fer de formation contemporaine.**

Les minerais de fer produits dans les anciennes périodes géologiques, ne sont pas les seuls exploités. Dans divers pays, on extrait, en effet, en quantité assez considérable, le minerai de fer de formation contemporaine, connu sous le nom de *minerai des prairies, minerai des marais et minerai des lacs*, malgré la forte proportion de phosphore qu'il renferme ordinairement.

Tel est le cas en Prusse, où il abonde dans les plaines basses, particulièrement dans les districts de Liegnitz, de Francfort-sur-l'Oder et de Potsdam. On en a récemment rencontré en Westphalie, qui est sensiblement exempt de phosphore et, en même temps, riche en manganèse.

On remarque également, parmi les minerais de fer de formation contemporaine, ceux des lacs de Finlande, précipités sous forme de gros grains arrondis ou aplatis, et qui alimentent la fonderie impériale d'Alexandrowsk, dans le gouvernement d'Olonetz. Certaines variétés rappellent tout à fait, par leur aspect, le minerai pisolithique de la période tertiaire.

Le même minerai est exploité dans les marais et lacs de la Suède, principalement dans trois provinces qui, en 1865, ont produit 20.298 tonnes de cette sorte de minerai.

Celui du Canada, très-abondamment répandu sur une distance de 160 kilomètres, entre Montréal et Québec, est exploité en quantité considérable, particulièrement pour les usines de Radnor, qui en consomment environ 5.000 tonnes; cependant les riches gîtes de magnétite et d'oligiste de cette même contrée sont encore sans emploi, par défaut de voies de communication.

Nous citerons également celui du Visconsin aux Etats-Unis.

. L'étude attentive de ces gîtes a montré que leur formation lente, graduelle et continue, longtemps sans explication, est due à l'action de matières qui, en se décomposant, produisent de l'acide carbonique ; cet acide dissout le fer, si généralement répandu dans les roches de tous les âges, après l'avoir préalablement ramené à l'état de protoxyde. Les combinaisons solubles, ainsi formées, sont emportées par les eaux, jusqu'à ce que, subissant le contact de l'air, elles se précipitent par suite d'une suroxydation ; de là, la deuxième phase de cette intéressante formation.

CHAPITRE V.

MINERAI DES MÉTAUX AUTRES QUE LE FER.

§ I. — **Minerais de zinc.**

Les principaux minerais qui servent à l'extraction du zinc, sont de deux espèces minérales distinctes : 1° la *calamine*, qui consiste, en général, en un mélange de silicate hydraté ou calamine proprement dite, et de carbonate ou smithsonite ; 2° la *blende*, qui est le sulfure du métal.

Quand ces minerais se rencontrent en masses exploitables, ils constituent, le plus ordinairement, des gîtes distincts. La blende se trouve habituellement en filons, comme les minerais sulfurés de plomb et de cuivre, auxquels elle est fréquemment associée. Quant aux principaux dépôts de calamine, ils sont en amas ou en couches, le plus souvent associés, dans les terrains de différents âges où on les rencontre, au calcaire et à la dolomie.

Toutefois, ces deux minerais sont quelquefois associés l'un à l'autre. D'une part, comme il arrive en général dans les filons sulfurés qui, près des affleurements, renferment les mêmes métaux à l'état de combinaisons oxydées, les crêtes des filons présentent souvent de la calamine, par exemple à Sentein, dans l'Ariége. D'autre part, et ce second cas est très-remarquable au point de vue de l'origine des gîtes métallifères, des amas de calamine, poursuivis dans la profondeur, présentent de la blende, qui en constitue comme la racine. Ce commencement de transformation a été reconnu, dans différents pays, depuis que les travaux gagnent en profondeur, et en particulier en Belgique : les échantillons exposés suffisent pour faire comprendre la transition.

La blende, longtemps négligée, est maintenant exploitée sur beaucoup de points, depuis qu'on est parvenu à la griller avantageusement. Elle contribue ainsi à rendre exploitables certaines mines de plomb, dans lesquelles elle est disséminée et qui avaient été abandonnées.

France. — Des minerais de zinc, calamine et blende, sont connus sur différents points de la France, notamment aux environs d'Alais (Gard), de Figeac (Lot), de Sentein, près d'Aulus (Ariége), et de Pierrefitte (Hautes-Pyrénées), d'où provient un bloc de blende massive pesant 1.800 kilogrammes, exposé par M. le marquis de Querrieu ; enfin de Pontpean, près de Rennes, où la blende est remarquablement riche en argent, dans la proportion de 50 à 60 francs par tonne. Cette dernière mine a fourni, en 1864, 954 tonnes de blende, d'une valeur de 119.960 francs.

Belgique.— C'est sur le territoire neutre des environs de Moresnet et les régions limitrophes de la Belgique et de la Prusse, que sont situés le gîte si connu de la Vieille-Montagne ainsi que d'autres qui l'avoisinent. Ce pays est constitué par le schiste dévonien supérieur, le calcaire carbonifère et le terrain houiller ; les couches de ces divers terrains sont ployées sous forme de selles et de fonds de bateaux.

Les gîtes métallifères sont en général situés sur les limites de ces étages, et surtout dans le calcaire carbonifère. Ils ont fréquemment la forme d'amas qui ont rempli des fentes ou cavités préexistantes, ou qui résultent d'une imprégnation des couches par les matières métalliques. Considérés dans leur ensemble, ces gîtes sont très-remarquables par les caractères mixtes qu'ils présentent : d'une part, en effet, ils se terminent au jour par des dépôts argileux et autres, quelquefois d'apparence stratifiée, qui se sont produits dans des bassins de dimensions restreintes ; d'autre part, ils ne s'en rattachent pas moins bien clairement à des failles, parfois métallifères elles-mêmes, qui sillonnent le pays.

C'est à peu près sur la continuation du riche filon plombifère de Bleyberg que se trouve le gîte de Moresnet, à la partie inférieure d'un petit bassin de calcaire carbonifère. Comme il arrive généralement dans les environs, les couches inférieures de ce calcaire sont complétement dolomitiques, et la dolomie est remplacée par de la calamine, sur plus de 250 mètres de longueur ; les parties voisines de la roche encaissante sont elles-mêmes zincifères.

Quant au gîte, il est formé par une masse de minerai de 15 à 20 mètres de puissance.

Ce minerai est représenté par des masses de calamine, de structure et de couleur très-variées, dans lesquelles se trouve parfois le silicate anhydre ou wilhémite.

Le gîte de Welkenraedt, situé à 7 kilomètres de l'amas de la Vieille-Montagne, et encaissé dans le calcaire, se compose des deux espèces de minerai : 1° une partie oxydée, composée principalement de calamine, qui occupe généralement le contact du calcaire ; 2° une partie sulfurée, formée de galène, de blende et de pyrite, en contact avec le schiste. Ces derniers sulfures se présentent avec une structure concrétionnée et forment des couches concentriques successives qui rappellent, de la manière la plus caractéristique, les dépôts produits par les sources thermales. La calamine très-ferrugineuse, qui occupe la surface, tend déjà, à la profondeur de 60 mètres, à être remplacée par le fer carbonaté pyriteux.

Les gîtes des bords de la Meuse, et particulièrement ceux d'Engis et de Corphalie, exploités par la Société de la Vieille-Montagne, constituent des amas, au contact du calcaire carbonifère et du terrain houiller, ainsi que des filons qui traversent le calcaire. Ils se composent, dans la partie supérieure, de minerais oxydés ; puis, plus bas, de sulfures métalliques, qui se trouvent au-dessous du niveau naturel des eaux. Il est même possible d'observer, en petit, sur certains échantillons, ce passage des combinaisons oxydées aux combinaisons sulfurées.

Comme complément de cette démonstration sur l'origine des gîtes de calamine, on voit, au milieu de ces minerais d'Engis, des échantillons de fossiles du calcaire encaissant, qui sont entièrement moulés en calamine et en blende ; ce qui montre que les phénomènes qui ont précipité le minerai de zinc sont postérieurs à la formation des massifs calcaires, dans lesquels il est enchâssé.

Les minerais de zinc ont été extraits en Belgique, en 1864, dans les quantités suivantes : calamine, 41.757 tonnes ; blende, 16.310 tonnes.

Il est à remarquer que la calamine a considérablement diminué d'importance depuis 1850, époque à laquelle on avait extrait 62.193 tonnes ; mais il y a un rapport tout contraire pour la blende, dont le produit, en 1845, ne dépassait pas 264 tonnes, tandis qu'on le voit arrivé à 16.310 tonnes en 1864 : il a été encore plus considérable en 1860 (17.284 tonnes).

Prusse. — Le système d'amas zincifères dont il vient d'être question se prolonge, dans les mêmes conditions, aux environs de Stolberg et d'Aix-la-Chapelle.

C'est encore avec des caractères semblables que se trouvent, sur la rive droite du Rhin, en Westphalie, de nombreux amas zincifères, formés de blende et de calamine, près de Brilon, Plettenberg, Schwelm et particulièrement aux environs d'Iserlohn : mais dans cette région, ils sont enclavés dans le calcaire dévonien.

Il est à remarquer que l'exposition du gîte de calamine de Letmathe, en Westphalie, présente des faits entièrement semblables à ceux d'Engis, en Belgique. On y voit d'une part, le passage de la calamine à la blende, avec pyrite et galène, sous forme concrétionnée ; d'autre part, des exemples variés de coquilles et de coraux du calcaire encaissant, qui ont été moulés en calamine, en pyrite, en blende et en galène.

Les dépôts zincifères les plus importants de la Prusse sont

dans la Haute-Silésie, dans le cercle de Beuthen, et particulièrement aux environs de Tarnowitz. Ils constituent des amas superposés au muschelkalk et associés à la dolomie et au calcaire. On se rend compte de la disposition de ces gîtes, tant par les minerais que par les profils détaillés qui les représentent. Ceux des mines de Scharley et d'Apfel, à l'échelle de 1/400, sont particulièrement instructifs.

La production du minerai de zinc, calamine et blende, s'est élevée en Prusse, en 1866, à 326.944 tonnes, d'une valeur de 8.448.000 francs.

La Haute-Silésie, qui fournit la plus grande partie de la calamine, a atteint son maximum de production en 1861 et 1862, ainsi qu'il résulte du tableau statistique qui est exposé. Depuis 1863, sa production faiblit.

Quant à la blende, elle provient de Lautenthal, au Harz; de Bensberg, de Ramsbeck, de la vallée de la Lahn, dans le Nassau, et de Stolberg, près Aix-la-Chapelle. Ce minerai, qui, en Prusse, il y a quatorze ans, ne contribuait guère à la production du zinc que pour 1/30, en fournit maintenant 1/8.

Russie. — Le groupe d'amas de la Haute-Silésie se prolonge dans le royaume de Pologne, où on les exploite également, et où la production du zinc métallique s'élève à 3.500 tonnes, d'une valeur de plus de 2 millions de francs.

Espagne. — Parmi les mines de calamine qui ont pris du développement dans ces dernières années, il faut citer celles de l'Espagne, que l'on exploite particulièrement dans les Asturies, aux environs de Santander.

Les riches gisements de cette dernière localité consistent,

comme en Belgique et en Westphalie, en amas remplissant des poches, dans des roches calcaires et plus généralement dolomitiques, de même que dans bien d'autres contrées; mais ces roches sont jurassiques ou crétacées; la calamine y est accompagnée aussi de blende et de galène. Toutefois les caractères de certains gîtes de Santander paraissent d'ailleurs les distinguer de celui de la Vieille-Montagne, quant au mode de précipitation de la calamine.

Le silicate de zinc de Santander se présente fréquemment en masses, de structure globulaire, de couleur blanche, rappelant absolument, par leur aspect, les dépôts de même structure, mais formés de carbonate de chaux, que produisent les sources thermales de Carlsbad, en Bohême, ou de Hamman-Meskoutin, en Algérie.

On exploite en outre, depuis quelque temps, la calamine dans le sud de l'Espagne, où elle est en amas subordonnés à des calcaires de différents étages géologiques, dans la province de Murcie, dans celle de Grenade et dans celles de Malaga et d'Alméria.

La production des Asturies en calamine calcinée qui, en 1856, n'était que de 17.000 tonnes, s'est élevée, dans chacune des années 1865 et 1866, en nombre rond, à 30.000 tonnes et, en 1867, à 35.000 tonnes, c'est-à-dire au double de ce qu'elle était en 1856.

Quant aux calamines du sud de l'Espagne, dont l'exportation était nulle, antérieurement à l'année 1864, elle a été, dès cette première année, de 2.000 tonnes ; puis, l'élévation du prix du minerai ayant encouragé l'extraction, on l'a portée, en 1865, à 10.000 tonnes: en 1866, à 15.000, chiffre qui paraît devoir être aussi celui de 1867.

Ces divers minerais de zinc de l'Espagne, non-seulement alimentent des usines du pays, mais aussi sont ex-

portés en Belgique et dans la Prusse rhénane. On commence
à en expédier également en Angleterre, à Swansea et à
Newcastle; la quantité importée dans ce pays, l'an dernier,
peut être évaluée à 13.000 tonnes.

Sardaigne. — On vient tout récemment de découvrir dans
l'île de Sardaigne, dans le district d'Iglesias, des gîtes considérables de calamine qui constituent les affleurements
ou chapeaux de filons formés, dans la profondeur, par la
galène et la blende. Il est remarquable que ce minerai,
quoique se montrant à la surface du sol, ait été négligé
jusqu'à ce jour. Dès 1864, une société en a exporté
10.000 tonnes, et des engagements plus considérables sont
pris pour les années qui vont suivre. Ce minerai est
expédié en France, à l'usine de Viviers (Aveyron), en Belgique et dans la Prusse rhénane. D'autres sociétés se dis-
posent à exploiter ces gisements, qui ne descendent peut-
être pas bien profondément, mais qui paraissent se montrer
avec un assez grand développement, en longueur et en largeur.

Italie. — Dans la Péninsule italique, on exploite un minerai de zinc bien peu important, mais que nous citons à
cause de son gisement, qui appartient au trias et est associé
à une dolomie, de même que les gisements de zinc de la
Silésie et beaucoup d'autres épanchements métallifères.
On l'exploite à Argentina, commune d'Auronzo, qui n'a
produit que 282 tonnes de calamine, d'une valeur de
10.000 francs.

Angleterre. — Le bas prix du zinc a fait abandonner certaines exploitations de calamine de l'Angleterre, qui n'étaient

plus productives. C'est la blende qui forme aujourd'hui le principal minerai de ce pays.

La quantité totale extraite en 1866 a été de 12.969 tonnes d'un rendement moyen de 25 p. 100, et d'une valeur de 1.066.625 francs. Cette blende provient surtout de l'île de Man (4.960 tonnes) et de onze comtés, en tête desquels figure le Denbigshire, le Flintshire et le Cornwall. La blende est également exploitée en Irlande, dans le comté de Tipperary, qui ne figure, dans la dernière année, que pour 676 tonnes, mais qui, en 1864, en avait produit 3.500.

Suède. — Nous devons citer, en Suède, le gîte de blende massive, exploité près d'Askersund, sur le lac Vettern, par la Société de la Vieille-Montagne.

Dans cette localité, le gîte forme une masse non interrompue, sur 3.500 mètres de longueur et avec une puissance qui varie de 1 à 15 mètres. Il est aujourd'hui bien reconnu et, depuis 1857, il a donné lieu à des travaux considérables. La Société a installé sur ces mines un grand atelier pour le broyage, le triage et le grillage de la blende. Un chemin de fer de 11 kilomètres, desservi par une locomotive, relie ces mines au petit port voisin du lac ; le minerai est ensuite transporté par bateaux à vapeur jusqu'à Gothenbourg, d'où il arrive sur le continent. Cette exploitation a fourni, en 1866, 12.000 tonnes de blende préparée et grillée ; elle occupe 730 ouvriers.

États-Unis. — Des gîtes, remarquables par la nature exceptionnelle de leurs minerais, sont connus dans l'État de New-Jersey, aux environs de Franklin : ils renferment la franklinite, combinaison des oxydes de manganèse, de fer et de zinc, associée au zinc oxydé rouge (spartalite).

En outre, les gisements de calamine et de blende que l'on connaît encore aux États-Unis, particulièrement dans le Tennessee, commencent à être mis à profit.

Observations sur les gîtes de minerai de zinc. — Les observations auxquelles a conduit plus haut l'examen des minerais de zinc, éclairent la manière dont les minerais des gîtes métallifères ont été apportés des régions profondes du globe. Elles n'ont pas seulement un intérêt théorique, mais elles conduisent à des considérations d'une utilité pratique, sur la continuation, dans la profondeur, des amas calaminaires et autres analogues.

On voit ainsi comment des gîtes, d'apparence superficielle et dont la formation se rapproche de certaines roches stratifiées, se transforment, au contraire, plus bas, en des gîtes sulfurés, qui se rapportent tout à fait au type des filons.

Ces considérations s'appliquent aussi aux amas de minerai de fer oxydé hydraté, qui sont en relation intime avec les gîtes calaminaires, aussi bien en Belgique qu'en Silésie et ailleurs. Au même titre que les gîtes de calamine, dont ils ne peuvent être séparés dans le mode de formation, ils sont visiblement des produits d'émanations partant de la profondeur, aussi bien que les filons.

Il en est de même des masses pyriteuses, auxquelles les gîtes de limonite passent en s'approfondissant.

§ II. — Minerais de nickel et de cobalt.

Les minerais de nickel, compagnons habituels des minerais de cobalt, ont longtemps été abandonnés parmi les déblais de l'exploitation, comme produits inutiles, tandis que ces derniers étaient très-recherchés. Le rôle est aujourd'hui interverti, depuis que, d'une part, le nickel a trouvé des emplois importants et que, d'autre part, la découverte de l'outremer artificiel a réduit la consommation du cobalt.

En France, on peut citer la mine des Chalanches, dans le département de l'Isère, qui a donné lieu à des travaux assez importants dans le siècle dernier et qui, récemment, a été l'objet de nouvelles explorations. L'argent, minerai principal, y est accompagné de nickel, et de cobalt, ainsi qu'à Sainte-Marie-aux-Mines (Haut-Rhin) et dans d'autres contrées.

Parmi les minerais de nickel présentés à l'Exposition, nous signalerons ceux que produisent, en Prusse, les exploitations de schiste cuivreux du Mansfeld, particulièrement dans les districts de Sangerhausen et Riechelsdorf, ainsi que ceux qui se trouvent, avec le cobalt, en filons aux environs de Musen (11 tonnes pour les deux pays).

Ceux de la province de Suze en Piémont proviennent également de filons.

Il en est de même de ceux de l'Erzgebirge, en Saxe.

A Dobschau, en Haute Hongrie, des minerais de cobalt et de nickel sont arrivés, en même temps que des minerais de cuivre et de fer, à la suite de roches éruptives, diorites et serpentines. Cette localité a produit 2.800 tonnes, avec un minimum de 13 p. 100 de nickel et de 13 p. 100 de cobalt, en même temps que des minerais de moindre richesse, 450 à 900 tonnes, que l'on traite à part.

Le nickel est également extrait de la pyrite de fer magnétique ou pyrrhotine, qui en renferme souvent des quantités variables et ordinairement faibles.

On rencontre cette pyrite nickelifère dans de nombreuses

localités, par exemple dans les Alpes italiennes (Locarno), dans la vallée de Sesia, où elle contient également du cuivre et un peu de cobalt, et dans des conditions qui en rendent le traitement difficile; à Ivrée, Varallo, Brescia; dans le Nassau; en Écosse, dans le comté d'Argyle.

Les deux usines de Suède qui s'occupent de l'extraction du nickel, Sagmyra et Klefva, ont fourni 19 tonnes du métal; on a en outre vendu 63 tonnes de minerai.

La Norwége, et principalement Ringerige, près de Christiania, a produit 125 tonnes.

Le même minerai est exploité aux États-Unis, dans l'État de Pensylvanie, à la Gap Mine; dans cette dernière localité, il est accompagné de nickel sulfuré ou millérite, ainsi qu'on le voit par la collection exposée.

La pyrite de fer que l'on exploite au Canada, à Elisabethtown, près Brockville, pour l'expédier aux États-Unis, renferme, au moins en certaines parties des gisements, 5 ou 6 millièmes de cobalt, dont on n'a tiré jusqu'à présent aucun parti.

On a continué à exploiter les minerais de cobalt arséniosulfurés qui, en Norwége, aux environs de Skutterud, imprègnent le gneiss en faible quantité, mais sur des zones très-étendues; ils figurent à l'Exposition. Ces mines sont devenues peu productives; les 30 tonnes de minerai qu'elles ont produites sont importées en Angleterre. Quinze tonnes d'arsenic ont été recueillies à la suite du traitement.

Quant aux mines de cobalt de la Suède, anciennement connues à Vena et à Tunaberg, elles ne produisent plus que de très-faibles quantités de minerai.

Les minerais de cobalt sont répandus dans toute l'étendue du Chili, depuis les environs de Santiago jusqu'au nord du désert d'Atacama. Ce métal accompagne tantôt les minerais de cuivre, tantôt les minerais d'argent ; mais on n'en a pas encore trouvé en quantité assez considérable pour qu'il puisse faire l'objet principal d'une exploitation. Toutefois, on a exporté du Chili, en 1866, 37 tonnes de minerai de cobalt pour l'Angleterre : ce minerai a été produit dans de nombreuses mines et d'une manière accessoire.

Des découvertes récentes de nickel, faites dans la région littorale du désert d'Atacama, donnent l'espoir d'arriver aussi à extraire ce métal avec profit.

Un autre nouveau gisement de cobalt a été récemment découvert dans le Caucase, à 40 kilomètres de Jélisabeto-pol ; on l'exploite, et ses produits sont exportés à une usine d'Allemagne.

§ III. — Minerais d'étain.

France. — La France possède, tant en Bretagne qu'en Limousin, des gîtes d'étain qui ont, à diverses reprises, attiré l'attention. Dans cette dernière contrée, il en est qui sont en ce moment l'objet de nouvelles recherches et qui sont représentés à l'Exposition par de nombreux échantillons.

L'une des exploitations de l'antiquité, celle de Montebras dans la Haute-Vienne, dont il a été question dans l'introduction historique, est l'objet de travaux commencés en 1865 et qui se poursuivent activement.

D'autres recherches ont été reprises, dans le même département, aux environs de Vaulry. Les alluvions de diverses vallées renferment du minerai d'étain, auquel se trouve fréquemment associé de l'or en proportion notable, sous forme de paillettes, tantôt libres, tantôt renfermées dans des cristaux d'étain oxydé. Les travaux de recherche ont aussi porté sur des filons où l'on trouve le minerai d'étain avec ses compagnons ordinaires, le wolfram et le mispickel, dans la roche connue sous le nom de greisen.

L'abondance du wolfram, dans certains filons du groupe stannifère, à Saint-Léonad, a donné l'espoir de tirer parti de ce minerai de tungstène, s'il trouvait des débouchés plus étendus.

La découverte récente d'étain oxydé dans les gîtes de kaolin des Colettes, près Lalizolle, montre que la région stannifère du plateau central s'étend jusque dans le département de l'Allier.

Iles britanniques. — Les principales exploitations d'étain de l'Europe, celles de Cornwall et du Dewonshire, ne sont pas représentées à l'Exposition par leurs minerais ; il convient toutefois de dire qu'elles ont produit, en 1866, 15.080 tonnes de minerai, d'une valeur de 18.300.000 francs, et qui ont fourni 9.990 tonnes d'étain métallique.

Par suite de la diminution du prix de l'étain, la valeur du minerai a elle-même baissé notablement ; ainsi, la tonne de minerai qui, en 1856, valait 1.775 francs, et en 1861, 1.565 fr., était descendue, en 1865, à 1.399 fr., et, en 1866, à 1,202 fr., le prix le plus bas où il soit arrivé dans cette période.

La faiblesse de ce prix a amené, pour les mines d'étain du Cornwall, un état de détresse qui ne paraît pas être à son terme. Cependant, tandis que la production des mines de cuivre de la même contrée diminue très-notablement, celles des mines d'étain, de 1855 à 1866, s'est accrue de 66 pour 100. En 1866, le nombre des mines d'étain en activité était encore, dans le Cornwall et le Devonshire, de 165, dont 139 en Cornvall.

Saxe et Bohême. — Quoique les gîtes stannifères soient assez nombreux dans la chaîne de l'Erzgebirge, tant en Saxe qu'en Bohême, et qu'ils présentent, ainsi que ceux du Cornwall, un très-haut intérêt, au point de vue de leur constitution et de leur origine, ils ne produisent qu'une quantité incomparablement moindre de minerai d'étain. La production de la Saxe a été de 76 tonnes, d'une valeur de 193.800 francs ; celle de la Bohême correspond seulement à 21 tonnes d'étain métallique.

Espagne. — Bien que le minerai d'étain se rencontre sur d'assez nombreux points en Espagne, dans la province de Galice et dans la province de Tras-os-Montes, comme en Portugal, et que les Romains l'y aient même exploité, on ne l'extrait aujourd'hui qu'en quantité très-faible. Celui qu'on exploite en Galice, dans la province d'Orense, près de Ribadavia, dans les Medina-United-Mines, consiste en un quartz blanc, parsemé de mica avec de gros cristaux de cassitérite, qui rappelle tout à fait l'un des types fréquents dans les filons d'étain, et particulièrement celui de la Villeder, dans le Morbihan.

Les anciens, si habiles pour la découverte et la recherche des minerais métalliques, exploitaient, en outre, l'étain dans les Asturies.

Asie. — Sur l'autorisation du gouvernement des Indes Orientales Néerlandaises, le service des mines de ces colonies adresse une intéressante collection montrant toutes les roches auxquelles le minerai d'étain est associé, dans l'île de Banca et dans neuf districts de cette île, dans l'île de Belliton ou Blitong, dans sept des îles de l'archipel de Riouw-Lingga, enfin dans le territoire de Siak. C'est sans doute la première fois que l'on peut étudier ainsi, en Europe, ces gisements de la région méridionale de l'Asie, si remarquables non-seulement par leur richesse, mais par l'étendue considérable sur laquelle ils se rencontrent.

En effet, le minerai d'étain se montre, en outre, dans l'île de Sumatra, en différents points des côtes orientales et occidentales, ainsi que dans la péninsule de Malacca, sur la côte occidentale, jusque dans la province anglaise de Ténassérim. Ces diverses contrées, dans lesquelles l'oxyde d'étain paraît partout être associé aux roches granitiques, et dans les mêmes conditions géologiques, constituent une longue bande, d'un développement linéaire d'environ 10 degrés de latitude et d'une longueur de plus de 200 myriamètres. Ce sont les gisements stannifères les plus étendus que l'on connaisse.

La production de cette région méridionale de l'Asie est très-considérable. En 1866, les exploitations de Banca, qui sont entre les mains d'une compagnie hollandaise puissante, ont produit 5.362 tonnes d'étain métallique ; celles de Belliton, 1.122 tonnes du même métal. Le port seul de Londres a reçu, dans cette même année, 4.400 tonnes d'étain, tant de Banca que du détroit.

Bolivie. — La Bolivie qui produit depuis plus de vingt ans des quantités considérables d'étain n'a pas figuré à l'Exposition. Le minerai de ce métal s'y exploite en divers points, et particulièrement aux environs de Potosi, non loin des célèbres filons d'argent de cette localité, et aussi à Oruro.

Une petite quantité seulement s'extrait des alluvions par le lavage.

Mexique. — On peut mentionner aussi, pour mémoire, les minerais d'étain que certaines provinces du Mexique paraissent renfermer abondamment et qui sont à peine exploités.

États-Unis. — On a récemment rencontré le minerai en Californie, dans l'Orégon, et surtout dans le Missouri, où, d'après le docteur Koch, il constitue des filons traversant le granite, en même temps qu'il est disséminé dans les alluvions.

Australie. — L'étain oxydé, qui se trouve sous forme de sable noir, en Australie, dans la province de Victoria, et particulièrement dans le district de Beechworth, commence à être recueilli depuis peu d'années. Il est fondu tant en Australie qu'en Angleterre, à Svansea. Antérieurement au 1er janvier 1865, on en avait exporté 2.364 tonnes, d'une valeur de plus de 2.600.000 francs; en 1865, on en a extrait 150 tonnes.

L'étain oxydé est accompagné de divers minéraux, quartz, tourmaline, zircon, pléonaste, ilménite, etc. On n'a pas encore découvert les filons stannifères d'où proviennent ces abondants débris, ce qui n'est pas étonnant, si l'on sait combien certains minerais d'étain sont difficiles à reconnaître, même par ceux qui ont une certaine habitude des minéraux.

Des sables stannifères, qui sont également exposés, ont été récemment découverts dans la Nouvelle-Galles du Sud. Ils sont tout semblables à ceux de Victoria, et proviennent sans doute de gisements analogues.

§ IV. — **Antimoine.**

Dans trois départements de la France, la Haute-Loire, le Cantal et la Corse, on exploite l'antimoine sulfuré qui d'ailleurs a été rencontré dans plusieurs autres ; mais la production totale n'a été, en 1864, que de 126 tonnes, d'une valeur de 15.133 francs.

En Toscane, on connaît plusieurs gisements d'antimoine sulfuré, dont quelques-uns sont encaissés dans le terrain tertiaire éocène ; ils sont, en outre, remarquables par leur pureté, leur âge récent et leur mode de formation ; mais leur production est aussi faible que celle de la France.

L'Autriche a produit, en 1865, 397 tonnes d'antimoine métallique.

L'exposition du Canada présente de l'antimoine natif d'une beauté remarquable, et aussi à l'état de sulfure. Il n'est pas exploité.

Depuis quelques années l'antimoine arrive, en quantité assez considérable, de Bornéo et de l'Inde.

Il importe de mentionner la découverte qui a été faite de ce métal dans la province de Victoria, particulièrement à Meathcote. Il est à l'état de sulfure et quelquefois aussi à l'état d'oxyde. La quantité d'or, qui s'y trouve mélangée, est assez abondante pour pouvoir être extraite à la suite d'un bocardage. Antérieurement au 31 décembre 1865, on en avait déjà retiré 2.114 tonnes de minerai.

§ V. — **Minerais de cuivre.**

France. — Bien que des gîtes de cuivre soient connus dans beaucoup de régions de la France, et que bon nombre d'entre eux aient été exploités anciennement et jusque dans ce siècle, presque tous sont actuellement abandonnés.

La localité de Chessy et Sainbel, près de Lyon, si connue par les beaux échantillons de cuivre oxydulé et de cuivre carbonaté bleu qu'elle a fournis à toutes les collections minéralogiques, renferme de la pyrite de cuivre, associée aux masses de pyrite de fer, que l'on exploite si activement pour la fabrication de l'acide sulfurique.

Ce sont ces gîtes qui fournissent la presque totalité du minerai de cuivre produit par la France.

Il convient aussi de mentionner, surtout à cause de l'intérêt qu'elle présente, au point de vue du gisement, l'exploitation qui se fait dans le département du Var, au cap Garonne, près Toulon ; elle est ouverte sur une couche de grès bigarré, imprégné de carbonate.

Un gisement semblable, situé près Saint-Avold (Moselle), a été, il y a peu d'années, l'objet de recherches qui sont aujourd'hui abandonnées.

Dans la partie de la chaîne des Alpes qui appartient au département des Alpes-Maritimes, on commence aussi à exploiter du minerai de cuivre, imprégnant également des couches de grès et de schiste rouge, dans un étage inférieur au lias, et qui paraît appartenir au trias. Plusieurs de ces couches fournissent du cuivre sulfuré, du cuivre panaché, du cuivre pyriteux, et parfois même du cuivre natif, en beaux échantillons qui rappellent ceux de l'Oural.

Parmi les gîtes de cuivre qui ont été l'objet d'explorations dans ces derniers temps, il faut citer aussi ceux que renferme le département de l'Hérault, dans la région des Cévennes. Dans l'un d'eux, le filon principal de la concession de Villecelle, qui appartient à une société anglaise, et dont les minerais sont exposés, les travaux sont suspendus, dans la crainte de compromettre les filons aquifères, qui donnent naissance aux sources minérales de Lamalou, situées dans le voisinage.

On peut aussi mentionner les recherches nombreuses qui sont entreprises, depuis quelques années, dans le Valgodemard (Hautes-Alpes) sur des filons de cuivre pyriteux, de cuivre gris et de galène.

La Corse renferme divers gisements de cuivre qui seraient dignes de fixer l'attention plus qu'ils ne l'ont fait jusqu'à ce jour. Les serpentines et diorites, et les roches schisteuses dans lesquelles ces roches éruptives ont surgi, et qui, en Toscane, renferment des gîtes importants de cuivre pyriteux et de cuivre panaché, se retrouvent en face de Livourne et de Piombino, de l'autre côté de la mer Tyrrhénienne, dans l'arrondissement de Corte, dans l'île de Corse. Il y existe aussi divers gîtes de cuivre, qui ont été très-incomplétement suivis, malgré leur belle apparence et la persévérance louable dont a fait preuve un explorateur du pays, M. Palazzi, particulièrement sur les territoires de San-Quilico, San-Lorenzo, Canovaggia, Lento, Merosuglia, Piedrigriggio, Multifao, Castifao, Vallica.

Angleterre. — Les principales exploitations de cuivre de l'Europe, celles de la presqu'île de Cornvall et du Devonshire, ont beaucoup faibli dans ces dernières années, tant à cause de l'augmentation de frais due à leur approfondissement, que de la baisse dans le prix de vente du métal.

Cependant la production de l'Angleterre continue à être extrêmement considérable; elle a, en effet, produit, en 1866, 180.398 tonnes de minerai, d'une valeur de 18.727.950 francs, et qui ont fourni 11.155 tonnes de cuivre, soit en moyenne 5.94 pour 100. Après le Cornwall, qui figure pour 103.170 tonnes, d'une valeur de 10.775.000 fr., c'est-à-dire plus des 5/9 de la quantité totale, et le Devonshire, qui en fournit plus de 34.471 d'une valeur, de 3.787.000 francs, plus d'un sixième vient du Cheshire, de l'île d'Anglesea et de huit autres comtés. L'Irlande figure pour 14.368 tonnes, d'une valeur de 2.350.000 francs, que l'on extrait des comtés de Vicklow, Cork et Waterford.

Quelque considérable que soit cette production en cuivre du Royaume-Uni, elle est notablement inférieure à ce qu'elle était en 1857, année où elle s'est élevée à 250.870 tonnes, soit 17.375 de cuivre métallique. Depuis lors cette production a diminué d'une manière à peu près graduelle, et celle de 1866, que nous venons de donner, est inférieure à celle de 1865 de près de 18.000 tonnes. C'est un contraste avec le développement qu'a pris l'extraction de la houille et du fer pendant la même période.

A part le minerai des îles Britanniques, on apporte, comme on le sait, en Angleterre de toutes les régions du globe, des quantités considérables de minerai de cuivre que l'on traite dans les gigantesques usines de Svansea. Le tableau suivant, qui fait connaître les provenances et les quantités importées en 1866, présente de l'intérêt, au point de vue de l'extraction du minerai de cuivre.

	tonnes.
Chili.	24.793
Cuba.	11.254
South Australia.	9.354
États-Unis.	8.670
Bolivie.	7.507
Victoria. . . . . , ...	4.530
Italie.	4.190
Possessions anglaises de l'Amérique du Nord.	3.488
Colonies anglaises du Sud de l'Afrique.	4.138
A reporter.	77.924

	tonnes.
Report.	77.924
Pérou.	3.016
Nouvelle-Galles du Sud.	3.007
Suède.	2.095
France. . . . . , ...	1.879
Norwége.	1.654
Portugal.	1.621
Espagne.	1.635
Autres pays.	1.820
Total.	94.651

Le Chili, qui figure en tête de cette liste pour ses importations de minerai, expédie, maintenant, une quantité
bien plus considérable encore de cuivre métallique, brut ou
raffiné (42.441 tonnes).

Suède et Norwége. — Tandis que les mines anciennement célèbres de la contrée de Fahlun sont peu productives
(600 tonnes de métal), celles d'Atvidaberg, en Ostrogothie
se sont développées. En outre, on connaît des gîtes étendus en Jemtland ; mais l'absence de voies de transport et
la rareté de la population sont des obstacles à leur exploitation. La production de la Suède, en cuivre métallique,
a été, en 1865, de 1.822 tonnes ; celle de la Norwége,
principalement représentée par Roraas et Kaafjord, de 480
tonnes.

Prusse. — On sait que la contrée du Hartz est, depuis
longtemps, un centre pour l'extraction du cuivre, qui s'y
trouve en filons et en amas dans les terrains anciens.

En outre, le minerai de ce métal est disséminé dans une
couche très-régulière de schiste bitumineux, fossilifère, qui
contourne cette petite chaîne, et s'étend sur des distances

considérables, en conservant une épaisseur constante et toujours inférieure à 0^m.60.

Toute la partie orientale de cette couche est exploitée par une même Compagnie. Outre le cuivre, que les minerais ne fournissent que dans la proportion de 1,6 à 4 pour 100 au plus, on en extrait l'argent que le cuivre tient, en moyenne, dans la proportion de 5 millièmes. A part le soufre des pyrites, dont une partie est utilisée pour la fabrication de l'acide sulfurique, on retire aussi le sélénium pour les besoins des laboratoires. Le même étage renferme, dans la partie qui s'appuie sur le versant occidental du terrain ancien du massif rhénan, des couches qui diffèrent du schiste cuivreux du Mansfeld, et que l'on parvient, malgré leur pauvreté, à exploiter dans deux localités, à Stadtberg, en Westphalie, et Thal-Itter, province de Hesse ; elles tiennent au-dessous de 2 pour 100 de cuivre, et sont traitées par la voie humide.

La production de la Prusse en minerai de cuivre a été, en 1865, de 1.433.600 tonnes, d'une valeur de 3.866.000 fr.

Il faut y ajouter les productions du Hanovre, de la Hesse électorale et du Nassau qui, en 1864, ont été respectivement de 73.150, 37.472 et 5.840 tonnes de minerai.

Autriche. — Le cuivre brut produit par l'Autriche, et provenant principalement de la Hongrie, a été, en 1865, de 2.890 tonnes.

Italie. — La mine de cuivre de Monte-Catini, en Toscane, n'est pas seulement représentée par ses beaux minerais, mais aussi par une coupe instructive des travaux, qui montre comment la serpentine, à la suite de laquelle est arrivé le cuivre, a pénétré dans les couches tertiaires et les a métamorphosées en partie.

On remarque aussi les échantillons du gîte de Sestri-Levante, près Chiavari, dans la Ligurie orientale, qui a été découvert il y a une quinzaine d'années, et se trouve également à proximité de la serpentine.

Le gisement d'Agordo, en Vénétie, qui est constitué par de la chalkopyrite, disséminée dans une masse de pyrite de fer, figure également d'une manière très-complète.

Les gisements cuprifères de la vallée d'Aoste, objets d'une exploitation très-importante du temps des Romains, d'après Strabon, sont actuellement très-peu productifs.

En 1865, la quantité totale de minerai de cuivre produite par l'Italie, dans 22 mines et avec 2.232 ouvriers est de 32.010 tonnes, d'une valeur de 1.551.700 francs; près des deux tiers de cette valeur proviennent de la Toscane.

Espagne. — La pyrite de fer, que l'on extrait depuis quelques années, en si grande abondance, dans la province de Huelva, du sud de l'Espagne, et dans la province d'Alemtejo, en Portugal, est mélangée de sulfure cuivreux; aussi, après qu'elle a été utilisée pour son soufre, dans la fabrication de l'acide sulfurique, constitue-t-elle un minerai de cuivre qui, malgré sa faible teneur en métal, est important, en raison de son abondance.

Portugal. — En Portugal, d'autres nombreux gîtes de cuivre déjà connus à l'époque romaine, ont été étudiés dans ces dernières années, et quelques-uns commencent à être exploités. La mine de Palhal, dans le district d'Aveiro, a fourni à l'exportation, depuis 1860 inclusivement, un total de 8.500 tonnes de minerai, d'une richesse de 15 pour 100.

La production annuelle du Portugal, à part l'énorme quantité de pyrite cuivreuse, provenant de la mine de San-Domingos, est de 1.600 tonnes de minerai de cuivre.

Russie. — Les couches qu'on exploite en Russie, dans le pays de Perm, et qui se sont produites pendant la même période que la couche cuprifère du Mansfeld et dans des conditions analogues, sont également représentées à l'Exposition par leurs grès et leurs argiles, de faible teneur en cuivre et dans lesquels une certaine partie du métal est à l'état de vanadate. Les troncs d'arbres, injectés de minerai qui les accompagnent, font reconnaître, à première vue, que ce dernier a été déposé par voie aqueuse.

En outre, la quantité considérable de cuivre que fournit la Russie (4.800 tonnes, d'une valeur de 10.400.000 francs), provient, comme on le sait, pour une partie considérable, tant des gîtes bien connus de l'Oural, que de ceux de l'Altaï.

Un nouveau centre de production, remarquable par la richesse de ses minerais, est celui de la province des Kirghis, dans sa région orientale, à 70 kilomètres de l'Irtich. Les exploitants, MM. Popoff, l'ont représenté par une masse de cuivre natif, sous forme d'une grande plaque, ne pesant pas moins de 600 kilogrammes, et offrant la ressemblance la plus remarquable avec les masses bien connues de même nature, qui proviennent du lac Supérieur. Cette ressemblance s'étend même jusqu'à la présence de grains d'argent pur, qui se trouvent disséminés au milieu du cuivre pur, comme si l'un et l'autre étaient le produit d'une action électro-chimique. Les mines des Kirghis, consistent principalement en combinaisons oxydées, associées au cuivre natif.

États-Unis. — Les gîtes de cuivre des environs du lac Supérieur, appartenant aux États de Michigan et de Wisconsin, sont bien connus par les nombreuses compagnies qui se sont organisées pour leur exploitation. Ils sont représentés par une intéressante collection minéralogique, où l'on remarque, en très-beaux cristaux, les espèces qui caractérisent ces gîtes; plusieurs, tels que ceux où l'argent natif est en grains purs, enchâssé dans le cuivre natif, attestent assez évidemment que ces minerais ont été produits avec l'intervention de la voie humide, et rappellent souvent des précipités par voie galvanoplastique.

La production des mines du lac Supérieur est évaluée à environ 10.000 tonnes de cuivre métallique, dont la compagnie de Portage fournit près de la moitié.

Les États-Unis, près des côtes de l'océan Pacifique, et notamment la Californie, paraissent aussi dotés richement en minerais de cuivre, sur lesquels l'attention a été portée par des découvertes faites en 1855 et en 1860. L'un des principaux centres est Coperopolis, ville dont les premières maisons ont été bâties en septembre 1861, dans la vallée de Salt Spring, et qui, moins de deux ans après, comptait déjà 2.000 habitants, trois écoles, deux églises, un journal et quatre hôtels. D'autres gîtes de cuivre ont été découverts dans les collines qui bordent la côte, telles que le Monte-Diablo.

Ces découvertes faites en Californie, en ont provoqué d'autres dans les États voisins, Arizona, Nevada, Colorado, Sonora et Basse-Californie.

Il n'y a pas une seule localité dans cette région, où une quantité considérable de minerai ait été jusqu'à présent rencontrée, si ce n'est dans la serpentine ou dans des roches magnésiennes, roches dont les fragments constituent sa gangue.

En outre, tous les minerais de cuivre renferment une proportion notable d'or, en même temps que les plus importants filons de quartz aurifère contiennent une quantité considérable de minerai de cuivre. D'après ces ressemblances, il est à supposer que les remplissages de ces deux sortes de filons sont en dépendance intime, et peut-être même contemporains.

Les quantités du minerai de cuivre exporté de San-Francisco, depuis 1862 jusqu'à la fin de 1866, ont considérablement augmenté; de 3.666 tonnes, elles sont arrivées à 21.473. Tandis que la teneur moyenne des minerais de cuivre de Cornwall est inférieure à 8 pour 100, celle des minerais de Californie paraît être plus élevée. Depuis 1866, on a exporté plus de 85,000 tonnes, d'une valeur au moins de 1.250 fr. par tonne; en outre, une partie du minerai est traitée dans le pays même.

Canada. — La région du Canada, située au nord du lac Supérieur, renferme les mêmes roches que la région méridionale, appartenant au Michigan et au Wisconsin, et qui est si riche en cuivre. Comme dans ces dernières, on y trouve aussi le cuivre natif, mais on n'exploite pas ce métal.

A part ces gisements, le Canada renferme, en un très-grand nombre de localités, des couches siluriennes (groupe de Québec), dans lesquelles on rencontre du cuivre pyriteux, et quelquefois du cuivre sulfuré sous forme de veines d'apparence contemporaine, et dont l'Exposition offre de beaux échantillons. Ces gîtes ont été jusqu'à présent exploités seulement sur peu de points, tels que sur la rive nord du lac Huron, à la mine de Harvey, district de Leeds, et dans les mines du district d'Ascot, dont on expédie le minerai, tant en Angleterre qu'aux États-Unis. D'autres gîtes, d'après les études géologiques qui en ont été faites, paraissent mériter d'être mieux explorés.

Colonies Espagnoles; Cuba et Philippines. — Dans l'exposition des colonies espagnoles, on voit les plans et les minerais des filons de cuivre, connus depuis longtemps à l'île de Cuba, et qu'une société exploite depuis 1830. Ces mines ont été importantes ; car, de 1830 jusqu'au commencement de 1866, elles ont fourni à l'exportation 658.433 tonnes de minerai, dont la teneur moyenne, dans les quatorze premières années, était de 24 pour 100, et, plus tard, est descendue à 13,6 pour 100. Le produit de la vente, pendant les trente dernières années de cette période, s'est élevé à 157 millions de francs.

L'approfondissement de ces mines, qui ont atteint maintenant 357 mètres de profondeur, l'abondance et la nature corrosive des eaux, le prix élevé des machines et la pénurie des ouvriers ont amené leur décadence, malgré bien des efforts. Toutefois, la quantité de minerai de Cuba qui est arrivée à Swansea, en 1866, s'est élevée à 11.254 tonnes.

Les îles Philippines envoient également une collection de leurs minerais, consistant en cuivre pyriteux, cuivre panaché, cuivre gris, qu'une société exploite depuis sept ans à Mancayan, district de Lepanto, en luttant contre les difficultés que présentent les transports.

Chili. — Malgré les découvertes récentes faites dans les pays dont nous venons de parler, aussi bien qu'en Australie, le Chili reste la contrée du globe la plus productive en cuivre. Les riches et abondants minerais, qui ont une part si considérable dans la production annuelle du cuivre, sont représentés par de volumineux blocs.

Les mines de cuivre du Chili forment deux groupes : celui du Nord, comprenant les départements de Copiapo, Huasco et Coquimbo ; celui du Sud, correspondant aux provinces de Aconcagua, Santiago et Colchagua. Les plus riches et les plus abondantes de ces mines appartiennent à la province de Coquimbo, et en particulier à la montagne de Tamaya.

L'exploitation du puissant filon sur lequel sont ouvertes les principales, qui datent de plus de cinquante ans, a produit, près des affleurements, des quantités énormes de minerais oxydés et carbonatés. Puis, quand on dépasse une profondeur de 40 à 50 mètres, on arrive au cuivre panaché, dont aucune mine du monde n'a peut-être produit de masses aussi considérables et aussi pures. Plus bas, vers 150 mètres de profondeur, le cuivre panaché disparaît lui-même, faisant place au cuivre pyriteux, d'un titre qui dépasse presque toujours 30 pour 100.

Les mines de Panucillo, situées à 2 kilomètres de celles de Tamaya, sont aussi des plus productives ; car elles fournissent 5.000 tonnes de minerai par an, et l'on se propose de porter bientôt cette extraction à 8.000. Mais ici, le minerai est en général moins riche : il est rare qu'il contienne plus de 6 pour 100 de cuivre, et il se compose ordinairement de pyrite cuivreuse, dont la gangue est une espèce de grenat amorphe, à base de chaux et de fer, et facilement fusible sans addition. Le filon de Panucillo, qui, aux affleurements, n'a qu'une épaisseur de 1 mètre, et se compose en grande partie de grenat et de spath calcaire, s'élargit considérablement dans la profondeur, jusqu'à acquérir 8 mètres et même 16 mètres de puissance, dans laquelle tout est minerai.

Les mines de Carrisal, situées à moins d'un degré de longitude du port de Huasco, dans un pays qui était presque désert il y a sept ans, ont donné naissance à deux grands établissements pour la fonte du minerai de cuivre, à un port qui a maintenant 2.000 habitants, et à une ville, la ville de Carrisal Alto, peuplée de 9.000 habitants; cette dernière est reliée au port par un chemin de fer de 45 kilomètres.

On a récemment découvert et l'on exploite des mines aussi très-riches en cuivre, depuis Caldeza jusqu'à Cobija, contrée d'où provient l'oxychlorure de cuivre, connu sous le nom d'atacamite.

En 1865, on a exporté, pour les valeurs suivantes, en francs :

Cuivre en barres et en lingots.	31.043.260
Mattes cuivreuses.	51.330.890
Minerais bruts..	6.140.890
Mattes argentifères.	2.022.310
Minerais de cuivre.	98.585
	70.835.895

On voit donc qu'on exporte maintenant du Chili beaucoup moins de cuivre à l'état de minerai qu'à l'état métallique. Plus des trois quarts du cuivre métallique sont expédiés en Angleterre; on en envoie à peu près le quart en Allemagne, en France et aux États-Unis.

Il est à remarquer que les mines de cuivre les plus importantes du Chili, celles qui produisent plus des neuf dixièmes de ce métal, sont situées dans la région littorale, à une distance de la côte qui rarement dépasse 20 à 25 kilomètres. Elles sont, en outre, rapprochées des meilleurs ports du Pacifique, Caldera, Carrisal, Huasco, Coquimbo et Valparaiso; déjà plusieurs de ces ports sont unis par des chemins de fer aux centres de l'industrie minérale.

Les principaux filons de cuivre de la région littorale sont encaissés dans le terrain de transition et dans les roches cristallines, principalement les roches dioritiques qui l'accidentent. Les minerais sont ordinairement tout à fait exempts d'arsenic et d'antimoine. Ils ne sont pas argentifères; mais accidentellement, ils contiennent de l'or, dont le gisement appartient aussi au même terrain. Ils consistent toujours, dans la partie supérieure des filons, en carbonates, silicates, oxydes et oxychlorure de cuivre, et passent aux sulfures et aux pyrites cuivreuses, dans la partie inférieure.

Il existe, en outre, plus loin de la mer, d'autres filons du même métal, encaissés dans des terrains stratifiés plus récents ; ces derniers sont argentifères et mélangés de cuivre gris, de divers arséniures, de blende et de galène.

Confédération argentine. — De très-riches minerais de cuivre se trouvent également dans la confédération argentine, dans la Sierra del Atajo, et sont exploités, depuis une quinzaine d'années, par MM. Lafone et Ce, à la Camarca. L'extrême difficulté des transports se trouve compensée par la richesse; on n'exploite pas de minerai qui ne rende, au moins, 20 pour 100. Ces minerais consistent principalement en cuivre natif, cuivre sulfuré et cuivre oxydulé.

Bolivie. — On exploite en Bolivie des minerais de cuivre remarquables par leur abondance et leur richesse. Recherchés par les Indiens depuis un temps immémorial, ils n'ont pas cessé de croître en importance, quoique exploités d'une façon très-grossière.

Ils sont connus sous la dénomination de Coro-Coro, du nom du principal lieu d'extraction, situé dans la province de la Paz, à l'est du lac de Titicaca. Ils consistent en cuivre natif, en cuivre oxydulé et autres combinaisons.

Au lieu d'être en filons, ces minerais sont stratifiés, imprégnant des couches de grès quartzeux.

Ces couches cuivreuses se retrouvent dans diverses parties des Andes, suivant une zone étroite se continuant au nord et au sud, sur plus de 800 kilomètres ; elle commence au nord, dans le district de Puno, au Pérou, et se prolonge, vers le sud vers les localités de Santa-Barbara et San-Bartolo, dans la région septentrionale du désert d'Atacama.

Sur toute cette zone, les minerais de cuivre se présentent tout à fait avec les mêmes conditions, et sont associés à des marnes rouges, à du gypse et à du sel gemme. L'ensemble est rapporté au système permien, de même que les dépôts analogues de l'Europe, ceux du Mansfeld et de l'Oural.

Ce groupe de couches cuprifères paraît même s'étendre jusque dans la république Argentine, dans le district d'Andalgalla.

L'argent natif a été rencontré associé au cuivre, et assez abondamment en quelques points, notamment à la Veta de Buen Pastor, pour avoir éveillé dans l'origine de grandes espérances : toutefois, ce métal n'est l'objet que d'une exploitation accessoire.

Ces minerais sont exportés, en grande partie, à l'état brut, car le combustible fait défaut dans le pays : on n'en a pas d'autre que la fiente de lama.

En 1866, il est respectivement arrivé en Angleterre et en France 7.500 et 1.570 tonnes ne rendant pas moins de 8 pour 100.

Pérou. — Ce groupe important de gîtes de cuivre se pro-

longe, vers le nord, dans le Pérou, où ils sont exploités. En
1866, on a expédié, en Angleterre, 1.360 tonnes de ce pays.

Cap de Bonne-Espérance. — On doit citer aussi la colonie
anglaise du cap de Bonne-Espérance, qui fournit des minerais, consistant en cuivre natif, cuivre sulfuré et cuivre
carbonaté, qu'elle envoie aussi en quantité notable en Angleterre, à Swansea (4.140 tonnes en 1866).

Ces minerais constituent, dans le pays des Namaquas,
des filons qui traversent le granite et les schistes anciens,
auxquels sont superposées les couches de grès de la montagne de la Table.

Les gisements qu'on a signalés à Natal ne sont pas encore
exploités.

Australie. — Parmi les pays privilégiés par leur richesse
en cuivre, il convient de mentionner deux des colonies anglaises de l'Australie, South-Australia (Australie du Sud),
et la Nouvelle-Galles du Sud.

La seconde est représentée par de volumineux blocs de
cuivre pyriteux et de cuivre oxydé noir; la première, l'Australie du Sud, à laquelle appartiennent les mines déjà bien
connues de Burra-Burra, renferme de riches filons de cuivre
pyriteux, de cuivre panaché et de cuivre natif, ainsi que de
cuivre sulfuré et de cuivre oxydé noir. Les mines de Moonta
et de Wallaroo, quoique ne datant que de cinq ans, sont arrivées à être très-productives. Une partie de ces minerais
est expédiée à Swansea.

Le minerai de Murninnie, situé dans la même province, est
remarquable par la présence du bismuth, qui y entre dans
la proportion de 5 à 32 pour 100, et dont la présence com-
plique l'extraction du cuivre.

Des photographies donnent une idée de ces exploitations lointaines et toutes récentes, qui se sont très-rapidement développées, et où les meilleurs procédés sont mis à profit.

En 1866, on a reçu en Angleterre, à Swansea, 9.354 tonnes de minerai de cuivre de South-Australia, 3.007 tonnes de la Nouvelle Galles du Sud, et 4.530 tonnes de la province de Victoria.

§ VI. — **Minerais de plomb argentifère.**

France. — Les filons de galène argentifère, si nombreux en France, particulièrement dans le plateau central et dans la chaîne des Vosges, ne sont exploités régulièrement que dans un très-petit nombre de localités.

L'étude approfondie qu'a faite M. Rivot, ingénieur en chef des mines, des filons de Vialas (Lozère), est d'autant plus importante que les considérations théoriques qui en résultent, pour les âges relatifs des fractures et des remplissages des filons de diverses directions, ont conduit à des conséquences fort utiles pour l'exploitation de ces filons. L'application des règles établies à Vialas a été confirmée, d'une manière très-heureuse, par les découvertes auxquelles elle a conduit dans le Rouergue et dans le département du Gard. Ces caractères, dont l'étude a été fort habilement continuée par M. Crespon, se retrouvent encore dans un grand nombre de filons analogues des départements de la Lozère, de l'Ardèche et du Gard. Ils pourront même servir de guide dans des régions encore plus éloignées.

A Pontgibaud (Puy-de-Dôme), où se trouve un groupe de filons depuis longtemps connu et dont le plomb renferme de 2 à 4 dix-millièmes d'argent, les exploitations se sont, jusqu'à présent, arrêtées à une profondeur de 100 à 120 mètres, par suite de l'appauvrissement général qui s'est manifesté vers ce niveau. En attendant que de sérieux efforts soient tentés pour reconnaître plus profondément l'allure des filons, on a exécuté et l'on poursuit, à proximité de la surface, des travaux de reconnaissance, et l'on est ainsi arrivé à des découvertes qui témoignent de la richesse générale du district. Aujourd'hui, l'exploitation est rentrée dans des conditions incomparablement meilleures que précédemment.

On peut ajouter, à titre d'exemple à suivre, dans certains cas, que, dans le même département, une exploitation s'est très-modestement établie, il y a une quinzaine d'années, sur un filon de l'arrondissement de Thiers, à Montnebout, et que l'on y trouve des bénéfices, grâce à la manière judicieuse dont l'exploitation est dirigée.

Les gîtes bien connus de Pesey et de Mâcot, dans le département de la Savoie, ont donné lieu à d'importants travaux, qui sont suspendus depuis peu de temps.

Le filon du Grand-Clot, dans le département de l'Isère, actuellement l'objet de travaux, se présente dans des circonstances tout à fait exceptionnelles et extrêmement caractéristiques pour l'étude de la constitution et de l'origine des filons métallifères. Il est, en effet, coupé par la vallée de la Romanche, en aval du bourg de la Grave, sur une paroi abrupte et à peu près verticale, dont la hauteur au-dessus du torrent est de plus de 600 mètres. Il montre donc, même à ciel ouvert, un exemple des plus remarquables de continuité dans le sens de la profondeur.

En même temps, ce filon offre, pour l'exploitation, des conditions particulières. La méthode d'abattage par le feu, qui remonte à une antiquité reculée, et qui n'était pour ainsi dire plus employée, sauf au Rammelsberg, au Hartz, est cependant mise à profit pour l'exploitation du filon du Grand-Clot, et avec des perfectionnements qui font espérer qu'elle pourra encore être employée avec succès dans certains cas, surtout sur les parties à gangue quartzeuse. Le filon est chauffé non-seulement avec du bois, mais aussi avec de la houille flambante; cette dernière est placée dans une sorte de cornue portative.

Non loin des mines du Grand-Clot, dans la même commune de la Grave, on a découvert, il y a dix ans, un filon qui coupe les calcaires du lias, superposés au gneiss, et qui présente l'association, assez rare, de la galène, avec des arséniosulfures de nickel et de cobalt. Ces minerais, très-argentifères, sont l'objet d'une exploration active.

A l'Argentière, à peu de distance de Briançon (Hautes-Alpes), on exploite un filon, encaissé dans des quartzites, que l'on rattache au trias.

Dans le département du Gard, à Carnoulès, une couche de poudingue quartzeux, appartenant aussi au grès bigarré, qui est imprégné de galène, est tout à fait analogue, dans sa disposition générale, au gîte de Bleyberg, près de Commern, en Prusse, dont il sera question plus loin.

La quantité de galène extraite en France, en 1864, s'est élevée à 95.286 tonnes, d'une valeur de 3.099.190 francs. Sur cette valeur totale, le Puy-de-Dôme (Pontgibaud) figure pour plus du tiers. Puis viennent le Gard, l'Ille-et-Vilaine (Pontpéan), le Finistère, les Hautes-Alpes (l'Argentière), la Corse, l'Aveyron (Villefranche), la Savoie, l'Ariége (Sentein) et le Rhône.

Algérie. — On doit mentionner deux exploitations de galène argentifère dignes d'intérêt : l'une dans la province de Constantine, à Kef-Oum-Theboul, près la Calle; l'autre dans la province d'Oran, à Gar-Rouban, sur la frontière marocaine. Leurs produits et leurs plans sont exposés.

Angleterre. — La galène argentifère est exploitée sur un grand nombre de points de l'Angleterre. Parmi les 21 comtés, et les mines, au nombre de 336, qui la fournissent, le Durham et le Northumberland occupent la première place. Les importantes mines qu'exploite lord Beaumont sont représentées par les plans et coupes des filons, ainsi que par toute une collection des minerais qui s'y rattachent. Viennent ensuite le Yorkshire, le Cornwall, qui a aussi conquis, assez récemment, une place comme production en plomb, le Derbyshire, le Cumberland, le Cardiganshire, le Denbigshire et le Flintshire.

La production de minerai de plomb de l'Angleterre a été, en 1866, de 91.047 tonnes, ayant une valeur de 20 millions de francs, et qui ont donné 67.390 tonnes de plomb. On a en outre extrait de ce plomb 19.737 kilogrammes d'argent : ce qui correspond, pour le plomb, à une teneur moyenne de vingt-huit millionièmes (0,000028).

Malgré la concurrence étrangère, la production en plomb, depuis 1855, s'est accrue de 3 pour 100.

Belgique. — Le gîte de plomb de Bleyberg-à-Montzen, près de Verviers, situé à proximité des amas de calamine de la Vieille-Montagne, est d'une richesse tout à fait remarquable. Il se compose d'un filon de galène et de blende, traversant le terrain houiller, ainsi que d'un épanchement très important de galène, qui a été reconnu à la séparation du terrain houiller et du calcaire carbonifère.

Ces exploitations se distinguent aussi par de nombreux

travaux d'art, qui avaient pour but de surmonter de grandes difficultés, et notamment, par une canalisation imperméable des lits des rivières et des ruisseaux qui coulent dans le périmètre des concessions. La quantité d'eau que les mines ont à épuiser, à une profondeur de 120 mètres, varie de 25.000 à 32.000 mètres cubes par jour. Les machines d'épuisement, au nombre de quatre, réunissent une force effective de plus de 2.000 chevaux. Cette mine a fourni la plus grande partie de la galène qui a été produite par la Belgique, quantité qui, en 1864, a été de 16.780 tonnes.

Ce n'est que dans ces derniers temps que la galène a pris, dans l'industrie minière de la Belgique, une importance notable. Son extraction, en 1841, n'était que de 34 tonnes.

Prusse. — Comme minerai de plomb, celui de Bleyberg, près de Commern, en Prusse rhénane, attire le regard par la singularité de son aspect. C'est, comme on sait, un grès ou un poudingue quartzeux, imprégné de galène, et constituant des couches dans le grès bigarré. Ce grès plombifère ne rend en moyenne que 2 pour 100; mais il atteint une épaisseur de 40 mètres, sur laquelle il peut généralement être exploité à ciel ouvert.

Déjà exploité dans l'antiquité romaine, le gîte de Commern a surtout acquis une grande importance depuis 1852, époque à laquelle on a adopté le mode d'exploitation actuel. Il constitue aujourd'hui le gisement de plomb le plus important de la Prusse.

La Prusse a produit, en 1865, 57.808 tonnes de minerai de plomb, d'une valeur de 10.289.700 francs. Il faut ajouter que le Hartz, appartenant au Hanovre, qui n'est pas compris dans cette production, a fourni, en 1864, 101.411 tonnes, c'est-à-dire une quantité presque double de la Prusse entière, et le Nassau, 6.663 tonnes.

Autriche. —On voit également représentés les minerais de plomb argentifère de l'Autriche, qui appartiennent principalement à la Bohême (Przibram) et à la Hongrie. Elles ont produit en 1865, à part l'argent, 5.081 tonnes de plomb et 727 tonnes de litharge.

Espagne. — Le plomb est le plus abondant de tous les produits minéraux de l'Espagne, qui cependant renferme tant d'autres ressources dans son sol. Aucune autre contrée de l'Europe n'en approche pour l'importance de l'extraction de ce métal.

Il provient principalement des provinces d'Alméria, de Murcie et de Jaen. Le filon de Linarès, qui appartient à cette dernière, a une puissance qui dépasse 3 mètres ; l'extraction actuelle, qui est de 3.357 tonnes, pourrait être beaucoup plus forte. La production totale s'est élevée, en 1863, à 309.940 tonnes, d'une valeur de 23.538.000 fr.

Italie. — C'est la Sardaigne, déjà si connue des Grecs et des Romains par sa richesse en argent et en plomb, qui, aujourd'hui encore, forme la principale région de l'Italie pour l'extraction de ces métaux ; l'exploitation, après avoir été abandonnée pendant des siècles, a de nouveau attiré l'attention dans ces dernières années.

Les études auxquelles les gîtes de cette île ont récemment donné lieu, de la part de M. Léon Gouin, ingénieur civil des mines, méritent d'être mentionnées. Le remarquable et beau filon de Montevecchio, dans le district d'Iglesias, sur

lequel sont ouvertes les mines de Montevecchio, Ingurtosu
et Gennamari, est connu sur une longueur de plus de 10 kilomètres.

Nous mentionnerons également les mines de Monteponi,
connues aussi des minéralogistes par les magnifiques cristaux de plomb carbonaté et de plomb sulfaté qu'elles fournissaient en abondance, près des affleurements.

La production de l'Italie a été de 16.047 tonnes de minerai de plomb, d'une valeur de 2.935.285 francs, obtenus
avec 2.980 ouvriers ; les sept huitièmes environ proviennent
de l'île de Sardaigne et un dixième de la Toscane.

Grèce. — Les scories que les anciens ont produites, à la
suite de leurs traitements métallurgiques, sont quelquefois
assez exemptes de métal et témoignent de leur habileté.
Ainsi certaines scories de cuivre n'en renferment pas au delà
de 1,5 pour 100. Mais l'opération n'a pas toujours été
aussi habilement conduite ; déjà on a exploité comme minerai, dans diverses contrées, particulièrement en Espagne,
près de Carthagène, et en Sardaigne, des scories contenant
du plomb et de l'argent.

Nulle part peut-être ces anciennes scories n'ont été rencontrées avec plus d'abondance qu'en Grèce et dans la
partie de l'Attique appelée le Laurion. Elles forment des
monceaux considérables, répartis sur de nombreux points, et
l'on n'évalue pas la totalité de ces masses à moins de 3 millions de tonnes. La teneur de ces scories en plomb varie de
5 à 18 et moyennement est de 10 p. 100. Ce plomb renferme, à peu près constamment, de 3 à 4 millièmes de
son poids d'argent. En outre, on a trouvé dans les déblais plus de 500.000 tonnes de galène argentifère qui
avait été abandonnée, comme étant trop pauvre. Une com-

pagnie française, qui s'est constituée pour exploiter cette prodigieuse accumulation des scories, vient de construire, non loin de Thèbes, à Égasteria, une très-vaste usine, où l'on se propose de traiter, annuellement, environ 100.000 tonnes de scories.

Chili. — La mine de plomb du Chili, connue sous le nom de Mina-Grande, située près de Coquimbo, est connue par son extrême richesse. Elle présente cette particularité, qu'elle produit du plomb vanadaté, mélangé d'autres sels oxydés de plomb, parmi lesquels on a cité un oxychlorure de plomb renfermant de l'iode.

États-Unis. — Dans le terrain silurien des États de Missouri et d'Arkansas (étage du grès de Potsdam), des couches de dolomie, renferment de la galène, accompagnée parfois de minerai de cobalt.

Le groupe de l'Illinois et du Visconsin, plus connu encore par sa richesse, appartient également au terrain silurien, mais à un étage un peu supérieur (Trenton). Ces gîtes importants du haut Mississipi sont répartis sur une étendue qui n'a pas moins de 112 kilomètres sur 86. De même que les précédents, ils ne sont pas postérieurs aux couches qui les renferment, mais ils ont été précipités en même temps. Par leur constitution, comme par leur richesse, ils rappellent les gisements de la Sierra de Gador, en Espagne.

Des blocs de galène, terminés par de volumineux cristaux, sont les représentants de ces riches gisements, dont on évalue la production à 20.000 tonnes ; mais ils ne sont pas exploités comme ils pourraient l'être, parce que la population trouve ailleurs un emploi plus lucratif de ses forces.

§ VII. — Minerais de mercure.

Espagne. — Les exploitations depuis longtemps célèbres d'Almaden, dans la province de Ciudad Real, quoiqu'elles remontent au delà de trois siècles avant notre ère, attestent la richesse de leurs minerais, par une série de volumineux blocs de cinabre massif. Les découvertes qui ont été faites en Californie ne les empêchent pas de rester au premier rang. Leur production, qui était, en 1863, de 11.326 tonnes, d'une valeur de 3.471.000 francs, a atteint, en 1865, 14.060 tonnes. Elle pourrait s'élever encore, si les besoins l'exigeaient.

Les mines de la province d'Oviédo, non loin de la ville de Mierès, dans le terrain carbonifère, et que les Romains exploitaient déjà, sont loin d'avoir la même importance (300 tonnes). Le cinabre imprègne le conglomérat carbonifère, sous forme de veines, où il est associé à la pyrite de fer et au mispickel. Le gîte dont il s'agit présente cette particularité que le cinabre qu'on en extrait est remarquable par la forte proportion de sulfure rouge d'arsenic (réalgar) dont il est mélangé ; ce dernier minéral s'y trouve en assez grande quantité pour que les cols des cornues de distillation soient obstrués par l'arsenic métallique.

L'arsenic, dont la présence a été signalée, il y a vingt ans, comme fréquente dans la houille et les autres combustibles minéraux de contrées très-diverses, se trouve également dans la houille de cette même contrée, et en forte proportion. Les mineurs sont très-sensiblement incommodés par les émanations arsenicales quand la ventilation des galeries n'est pas très-active.

Quoique les exploitations de mercure de l'Europe, en

dehors de celles de l'Espagne, soient bien peu importantes, il convient d'autant plus de les mentionner qu'elles sont représentées à l'Exposition.

Prusse. — Les anciennes mines de mercure du Palatinat (Bavière Rhénane), dont les beaux échantillons d'amalgame cristallisé figurent dans les collections, ne sont pas les seules que l'on trouve dans les contrées rhénanes. Des filons de cinabre sont connus sur la rive droite du Rhin, traversant le terrain dévonien et le terrain carbonifère inférieur, sur des points assez distants. Leur nombre s'est accru dans ces derniers temps par la découverte d'un gîte, maintenant exploité, près d'Olpe. La production de la Prusse, en 1865, a été de 265 tonnes de minerai, d'une valeur de 8.300 francs.

Autriche. — C'est à peu près aussi la production des mines bien connues d'Idria, en Carniole, qui sont exploitées sur une véritable couche, avec fossiles, et dont la production, en 1865, a été de 235 tonnes.

Italie. — Le mercure est exploité également en Toscane, à la mine du Siele, près Castelazara, dont l'extraction s'est élevée, en 1864, à 300 tonnes de minerai, rendant, 2 à 2,5 p. 100 de mercure, soit en tout 6.000 kilogrammes. Un échantillon montre la manière dont le cinabre imprègne les schistes cristallins, dans ce gisement que son mode de formation rend remarquable.

On voit aussi figurer le mercure d'Agordo, en Vénétie ; le cinabre mélangé à la pyrite est irrégulièrement disséminé dans le schiste talqueux. On a extrait, en 1864, 44 tonnes de ce minerai.

Chili. — Le mercure, quoique répandu au Chili dans de nombreuses localités, n'y est pas l'objet d'une exploitation régulière.

Pérou. — Jusqu'en 1855, la province de Huancavelica, au Pérou, a été la source principale du mercure pour le continent américain. La principale mine, celle de Santa-Barbara, exploitée depuis 1570, avait donné, dans les siècles suivants, une production annuelle de plus de 6.600 tonnes, qui s'est longtemps soutenue. Le cinabre s'y trouve, non en filons mais en couches appartenant à des terrains que l'on rapporte à l'époque jurassique.

Aujourd'hui, la production du Pérou en mercure a très-considérablement faibli, à la suite de l'ouverture des mines du même métal en Californie.

Deux autres circonstances ont contribué aussi à faire abandonner les mines du Pérou. C'est d'abord le mélange au minerai du sulfure d'arsenic ou réalgar, qui contribuait à rendre les mines extrêmement malsaines pour les ouvriers ; et en outre la grande altitude de ces mines, qui dépasse 4.400 mètres.

Mexique. — Les minerais de mercure connus au Mexique sont à peine exploités.

Californie. — Les gîtes découverts en Californie sont situés dans la région littorale du Pacifique. Les plus importants, ceux de New-Almaden, traversent des couches qu'on rapporte au terrain crétacé et sont avoisinés par des serpentines.

Depuis 1851, la Californie n'a plus reçu de mercure de l'étranger, et au contraire, elle exporte maintenant des quantités considérables de ce métal, principalement en Chine ainsi qu'au Mexique et dans l'Amérique centrale. Toutefois l'irrégularité des gîtes rend l'exploitation difficile à New-Almaden.

D'autres filons de mercure sont généralement connus en Californie et ont donné lieu aux mines de Enriquetta et New-Idria ; ces dernières sont incomparablement moins importantes.

La production des mines de New-Almaden, du 1ᵉʳ juillet 1850 au 31 août 1863, c'est-à-dire pendant dix ans et onze mois, déduction faite des deux années pendant lesquelles la mine a été fermée, par suite des procès auxquels elle donnait lieu, a été de 51.156 tonnes de minerai. Le minerai, d'un rendement de 22,20 p. 100, a produit 11,758 tonnes de mercure. Depuis novembre 1863 jusqu'à la fin de 1864, la production a été de 9.618 tonnes de minerai, qui ont produit 1.615 tonnes de mercure ; le rendement moyen a été de 16,5 p. 100. La production s'est élevée en 1865, et a été de 16.000 tonnes, d'un rendement moyen de 12,43 p. 100 et ayant produit 1.998 tonnes de mercure. Pendant les dix premiers mois de 1866, elle a été notablement plus faible.

La plus grande partie de cette quantité de mercure est exportée. La consommation de Californie était d'environ 120.000 kilogrammes, jusqu'à la mise en exploitation régulière des mines de Washoe, en 1860, et, à partir de cette époque jusqu'à l'année 1865, elle a été d'environ 180.000 kilogrammes par an.

Lorsque la mine de New-Almaden commença à produire du métal, celui-ci fut mis en vente à San-Francisco, au prix de 450 francs les 100 kilogrammes, afin de faire disparaître la concurrence étrangère. Le but atteint, le prix augmenta : il était de 560 francs en 1855. En 1865, les tarifs de vente étaient de 750 francs pour l'usage local et 654 francs pour l'exportation. Ces derniers prix paraissent se maintenir.

§ VIII. — Minerais d'argent.

Au point de vue de l'extraction de l'argent, l'ancien monde présente peu de faits nouveaux, et par conséquent dignes d'être signalés dans ce rapport.

Saxe et Autriche. — La production de la Saxe a été, dans ces dernières années, d'environ 26.000 kilogrammes d'une valeur d'environ 4.900.000 francs. Les filons classiques de la contrée de Freyberg y contribuent pour la part principale.

L'Autriche, dont les centres d'extraction sont en Hongrie et en Bohême, a produit, en 1865, 40.850 kilogrammes d'argent.

Norwége et Suède. — Les mines d'argent qui ont fourni les plus belles masses d'argent natif de l'Europe, sont celles de Kongsberg, en Norwége.

Elles sont représentées par une collection, également intéressante pour le minéralogiste et le géologue, où l'on admire de magnifiques échantillons d'argent natif, cristallisé et filiforme, ainsi que de l'argent sulfuré, et quelques sulfures métalliques qui accompagnent l'argent natif. A côté des gangues de quartz et de chaux carbonatée, en cristaux extrêmement remarquables et élégants, on peut être surpris de trouver l'anthracite, puisque les filons sont encaissés dans le gneiss : elle est sous la forme de globules, qui annoncent qu'elle a passé par l'état de mollesse.

Les mines d'argent de Kongsberg, qui, de 1859 à 1861,

ont donné, en moyenne, un produit annuel de 4.451 kilogrammes d'argent, avec un bénéfice correspondant de 347.000 francs environ, n'ont fourni, pendant chacune des années 1862 à 1864, que 3.325 kilogrammes, soit un bénéfice de 176.000 francs.

Il n'est pas sans intérêt de rappeler que depuis 1623, époque de leur découverte, les mines de Kongsberg ont éprouvé plusieurs alternatives de grands succès et de revers. Ainsi, après avoir donné lieu à une perte de plus de 2 millions, de 1815 à 1830, elles sont entrées, à partir de cette dernière époque, dans une période très-prospère.

On mentionnera ici, pour mémoire, la mine de galène argentifère de Sala, en Suède, qui figure aussi à l'Exposition, et a fourni, en 1865, 1.140 kilogrammes d'argent, en même temps que 480 tonnes de plomb.

Écosse. — On peut citer également les filons argentifères, connus en Écosse, dans l'île de Man, et dont l'exploitation s'est récemment développée, par suite de la découverte de galène et de cuivre gris, dont la teneur en argent est extrêmement élevée. La plus profonde des mines atteint déjà 400 mètres. Elles figurent dans la production totale de l'Angleterre, qui a été donnée plus haut, à propos du plomb argentifère, pour 4.572 kilogrammes d'argent.

Espagne. — L'Espagne qui, dans l'antiquité, fournissait déjà une quantité considérable d'argent, a vu reprendre un certain nombre de ses anciennes mines. Telle est la galène argentifère de la Sierra Almagrera, près de Carthagène, qui donne jusqu'à 1 1/2 pour 100 d'argent et qui renferme ce métal à l'état de mélange invisible. Ces riches filons sont en relation avec des trachytes, et paraissent être d'un âge géologique très-récent.

On mentionnera aussi les filons argentifères exploités, depuis 1844, à Hiendalaencia, sur le versant méridional de la chaîne de Guadarrana, qui fournissent, en très-beaux cristaux, le minéral sulfuré d'argent, connu sous le nom de freieslebenite.

Empire russe. — Les mines célèbres d'argent des districts de Nertschinsk et de l'Altaï, en Sibérie, sont représentées non-seulement par une suite bien choisie d'échantillons des minerais et des roches qui les encaissent, mais aussi par des coupes qui expriment la disposition des filons.

On exploite encore des minerais d'argent et de plomb dans le Caucase, à Alaghir.

Dans ces quatre districts, on a produit 17.678 kilogrammes d'argent, d'une valeur de 3.400.000 francs; sur ce chiffre, la production de Nertschinsk figure pour 17.123 kilogrammes, celle de l'Altaï pour 123 kilogrammes seulement. Quant au plomb extrait des mêmes mines, il ne s'est élevé qu'à 1.195 tonnes, d'une valeur de 580.000 fr.

L'Amérique, connue, depuis la conquête espagnole, par sa richesse en argent, a encore révélé, dans ces derniers temps, de nouveaux gisements très-importants de ce métal.

Chili. — Les minerais d'argent du Chili sont représentés par de volumineux blocs, où abondent les différents minéraux; l'argent natif, l'argent chloruré, l'argent sulfuré et l'argent rouge. Les mines appartiennent au département de Copiapo; elles sont ouvertes sur des filons qui, pour la plupart, traversent des couches argileuses et calcaires, de l'époque jurassique.

Les échantillons envoyés à l'Exposition proviennent principalement des mines de Charnacillo, de Tres Puntas et de Buona speranza (1).

La découverte des premières, qui ne date que de 1831, a pris un développement très-considérable ; aucune mine du globe n'a peut-être produit autant d'argent chloruré ou plutôt chlorobromuré. Les minerais principaux qu'elle fournit aujourd'hui sont, outre l'argent chlorobromuré qui continue encore, l'argent natif, l'argent rouge et l'argent sulfuré, rarement de la polybasite, de la galène, et plus rarement encore de la pyrite, de la blende et du cuivre sulfuré. Toutefois, un petit nombre des 85 mines en exploitation donnent des bénéfices.

Quant aux mines de Tres Puntas, elles sont encore plus récentes que celles de Charnacillo, ne datant que d'une vingtaine d'années. Elles n'ont donné de minerai chloruré qu'aux affleurements des filons ; mais, en revanche, elles ont produit des quantités énormes d'argent rouge massif, tant antimonial qu'arsenical, et mélangé d'argent sulfuré, de polybasite, d'arséniure cobaltifère et surtout d'argent natif. Un échantillon d'argent rouge cristallisé présente cette espèce, en cristaux de dimensions et d'une netteté extraordinaires.

Pendant ces cinq dernières années, les mines du Chili ont produit moyennement, par an, 33.080 kilogrammes d'argent métallique. Cependant ce chiffre ne donne pas la production totale du pays. Il faut y ajouter : d'abord, l'argent contenu dans les mattes et minerais de cuivre argentifères, qui ont été exportés en Angleterre et en Allemagne ; puis

---

(1) C'est un devoir de remercier ici M. Apollinaro Sotto, propriétaire de ces dernières, de la générosité avec laquelle il a bien voulu offrir ses riches échantillons au Muséum et à l'École impériale des mines.

l'argent exporté à l'état de minerai brut, dont la valeur s'est élevée, en 1865, à 3.133.000 francs; enfin, l'argent monnayé à Santiago. Ce dernier avait, en 1866, une valeur de 4.867.000 francs.

L'absence complète de l'or dans les filons du Chili est un fait remarquable, qui contraste avec ce que l'on observe dans les grands districts argentifères des États-Unis.

République Argentine. — Les minerais d'argent de la République Argentine sont aussi représentés par plusieurs collections, provenant des provinces de Cordova, San-Juan et Buenos-Ayres. L'une est due à M. le docteur Martin de Moussy, qui, après un long séjour dans ces contrées, a publié un ouvrage plein de faits utiles pour les faire connaître. Comme au Pérou, certaines mines sont exploitées à une altitude qui dépasse 4.000 mètres.

Bolivie. — Il est à regretter que la Bolivie et le Pérou, si riches en métaux précieux, ne soient pas représentés à l'Exposition.

Les célèbres mines de Cerro de Potosi, qui, depuis leur découverte en 1545, jusqu'en 1846, ont fourni en argent une valeur qu'on estime à 8.260.000.000 francs, sont devenues moins productives. Quoique sous l'équateur, elles se trouvent dans un climat glacé, à raison de leur extrême altitude (4.805 mètres), et par conséquent dans des conditions très-défavorables pour les mineurs.

Amérique centrale. — Les échantillons de minerais d'or et d'argent provenant des districts de Ségovia et du Chontalès, dans le Nicaragua, ainsi que ceux de San-Salvador, sont exposés, avec l'indication de la teneur de chacun d'eux en or et en argent. Les minerais d'or du Chontalès ont surtout attiré l'attention dans ces derniers temps ; ils sont exploités, en partie, par des compagnies anglaises.

Or il existe un grand nombre d'autres gisements d'argent connus particulièrement aux environs d'Oruro, qui a jadis occupé le premier rang après Potosi.

L'importance de toutes ces mines a beaucoup faibli. Leur production annuelle paraît atteindre à peine 10 millions de francs.

Pérou. — Cette richesse en argent se poursuit dans les Andes du Pérou, ainsi que l'attestent les anciennes exploitations de Cerro de Pasco.

En 1863, on a exporté du Pérou de l'argent en lingots pour une valeur de 15.000.000 de francs ; mais il importe de remarquer qu'une certaine quantité de ce métal provient de la Bolivie.

Dans le Honduras, une compagnie française poursuit l'exploration de quelques-uns des nombreux filons qui sillonnent le pays.

Mexique. — Les produits des mines du Mexique figurent, dans une exposition spéciale, au Ministère de l'instruction publique, où l'on voit une collection de nombreux échantillons provenant des principaux centres d'exploitation ; ces échantillons ont été rapportés par M. Guillemin.

Le district de Zacatecas continue à se montrer d'une richesse tout à fait supérieure. Après avoir produit, comme on le sait, de 1548 à 1832, c'est-à-dire en 284 ans, 3.280 millions de francs, il a donné, de 1832 à 1866, c'est-à-dire en 35 ans, 700 millions de francs. Les douze mines exploitées aux environs de la ville produisent actuellement, par an, de l'argent pour une valeur de 27 millions.

États-Unis. — L'un des faits les plus importants qu'ait présenté, dans ces dernières années, l'extraction des matières minérales, est l'abondance avec laquelle on découvre l'argent, dans la région occidentale des États-Unis; à mesure que ces nouveaux États sont explorés, les découvertes de filons argentifères se multiplient.

On sait comment une compagnie de mineurs, après avoir traversé la Sierra Nevada, découvrit, en 1859, à l'est de cette chaîne de montagnes, le filon de quartz désigné aujourd'hui sous le nom de filon de Comstock, situé dans l'État de Nevada, non loin des confins de la Californie et dans le district de Washoe (1). Depuis lors, c'est-à-dire en neuf années, ce filon qui, par sa puissance, rappelle ceux de la Veta-Madre et de la Veta-Grande, à Guanaxuato et à Zacatecas, au Mexique, a attiré de nombreux mineurs; ceux-ci, aujourd'hui au nombre de 5.000, ont fondé, dans le voisinage, les villes de Virginia City et de Gold Hill.

Les principaux minerais du filon consistent en sulfure d'argent, soit simple, soit combiné à d'autres sulfures : argent sulfuré et stéphanite, ou argent sulfuré fragile; en outre, et seulement en petite quantité, argent rouge, polybasite et argent chloruré, ordinairement parsemés d'argent natif très-divisé et accompagnés de galène très-argentifère.

De l'or y est disséminé en quantité notable, et sa proportion, relativement à l'argent, diminue rapidement dans la profondeur. Tandis que les crêtes quartzeuses fournissaient,

_____

(1) M. le baron de Richthofen a récemment donné des observations intéressantes sur ce filon.

en or, jusqu'à 4.000 et 5.000 francs par tonne de minerai, les filons ne donnaient plus, à 125 mètres de profondeur, que des minerais sulfurés, contenant, en or, 1,5 à 2,5 pour 100 au plus du poids de l'argent.

Les autres compagnons de ces riches minerais sont la la pyrite de cuivre et la blende. Le quartz forme à peu près la gangue unique; il est mélangé de carbonate de chaux en très-petite quantité.

L'épaisseur du filon varie de 6 mètres à 60 mètres, et elle est, en moyenne, de 10 à 20 mètres. Sa longueur est reconnue avec certitude sur environ 6.300 mètres, et dépasse probablement 8.000 mètres.

A raison de l'importance exceptionnelle de cette exploitation et de la rapidité avec laquelle elle s'est produite, il n'est pas sans intérêt de connaître les extractions annuelles qui nous ont été données comme il suit :

		francs.
1859.	. . . .	250.000
1860.	. . . , ...	500.000
1861.	. . . .	11.375.000
1862.	. . . .	32.500.000
1863.	. . . .	62.500.000
1864.	. . . .	82.500.000
1865.	. . . .	84.000.000
1866.	. . . .	82.000.000
	Total.	355.625.000

De telles valeurs sont extraites d'une étendue de terrain qui n'a guère que 600 mètres de largeur sur 6.000 de longueur. Ce filon est peut-être le plus productif de tous ceux qui ont été exploités, dans ces dernières années, à la surface du globe.

Des compagnies, au nombre de 35, sont établies sur ce gîte; chacune possède, sur sa longueur du filon, un nombre déterminé de pieds, depuis 10 jusqu'à 1.400, et a droit d'extraire tout le minerai contenu entre ses parois, jusqu'aux plus grandes profondeurs accessibles.

Malgré leur énorme rendement, ces mines ne donnent actuellement, en moyenne, qu'un bénéfice assez faible. Car les frais d'exploitation et d'épuisement des eaux, à une profondeur qui atteint maintenant de 160 à 200 mètres, et qui, sur quelques points, est de 230 mètres, sont devenus très-considérables ; ainsi, 30 machines à vapeur sont constamment en activité, nuit et jour, et chaque corde de bois employé pour les chauffer ne coûte pas moins de 87 francs. En y comprenant le prix du transport aux usines et le traitement du minerai, la dépense totale approche de 80 millions de francs par an. Aussi, à côté d'un petit nombre d'exploitations qui payent des dividendes notables, la plupart sont en perte, et les dépenses iront d'ailleurs en croissant avec la profondeur.

Un procédé qui mérite toute l'attention a été proposé afin de remédier à cet état fâcheux des exploitations. Les diverses mines ouvertes sur le filon de Comstok sont situées à environ 600 mètres au-dessus d'une vallée voisine ; de telle sorte qu'en perçant une galerie d'écoulement, de moins de 7.000 mètres de longueur, on irait recouper les filons à une profondeur de 600 mètres au-dessous de leurs affleurements, et l'épuisement des eaux, aussi bien que l'exploitation, se trouveraient singulièrement facilités. Ces mines seraient ainsi placées dans de tout autres conditions économiques, environ pour un siècle.

On sait, en effet, les services que de grandes galeries d'écoulement analogues ont rendus dans différentes mines métalliques, au Hartz, à Freyberg en Saxe, à Schemnitz en

Autriche, et en Angleterre, aux *United Mines*, près de Redruth.

Le percement de la galerie principale projetée à Comstok, par M. Sutro, a été estimé à 10 millions et pourrait durer quatre à cinq ans. Comme un tel travail ne peut être évidemment exécuté aux frais des exploitants, il serait accompli par une Compagnie spéciale, qui se rembourserait en prélevant un droit fixe, par tonne de minerai extrait ; on a proposé le chiffre de 10 francs. En outre, la Compagnie aurait la propriété des filons qu'elle pourrait découvrir dans le percement. Enfin, l'eau qui sortirait de la galerie serait vendue, et employée pour l'irrigation ou comme force motrice.

Il est aussi à remarquer que, dans les parties déjà explorées du filon, il y a une grande quantité de minerai, d'une teneur trop faible pour pouvoir, dans l'état actuel des choses, payer son extraction. On a admis qu'il n'y a pas moins de 4 millions de tonnes de minerai ainsi abandonné, avec une valeur de 50 à 150 francs par tonne, de telle sorte que la Compagnie évalue au moins à 40 millions de francs le revenu que ce minerai lui procurerait. Par suite de ces facilités d'exploitation, on admet aussi que le produit annuel pourrait être triplé.

Ainsi, la galerie d'écoulement créerait, sous différentes formes, plus de richesses encore qu'il n'en est sorti du filon de Comstock.

Le projet vient d'être rapporté sur deux sections à grande échelle, à $\frac{1}{4.800}$, où sont également indiquées toutes les exploitations, de manière à donner une idée de cette grande entreprise.

En 1865, les compagnies qui exploitent le minerai avaient déjà percé des galeries, dont la longueur totale s'élevait à plus de 44 kilomètres, et des puits, dont les profondeurs additionnées formaient un total de plus de 9 kilomètres. Elles employaient 44 machines d'extraction et d'épuisement, d'un pouvoir de plus de 1.500 chevaux; elles occupaient 76 moulins pour le broyage de leurs minerais, et 1.800 tonnes de roches étaient traitées chaque jour.

Dans la partie orientale du même État de Nevada, il existe d'autres exploitations d'argent.

Un certain nombre d'entre elles forment le groupe connu sous le nom de Reese River, et sont situées à côté de la ville d'Austin, qui a été fondée aussi par les mineurs. Ce groupe de filons argentifères s'étend sur une longueur de plus de 120 kilomètres, de l'est à l'ouest, et de 32 kilomètres du nord au sud. La première découverte de l'argent, dans cette région, ne date que de 1862.

Les principaux filons de ce district sont représentés par des échantillons volumineux, exposés par M. E. Buel, qui montrent le filon sur toute son épaisseur. Ceux-ci se composent d'une gangue de quartz, dans laquelle sont disséminés les minerais d'argent, principalement le cuivre gris argentifère et l'argent rouge, accompagnés quelquefois de carbonate de manganèse, avec de la galène, de la blende et de la pyrite. Leur aspect, comme leur composition, rappelle tout à fait certains filons du Mexique. Vers l'affleurement de ces mêmes filons, au-dessus du niveau auquel les eaux commencent à stationner, le minerai change de nature et se mélange d'argent chloruré et de cuivre carbonaté bleu et vert.

L'épaisseur des filons est, en général, d'environ 80 centimètres à 1 mètre: ils rendent, dit-on, 1.500 francs par tonne, et certaines parties produisent le double, et au delà. D'après l'analyse des divers minerais exposés que M. Rivot a récemment faite au laboratoire d'essai de l'École des mines, ils tiennent 4 à 11 pour 100 d'argent, et seulement des quantités très-faibles d'or. Il ne faut pas moins qu'une telle richesse pour que, en l'absence de toute machine d'extraction et d'épuisement, et avec des salaires qui sont encore de 25 francs par jour, il y ait bénéfice à exploiter. L'exécution du chemin de fer du Pacifique, qui traversera cette région dans deux ans, changera un état de choses aussi défavorable.

Des roches éruptives consistant en diorites et porphyres, sont sorties, en beaucoup de localités, dans l'État de Nevada et ont frayé le chemin aux émanations métallifères, de même qu'au Mexique et en Hongrie; ainsi le mont Davidson, dans les flancs duquel se trouve le riche filon de Comstock, est formé de syénite. Les éruptions de ces roches ont été suivies de celles de trachytes. Enfin de nombreuses sources thermales sont comme la continuation actuelle des émanations, auxquelles les filons doivent leur origine.

Au nord de Nevada, dans l'État de Idaho, on a découvert tout récemment des filons d'argent dont la richesse est attestée par des blocs de plusieurs décimètres d'épaisseur qui en proviennent, et dans lesquels l'argent rouge et l'argent sulfuré se montrent avec une abondance tout à fait extraordinaire. M. W. D, Walbridge, avec l'énergie et la persévérance si fréquentes aux États-Unis, est allé les chercher au milieu de tribus encore sauvages. Un filon, dit « Poor Man's lode, » situé dans une contrée dépourvue de toute voie de communication, aurait déjà fourni, entre deux puits espacés seulement de 40 mètres, une valeur de plus de 5 millions de francs. En 90 jours, du 23 juillet au 23 octobre 1866, on avait extrait 150 tonnes de minerai, d'une valeur de 3 millions de francs, soit 20.000 francs par tonne.

Le filon, d'une largeur de 15 centimètres à 2 mètres, a été suivi sur une longueur considérable (1).

Des filons d'argent ont été reconnus aussi dans les États d'Utah, d'Arizona et de Montana.

D'autres filons d'argent, réputés riches, ont été récemment signalés dans la partie des montagnes Rocheuses qui appartient à l'État de Colorado. Comme dans l'État de Nevada, ils sont accompagnés de sources salines, chaudes et sulfureuses.

A la suite des chiffres qui viennent d'être fournis sur la richesse des filons des États-Unis de l'ouest, il est bon d'ajouter que cette richesse doit être en moyenne de 400 à 450 francs par tonne, pour qu'il y ait bénéfice, qu'il s'agisse de filons d'argent ou de filons d'or. La richesse moyenne des filons exploités au Mexique serait plus élevée; elle atteindrait de 500 à 550 francs par tonne.

Grande étendue de la zone argentifère de l'Amérique septentrionale. — D'après les découvertes récentes faites en minerais d'argent dans la région occidentale des États-Unis, on reconnaît avec étonnement sur quelle vaste étendue se retrouvent, dans des conditions identiques ou analogues, les filons argentifères.

Au Mexique, ils sillonnent une zone à peu près continue, du sud-est au nord-ouest, s'étendant sur une longueur de plus de 2.000 kilomètres, du 16e au 30e degré de longitude. Dans cette région, on connaît au moins 4.000 à 5.000 filons, à une altitude de 1.800 à 3.000 mètres. Les

---

(1) On exécute actuellement trois galeries, qui permettront de donner un écoulement aux eaux, en même temps que d'extraire le minerai plus économiquement; car tout doit encore se faire à bras d'hommes et sans le secours des machines.

principales mines qui y ont été ouvertes appartiennent aux districts de Guanaxuato et Zacatecas.

On sait maintenant que cette zone se poursuit, vers le nord, depuis les provinces de Sonora et de Chihuahua, appartenant au Mexique, jusque dans les États d'Arizona, Nevada, Utah, Colorado, Idaho et Montana, et sans doute au delà encore, dans les régions plus septentrionales.

D'un autre côté, au sud du Mexique se trouvent d'autres régions, telles que celles du Honduras et du San-Salvador, dans lesquelles les filons quartzeux et argentifères, sans se montrer aussi riches que ceux dont il vient d'être question, sont extrêmement nombreux et se trouvent dans les mêmes conditions géologiques.

L'Amérique du Sud présente elle-même une bande argentifère, qui se prolonge à travers le Chili, la République Argentine, la Bolivie et le Pérou, et qu'on pourrait rattacher à la zone précédente.

Le sol de l'Europe si morcelé ne peut montrer des groupes géologiques aussi vastes que le continent américain, qui est constitué sur des dimensions incomparablement plus grandes. On se rappelle que la région méridionale de l'Asie nous a donné plus haut un exemple du même genre, à propos des minerais d'étain.

Dans toute cette étendue qui, considérée seulement dans l'Amérique du Nord, ne comprend pas moins de 34 degrés de longitude, les groupes de filons ne se montrent que par places assez distantes; mais ils ne doivent pas moins être considérés comme constituant un système, c'est-à-dire un ensemble présentant certains caractères d'unité, quant à son origine et à son mode de formation.

C'est un des exemples remarquables faisant ressortir la grandeur de certains phénomènes géologiques, qui ne paraissent petits et isolés, que parce qu'on ne les rattache pas entre eux.

D'un autre côté, la découverte de filons aussi exceptionnellement riches, dans des régions encore à peine explorées, paraît avoir une signification importante, au point de vue de l'industrie minérale proprement dite, comme à celui de l'économie sociale. D'après les faits connus sur la multiplicité des filons dans un même groupe, il paraît impossible que l'on ne découvre pas bientôt d'autres filons argentifères, importants par leur puissance et leur richesse. Lors même que tous ces filons présenteraient le caractère général de s'appauvrir dans la profondeur, il est plus que probable que, lorsque cette région étendue aura été explorée, puis dotée de voies de communication, elle deviendra rapidement, grâce à l'énergique activité des habitants des États-Unis, un centre considérable de production pour l'argent.

C'est ainsi que ce vaste territoire des États-Unis, déjà si richement partagé en houille et en anthracite dans sa région orientale, aura présenté en moins de vingt ans, dans son industrie minérale, plusieurs phases nouvelles et inattendues : l'exploitation de l'or en Californie ; l'extraction des pétroles avec une abondance inconnue jusqu'alors ; puis la mise en valeur des filons d'argent des États occidentaux. Ce n'est, sans doute, pas le dernier terme de cette série d'étapes.

Sans examiner quelles seront, au point de vue économique, les conséquences de cette grande production en or et en argent, il convenait de constater les faits les plus récents et les résultats qu'ils paraissent annoncer. La quantité de métal, que fourniront ces régions si bien dotées, aura probablement pour effet de modifier très-notablement le rapport qui existe actuellement entre la valeur de l'argent et celle de l'or, dont la production n'a pas le même caractère de permanence.

§ IX. — **Minerais d'or**.

Le fait, sans doute, le plus remarquable que présente l'industrie minérale, depuis le commencement de ce siècle, à part l'accroissement considérable qui est survenu dans l'extraction de la houille, c'est le grand développement de l'exploitation des métaux précieux dans quelques régions jusqu'alors improductives. Ainsi, l'or est découvert dans les sables, sur le versant oriental de l'Oural, en 1814, plus tard en Californie (1848), et enfin en Australie (1851).

Europe. — L'Europe, qui a fourni, dans l'antiquité et au moyen âge, des exploitations d'or sur de nombreux points, particulièrement dans le lit de ses rivières, continue à en produire dans quelques régions, mais seulement en quantités comparativement faibles.

Les nombreuses localités de la France où l'on connaît l'or ne fournissent ce métal qu'en quantité insignifiante.

Les pyrites de fer et de cuivre de Chessy (Rhône), ainsi que celles des environs d'Alais (Gard), contiennent de l'or, mais en trop faible proportion pour qu'on en extraie ce métal.

Le filon de la Gardette, situé près du Bourg d'Oisans, dans l'Isère, représentant dans les Alpes françaises des filons d'or connus sur d'autres points de cette grande chaîne, notamment en Piémont et dans le Salzbourg, après avoir donné lieu à quelques tentatives, a été abandonné.

Quant aux lavages qui ont eu lieu autrefois, d'une manière assez active, dans différentes rivières, particulièrement dans le Rhin, dans le Rhône, dans les cours d'eau des Cévennes (Gèze et Gardon), dans l'Ariége et d'autres, ils ne donnent plus que des résultats à peu près insignifiants.

Les principales exploitations, situées en Transylvanie et en Hongrie, ont produit, en 1865, 1.924 kilogrammes d'or.

L'Italie en fournit une certaine quantité, qui provient de deux gisements bien distincts, tous deux représentés à l'Exposition : les filons de pyrite aurifère du versant méridional des Alpes, du Monte Rosa (Macugnaga); les quartz aurifères des Apennins de la Ligurie. Les uns et les autres sont traités par l'amalgamation. Neuf mines sont exploitées et produisent environ pour 500.000 francs d'or. Quant aux lavages de sables que l'on fait dans quelques rivières, l'Orco, le Tessin, le Pô, le Sério, etc., ils ne donnent que des produits insignifiants.

En Angleterre, on a repris, il y a quelques années, l'exploitation de l'or en roche dans le nord du pays de Galles, dans le Merionetshire. Ces filons, qui ont été travaillés par les Romains, renferment le métal précieux disséminé au milieu du quartz. En 1866, on a exploité 2.927 tonnes de minerai, qui a rendu 23 kilogrammes d'or.

Ce n'est pas l'Europe, fouillée depuis longtemps dans toutes ses parties, qui a fourni récemment des découvertes considérables en or, mais des contrées encore vierges ou très-incomplétement explorées.

Empire russe. — L'exploitation de l'or dans l'Empire russe, représentée par des échantillons de minerais bruts et lavés et par des tableaux montrant les méthodes de lavage, n'a pas subi de changement considérable.

Dans ce vaste pays, l'or continue à être exploité par la

vage, en beaucoup de points, que l'on peut grouper dans trois régions principales : le revers oriental de la chaîne de l'Oural (gouvernements de Perm et d'Orenbourg), le système Sayano-Altaïque (gouvernements de Tomsk et de Jénisseisk), et le système du Jablonnoï-Khrébet (Trans-Baïcalie).

Le lavage se fait avec beaucoup de soin et d'habileté; une vue des ateliers de la mine d'or dite Jagodin, appartenant à MM. Astacheff, où l'on exploite les alluvions jusqu'à une profondeur de 25 mètres, donne une idée de tous les détails des procédés. Depuis 1860, on a introduit l'usage de la machine Kamarnizki, qui est mue par la vapeur.

La production de l'or, après s'être accrue rapidement de 1830 jusqu'à 1847 et 1848, années qui correspondent au maximum, est restée à peu près stationnaire depuis 1850. Elle a été, en 1863, de 23.920 kilogrammes, et, d'après les prix établis par la couronne, qui achète tout le produit des lavages, elle représente une valeur de 77.228.000 francs.

Il n'est pas sans intérêt d'ajouter que les 432 millions de kilogrammes, traités en 1863 dans les lavages de Miask, ont produit 720 kilogrammes d'or, en même temps que 56 kilogrammes d'argent. C'est donc, pour les sables aurifères de cette région, une richesse moyenne de 0,000016 (seize millionièmes).

Mexique. — Le Mexique a conservé la prééminence pour l'argent dont il fournit 60 pour 100 de la production totale du monde.

Il n'en est pas de même pour l'or; et quand même le Mexique aurait conservé la haute Californie, il ne pourrait pas lutter avec l'Angleterre qui, grâce à l'Australie, en est actuellement la plus riche productrice.

La quantité d'argent traitée dans les hôtels des monnaies du Mexique pendant ces dernières années s'élève à 831.774.502 francs, non compris les hôtels d'Hermosillo et d'Alamos.

Pendant la même période, il a été traité 8.037.871 onces d'or, en faisant la même réserve,

De ces chiffres résulte pour une année :

Argent. . . . .   83.177.450 fr.
Or 72.340.839

Mais en estimant l'argent et l'or contenus dans les minerais argentifères exportés dans la basse Californie, et les exportations clandestines la production des deux métaux précieux dépasse annuellement 108 millions de francs.

États-Unis. L'or se rencontre en quantités exploitables dans trois régions bien distinctes des États-Unis : 1° à proximité de la côte du Pacifique, région dont la Californie est le principal représentant ; 2° dans les montagnes Rocheuses, où le Colorado occupe le premier rang ; 3° dans la région des bords de l'Atlantique ou des Alleghanys.

Californie. — L'extraction de l'or, en Californie, a notablement baissé dans ces dernières années ; cette diminution s'est produite, malgré la puissance, inouïe jusqu'alors, qui a été développée, tant pour désagréger que pour laver les sables et les graviers aurifères.

C'est de 1850 à 1856 que le lavage de l'or, dans les rivières, a occupé une place très-importante. Après des opérations destinées à détourner certaines rivières, et qui

furent suivies de pertes considérables, on abandonna généralement ce genre de travail aux Chinois, qui savent se con-
tenter d'un modique salaire.

C'est aussi vers la même époque que l'on a attaqué les
puissantes alluvions aurifères, dont l'épaisseur atteint 80 mètres. Leur teneur moyenne en or a été évaluée à 1 kilo-
gramme de métal sur 4 millions de kilogrammes de gravier.

L'extraction de l'or des filons va en augmentant, malgré
l'incertitude que présente cette exploitation ; car, quoique
un même filon de quartz s'étende souvent sur plusieurs
kilomètres, il est rarement profitable sur plus de 3oo mètres de longueur. Le grand filon de quartz de Mariposa lui-
même, que l'on suppose long de plus de 5o kilomètres, et
que l'on peut appeler le *filon mère* de Californie, présentait
quelques places très-riches, mais sur une faible longueur,
et bientôt la masse redevenait à peu près ou complétement
stérile.

Cependant l'accroissement de l'exploitation des filons ne
saurait compenser le décroissement qu'ont subi les lavages.
Le maximum de production de Californie en or correspond
à l'année 1863.

Sur le bruit qui courut, en 1858, qu'on venait de découvrir de riches lavages d'or à la rivière Fraser, dans la
Colombie anglaise, dix-huit mille hommes, c'est-à-dire un
sixième des hommes valides de la Californie, abandonnèrent
ce pays pour se transporter sur les points, où ils avaient
l'espoir, bientôt déçu, de faire des bénéfices plus considérables. Une autre cause détourna les mineurs du travail de
l'or : c'est la découverte qui se fit à cette époque de riches
filons d'argent, à l'est de la Sierra Nevada, et notamment
du filon de Comstock.

Au 1er octobre 1866, soixante-dix-neuf compagnies exploitaient en Californie, l'or en roche, dans les districts de Grass Valley et de Nevada ; elles occupaient 1.830 ouvriers, 91 machines, 426 bocards, et extrayaient 85.620 tonnes de minerai. Le district de Grass Valley, d'un diamètre moyen de 7 kilomètres seulement, produisait 17.500.000 francs ; c'est probablement le district du globe le plus productif en or provenant de l'extraction des filons. En évaluant le nombre des ouvriers à 2.000, cela donne, pour la production annuelle, 8.750 francs par personne et un rendement moyen de 150 à 165 francs par tonne, ce qui doit faire supposer qu'une partie s'extrait avec perte. Les filons ne sont pas épais ; aucun n'excède 2^m,30 en largeur et beaucoup ont moins de 0^m,30. Comme ils contiennent d'ailleurs beaucoup de pyrite, les frais d'extraction et de réduction s'élèvent à environ 75 francs par tonne. Les travaux sont descendus à la profondeur de 130 mètres ; mais la plupart des minerais ont été obtenus à moins de 65 mètres de la surface.

Il a été reconnu que les schistes traversés par certains quartz aurifères de Californie renferment des bélemnites, et doivent être attribués à l'époque jurassique. L'arrivée de l'or est donc postérieure à cette époque et par conséquent assez récente.

D'autres gîtes aurifères ont été reconnus dans cette région voisine des Montagnes Rocheuses, notamment dans les territoires d'Idaho et de Montana.

Colorado. — Les filons aurifères du Colorado sont représentés par une collection très-complète de minerais, dans esquels domine la pyrite de fer, et où se trouvent, en proportion incomparablement moindre, d'autres sulfures renfermant du cuivre, de l'argent, du plomb, de l'antimoine et de l'arsenic. Ces minerais proviennent de très-nombreux filons, dont la disposition est représentée sur des cartes spéciales. Ils sont situés dans les Montagnes Rocheuses qui, à cette latitude, atteignent des hauteurs de 4.700 à 5.000 mètres. La ville de Denver, actuellement d'une population de 7.000 âmes, est établie à proximité de ces filons.

Les minerais du Colorado, dans lesquels l'or est engagé, en parties invisibles, au milieu de sulfures, opposent à l'extraction du métal une difficulté toute particulière, que plusieurs ingénieux procédés n'ont pas encore pu parvenir à surmonter. Dans plusieurs d'entre eux, la vapeur d'eau suréchauffée est employée comme désulfurant sur le minerai, préalablement réduit en poussière, de telle sorte que le résidu puisse être traité efficacement par l'amalgamation.

La découverte de l'or, que les émigrants firent, en 1858, dans une rivière, près de la ville actuelle de Denver, signala d'abord le Colorado à l'attention publique comme pays de mines. A cette époque, toute la contrée était encore sauvage et inexplorée. Pendant les années 1861 et 1862, il y eut un continuel courant d'émigrations vers le Colorado; mais ce mouvement se ralentit pendant les trois années suivantes, pour différentes causes, et entre autres, à raison de la difficulté d'effectuer, à travers une plaine aride, ce long trajet de plus de 1.000 kilomètres, des derniers établissements de l'Est jusqu'aux montagnes du Colorado. Les hostilités des Indiens furent un autre obstacle (1).

---

(1) On compte actuellement, dans les trois principaux cantons miniers du Colorado, 91 bocards faisant mouvoir 1.700 pilons, variant, comme poids, de 125 à 450 kilogrammes. Il y a, en outre, 41 usines d'autre nature, dont plusieurs fonderies; un certain nombre d'entre elles sont inactives.

Alleghanys. — Une troisième région des États-Unis présente l'or en quantité exploitable : c'est le versant oriental de la chaîne des Alleghanys, depuis l'Alabama, sur toute la longueur des États-Unis. Des filons aurifères sont connus, en grand nombre, dans les schistes talqueux et chloritiques de la région méridionale de cette chaîne. Ils consistent principalement en quartz, dans lequel l'or se trouve disséminé, en parties indiscernables, avec la pyrite, son compagnon ordinaire, et quelquefois la galène et la blende. Mais c'est seulement dans les alluvions que l'or est exploité, principalement dans la Virginie, les deux Carolines et la Géorgie. D'après une exploration récente de M. le docteur Charles-T. Jackson, il en existe aussi des gisements étendus dans l'État de Vermont.

C'est dans cette région que l'or a été d'abord exploité aux États-Unis. En 1825, on en frappait les premières pièces à l'hôtel des monnaies de Philadelphie, mais depuis 1848, époque de la découverte de l'or en Californie, les travaux y ont perdu de leur importance.

Parmi les faits remarquables que les gîtes aurifères de l'Amérique du Nord ont présenté, il est une association qui mérite d'être signalée ici. Plusieurs espèces de tellurures, qui sont connues dans les gîtes aurifères de la Transylvanie, ont été retrouvées en même temps que d'autres espèces nouvelles dans les filons d'or de la région des Alleghanys (Virginie, Caroline du Nord et Géorgie), et plus récemment dans les gîtes des États Pacifiques.

Nouvelle-Écosse. — A cette bande aurifère, qui s'étend dans la région orientale de l'Amérique du Nord, se rattachent naturellement les exploitations récemment entreprises dans la Nouvelle-Écosse. Ces gîtes sont représentés par des échantillons sur lesquels on constate l'identité d'aspect qu'offrent les quartz aurifères, parsemés de mispickel, de cette région de l'Amérique avec ceux de beaucoup d'autres contrées, particulièrement de l'Australie.

En outre, des échantillons d'un conglomérat quartzeux, qui repose sur le terrain silurien, en stratification discordante, et qui appartient au terrain carbonifère, montrent des paillettes d'or, dispersées au milieu des cailloux. Il a été formé pendant la période carbonifère inférieure, par la destruction des roches siluriennes et de leur quartz aurifère. Au conglomérat, dont l'épaisseur est d'environ 10 mètres, est associée une argilolithe également aurifère.

Deux régions renferment de l'or ; l'une, constituée par le terrain silurien inférieur, s'étend sur toute la longueur de la côte de l'Atlantique, avec une largeur qui atteint 80 kilomètres; dans l'autre, les filons quartzeux traversent le terrain silurien supérieur et le terrain dévonien, et même les roches éruptives, qui y sont développées; c'est, par exemple, dans ce dernier gisement qu'on a rencontré le métal au cap d'Or. L'étendue de ces deux districts comprend 16.000 kilomètres carrés, c'est-à-dire plus de la moitié de la surface de la Nouvelle-Écosse.

Le terrain silurien inférieur, dans lequel sont des intercalations de granite, se compose, en grande partie, de couches de quartzites, que coupent les filons de quartz aurifère. Sur une distance de 50 mètres seulement, on n'a pas observé moins de 30 de ces filons de quartz, d'une épaisseur de $0^m.03$ à $0^m.40$, et en moyenne de $0^m.16$; ailleurs, on en connaît de 2, 3 et jusqu'à 10 mètres d'épaisseur. Beaucoup des filons de quartz aurifère exploités ont la même direction et la même inclinaison que la roche qui les renferme, et ils prennent l'aspect de couches.

C'est seulement en 1860 que l'exploitation de l'or a pris naissance dans la Nouvelle-Écosse. Depuis 1862, la production s'est accrue de 203 à 728 kilogrammes, et la production totale, représentée par une pyramide, qui est comme une miniature de celle d'Australie, a été, de janvier 1862 à septembre 1866, de 2.634 kilogrammes, d'une valeur de 8.161.000 francs. Cet or provient, presque en totalité, de l'exploitation de filons. On estime que le rendement de ces quartz aurifères est de $3^k,248$ par tonne (1).

Canada. — L'or se rencontre également dans le Bas Canada, non-seulement dans des filons quartzeux, mais aussi dans des alluvions aurifères, qui s'étendent sur les couches siluriennes inférieures. Dans la vallée de la Chaudière, qui est la principale région, ces alluvions couvrent 25.600 kilomètres carrés. Elles ont été l'objet d'études récentes, mais ne donnent pas encore lieu à une exploitation notable.

Brésil. — L'or se rencontre dans beaucoup de régions du vaste empire du Brésil.

On l'exploite surtout dans la province de Minas-Geraes, où il a été découvert en 1669. Les mines de cette province, qui étaient dans leur plus grande prospérité, de 1730 à 1750, et occupaient alors 80.000 personnes, ont perdu depuis lors beaucoup de leur activité.

On exploite également l'or dans la province de Matto-Grosso, et sur une moindre échelle dans celles de Saint-Paul de Parãna, San Pedro de Rio-Grande du Sud, ainsi que

---

(1) En 1866, la Nouvelle-Écosse aurait produit, par mineur, 3.746 francs, tandis qu'à Victoria, en Australie, cette même production n'aurait été que de 2.028 francs.

dans celle de Ceara, sur les deux versants de la chaîne d'Ibiapaba, et enfin dans les provinces de Rio-Grande du Nord et de Parahyba.

Les provinces de Goyaz et de Bahia peuvent également être citées parmi celles où l'or a été rencontré.

Sur toute cette grande étendue, l'or se retrouve dans trois conditions principales : 1° disséminé entre les feuillets des roches schisteuses cristallines, particulièrement dans l'Itabirite, où il est souvent associé de la manière la plus intime au fer oligiste ; 2° en filons quartzeux qui traversent ces schistes cristallisés, et contiennent en outre des pyrites et divers autres sulfures ; 3° dans les terrains remaniés et alluvions formés aux dépens des roches et filons aurifères préexistants.

Un certain nombre de mines de la province de Minas-Geraes, dont plusieurs sont exploitées par des compagnies anglaises, sont bien connues. Telles sont celles de Catta-Branca, près la Serra d'Itabiri, où les filons de quartz aurifère renferment en même temps du bismuth ; celle de Morro-Vehlo où la pyrite renferme 0,000031 (trente et un millionièmes) d'or, et qui est remarquable par les cristaux de pyrite magnétique ou pyrrhotine qui en proviennent.

La production en or du Brésil, depuis le commencement de l'exploitation, au dix-septième siècle jusqu'en 1849, dépasse en valeur 5 milliards. Bien que considérablement diminuée, elle a encore été évaluée annuellement dans ces derniers temps à plus de 4 millions de francs.

Dans certains districts l'or est toujours allié de palladium dans des proportions qui varient de 7,7 à 11 p. 100 pour ce dernier métal.

Victoria. — On sait que l'or de la province de Victoria, en Australie, dont la découverte remonte à l'année 1851 seulement, se rencontre, en quantités très-considérables, et dans deux gisements bien distincts : 1° dans de nombreux filons quartzeux, sillonnant le pays et traversant les roches stratifiées anciennes, principalement de l'époque silurienne, qui constituent une partie de la contrée, ainsi que les massifs de granite qui y sont intercalés; 2° dans des terrains déposés par les eaux et formés aux dépens des roches plus anciennes qui les supportent. Ces derniers matériaux aurifères ne consistent pas seulement en alluvions proprement dites, modernes et anciennes, mais aussi en dépôts stratifiés et en couches, appartenant aux terrains tertiaires et rapportées aux étages pliocène et miocène. On n'a pas encore trouvé de fossiles marins dans ces terrains tertiaires, mais on a rencontré surtout des débris de végétaux, arbres et feuilles, et même du lignite, et quelquefois aussi des ossements fossiles, appartenant à des marsupiaux.

C'est dans ce gisement remanié que l'or a été surtout exploité, pendant les premières années qui ont suivi la découverte. Les laveurs, après avoir traité d'abord les parties voisines de la surface, ont pénétré dans toute l'épaisseur des terrains tertiaires, superposés aux couches anciennes, et jusqu'à celles-ci, qui consistent souvent en phyllades. Or l'épaisseur des couches tertiaires varie, non-seulement d'après le relief du sol, mais aussi d'après les inégalités des roches anciennes, sur lesquelles se sont déposées ces couches. C'est ainsi qu'aujourd'hui on exploite au moyen de puits, qui ont 90, 120 et 150 mètres de profondeur. En outre de ces dépôts aqueux, certains de ces puits, avant d'arriver aux matériaux aurifères, doivent traverser des nappes de basalte, qui se sont épanchées à la surface des terrains tertiaires. A Ballaarat, par exemple, ces nappes sont épaisses de 3o mètres et au delà.

Les matériaux à laver ont une épaisseur qui varie de $0^m.3o$ à $3^m.6o$. Ils consistent principalement en gravier, en sable quartzeux et en argile, dans lesquels l'or se présente en petits grains ou en paillettes et, accidentellement, en pépites fortement arrondies par les eaux. Ces débris quartzeux sont souvent cimentés, de manière à constituer des grès et des conglomérats solides, dans la pâte desquels se distinguent des paillettes d'or. Le poids de certaines pépites s'est élevé à 28, à 56 et jusqu'à 84 kilogrammes. Cette dernière surpasse donc les plus fortes que l'on avait signalées auparavant, celle de 56 kilogrammes, trouvée dans l'Oural, et celle de la Californie pesant 42 kilogrammes.

Les filons de quartz aurifère abondent dans toutes les parties de la province où paraissent les roches schisteuses ; ils les coupent, ainsi que toutes les roches inférieures au terrain tertiaire. Plus de 2.000 de ces filons sont aujourd'hui connus ; leur épaisseur varie depuis 1 ou 2 millimètres jusqu'à 15 mètres. L'or est associé, dans sa gangue quartzeuse, à du mispickel et de la galène, dans des conditions que montre une collection d'échantillons. On a cherché à expliquer la difficulté avec laquelle on extrait l'or de certains minerais, en supposant que ce métal, au lieu d'être libre, serait engagé dans une combinaison, encore indéterminée, où il entrerait du soufre et de l'arsenic. Parmi les compagnons de l'or, à Victoria, on a signalé la présence du zinc natif ; c'est là un fait qui serait à rapprocher de la présence de l'étain natif, qui a été rencontré dans les sables aurifères d'autres régions du globe, et notamment à la Guyane.

Les travaux des mines établies sur les filons aurifères s'étendent, pour beaucoup, au delà de 130 mètres et, pour quelques-uns, jusqu'à environ 200 mètres, sans qu'on aperçoive une diminution dans leur richesse en or. Dix-sept mille sept cent trente mineurs et 522 machines à vapeur, d'une puissance totale de 9.079 chevaux, aidés de 62 machines mues par l'eau, servent à broyer le quartz, à l'extraire et à épuiser les eaux. Au lieu de petites machines, mises en mouvement par des moteurs de 10 à 15 chevaux, on a des batteries de bocards, comme il n'en existe sans doute pas dans les autres contrées aurifères du globe (1).

La province de Victoria a produit, en 1865, 43.226 kilogrammes d'or, d'une valeur de 154 millions de francs. Outre les 17.730 mineurs employés aux exploitations d'or dans la roche, on comptait, en 1866, 65.484 ouvriers occupés aux lavages, ce qui fait un total de 83.214 personnes, presque tous hommes. Ce chiffre est très-remarquable, surtout si on le compare à celui de la population de la colonie, qui est de 626.000. L'un des traits frappants des ateliers de lavage est le grand nombre de Chinois qui y travaillent; on en compte en effet 20.933.

La production de 1866 est inférieure à celle de plusieurs des années précédentes et le maximum de production a eu lieu en 1856. Le produit moyen annuel en or, par mineur, a été de 1.850 fr.; il s'était élevé à une valeur double et même triple dans l'origine, en 1862, et quelques années après.

La quantité recueillie, depuis la découverte des mines

---

(1) Dans certaines mines, on compte, par tonne de quartz, un prix de revient de 14^f,10, y compris l'achat et la dépréciation des machines, le transport à la mine et au bocard; le prix d'abatage dans les galeries varie de 4^f,40 à 9^f,90 par tonne.

jusqu'à la fin de 1865, a été de 1.034.346 kilogrammes, d'une valeur de 3.651.436.600 francs. Cette quantité, si importante pour l'économie des transactions, ne représente qu'un volume insignifiant dont la colonne exposée donne une idée, et qui est de 66 mètres cubes. Le sol de la province de Victoria a déjà été fouillé, pour or, sur une étendue de 1.850 kilomètres ou un cinquantième de la superficie totale; en ce moment les exploitations occupent 530 kilomètres carrés.

Depuis 1860, des sommes considérables ont été votées par le parlement de Melbourne pour la construction de réservoirs d'eau; ceux-ci ont permis à un grand nombre de personnes, qui n'ont d'autre moyen de vivre que les mines, de poursuivre leurs travaux, sans aucune interruption, pendant les sécheresses. Aujourd'hui, il est encore question d'augmenter ces réservoirs; on en projette 21, qui coûteraient ensemble plus de 25 millions de francs, et qui serviraient non-seulement à l'exploitation des mines, mais aussi à l'irrigation et aux besoins domestiques.

Nouvelle-Galles du Sud. — Quoique beaucoup moins productive en or que la province de Victoria, la Nouvelle-Galles du Sud expose une série bien plus considérable de terres et sables aurifères et du produit de leur lavage.

Dans la Nouvelle-Galles du Sud on retrouve, comme en Australie, de nombreux filons de quartz aurifère, encaissés, soit dans le terrain schisteux, soit dans le granite.

C'est surtout par lavage qu'on y extrait l'or. Les alluvions aurifères de la Nouvelle-Galles du Sud sont parfaitement représentées, sur toute leur épaisseur et dans les principales localités où on les traite, par une série de trente-deux coupes, qui montrent de quelle manière varie la composition de ces alluvions aux divers niveaux.

Depuis 1851, époque à laquelle l'or a commencé à être exploité dans cette province, jusqu'à la fin de 1865, c'est-à-dire pendant quinze ans, la production de l'or de la Nouvelle-Galles du Sud a été de 19.315 kilogrammes, ayant une valeur de 16.191.700 francs.

En résumé, les colonies australiennes de l'Angleterre, Victoria et la Nouvelle-Galles du Sud, auxquelles il faut ajouter la Nouvelle-Zélande, ont versé dans la circulation, depuis 1851, de l'or pour une valeur de près de 4 milliards et demi, ou plus exactement de 4.435.000.000 millions de francs.

Il existe encore d'autres contrées où l'industrie de l'or s'est développée récemment et qui sont représentées à l'Exposition. Il convient de les mentionner, quoiqu'elles soient incomparablement moins productives que celles dont nous venons de parler.

Cuba. — On voit parmi les produits de l'île de Cuba un minerai d'or qui n'est pas abondamment exploité, mais dont le gisement présente un intérêt spécial. Ce métal est disséminé en particules si fines qu'elles sont ordinairement indiscernables. La roche qui les renferme est un silicate magnésien, de nature voisine de la serpentine; on y remarque de nombreuses surfaces de frottement. Cette roche aurifère est extraite, depuis peu de temps, à la mine de Guaracabulla, propriété de D. Blas Domingo de Toron. Sur plusieurs points, elle paraît avoir été exploitée autrefois par les Indiens.

D'après les renseignements fournis par M. l'ingénieur Fernandez de Castro, cette serpentine est associée à des roches amphiboliques, à la pyrite de fer et au mispickel. Ce gisement est donc tout différent des filons de quartz aurifère, dont il vient d'être question ; il rappelle à la fois, par ses conditions géologiques, ceux de la Nouvelle-Grenade et de Reichenstein, en Silésie.

Chili. — Outre le grand nombre d'alluvions aurifères que possède la république du Chili, on y rencontre des filons d'or dans tout le terrain granitique du littoral et de la chaîne des Andes. Mais les anciennes mines de ce métal sont abandonnées, attendu que celles de cuivre, d'argent et de charbon sont plus favorables aux mineurs. On a produit, en 1866, une valeur de 3.500.000 francs d'or, qui a été monnayé à Santiago.

Pérou. — L'or se rencontre au Pérou disséminé dans les alluvions anciennes, et sa présence en Australie est due à la destruction des têtes de filons de quartz aurifère, qui sillonnent les phyllades siluriens sous-jacents.

Le district de Tiouani, près d'Illimani, est bien connu par les recherches dont il a été l'objet. Un seul mineur y a, dit-on, récolté, en un an, pour 1.500.000 francs d'or.

Colombie (Nouvelle-Grenade). — On connaît aussi l'abondance avec laquelle l'or est disséminé dans une partie de la Colombie, surtout dans les provinces de Choco et d'Antioquia.

La production annuelle dépasse 5 millons de francs.

Guyane française. — A la Guyane française, une compagnie, organisée en 1863, lave, depuis lors, les alluvions

aurifères, au moyen de 300 ouvriers indiens et chinois.
L'extraction de l'or a été successivement : en 1863, 131 kilogrammes; en 1864, 205 kilogrammes; en 1865, 218 kilogrammes et en 1866, 288 kilogrammes.

Venezuela. — Ces gisements aurifères paraissent se pro-
longer dans la Guyane des États-Unis de Venezuela, ainsi
que l'apprennent les échantillons que M. Eugène Thirion,
consul et commissaire de Venezuela, a exposés, et la note
qu'il a bien voulu me remettre à ce sujet.

En 1849, un Français, le docteur Plassard, découvrit de
l'or dans la petite rivière de Yuruari, à environ 300 kilomètres au sud-est de Ciudad Bolivar, capitale de l'État.
L'or se rencontre dans quatre gisements distincts : 1° dans
de nombreux filons et amas de quartz qui sillonnent les
montagnes, associé, comme d'ordinaire, à de la pyrite de
fer; 2° dans beaucoup de blocs de quartz épars et roulés,
provenant de la destruction de ces filons; 3° en grains et en
pépites, de grosseur très-variable, dans une terre colorée
en rouge par le peroxyde de fer, que les mineurs appellent
terre de fleur (tierra de flor) parce qu'elle se trouve à fleur
de terre et rarement sur plus d'un mètre d'épaisseur ;
4° dans l'argile qui recouvre la roche sous-jacente et jusqu'à
des profondeurs qui atteignent 25 mètres.

Jusqu'en 1857, cette découverte n'avait attiré qu'un petit
nombre d'ouvriers (100 à 300), qui extrayaient annuellement 500.000 à 800.000 francs d'or. Cependant des découvertes très-heureuses qui produisirent jusqu'à 2.500 francs
d'or dans une journée, pour trois hommes, attirèrent l'attention. Quelques cabanes, élevées sur les points les plus
riches, sont l'origine du village de Nouvelle-Providence,
assez considérable aujourd'hui, et qu'on nomme aussi Ca-

ratal. La population des mines qui, jusqu'en 1864, ne dépassait pas 1.000 à 1.200 âmes, atteignait, en 1867, au mois de mai, le chiffre de 5.000. Cependant tout le travail se fait encore de la manière la plus grossière ; le quartz aurifère, préalablement calciné dans des fours, est broyé à la main, dans des mortiers en fonte, à l'aide de marteaux ou même à l'aide de pierres.

En présence de ces moyens grossiers d'action, on croit pouvoir se représenter comment, dans une antiquité reculée, on exploitait les roches quartzeuses.

La terre rouge et l'argile ne sont pas exploitées, lorsqu'elles ne donnent que 1 franc par *batea* ou sébille de terre d'environ 10 kilogrammes, c'est-à-dire trois dix-millièmes en poids ou 100 francs par tonne.

Outre le quartz blanc laiteux ordinaire, qui sert de gangue à l'or, on trouve du quartz coloré en rouge ou en brun, qui fait probablement partie des mêmes filons. La roche encaissante consiste en pétrosilex ou eurite, quelquefois rubanné, à la manière de roches métamorphiques. Des bancs de kaolin sont parfois subordonnés aux roches aurifères.

La région aurifère explorée par le docteur Plassard, a, au moins, des dimensions de 280 sur 330 kilomètres. Mais, d'une part, on a trouvé l'or à Caïcara, à plus de 800 kilomètres à l'ouest de Yuruari, et d'autre part, les Anglais exploitent ce métal, à environ 250 kilomètres, à l'est du Caratal ; plus loin encore, vers le sud-est, sont les lavages aurifères de la Guyane française.

L'or de cette partie de l'Amérique appartient peut-être au même groupe que celui du Brésil, ou au moins celui qu'on exploite, à la partie septentrionale de cet empire, dans le bassin de Uraîcoera.

§ X. — **Minerais de platine.**

Le seul minerai de platine exposé, en dehors de la magnifique exhibition de platine ouvré de M. Mathey, est celui de l'Oural, que l'on exploite, par lavage, principalement à Nijné-Taguilsk, et dans le district de Goroblagodat.

Depuis que le gouvernement russe a cessé de fabriquer de a monnaie en platine, la production a diminué; elle varie de 840 à 480 kilogrammes; ce dernier chiffre représente celle de 1863, et le premier, celle de 1862.

Certaines pépites de l'Oural qui ont été exposées, sont remarquables par la propriété d'être magnétipolaires.

Ce métal abonde aussi dans la Colombie, dans la province de Choco; mais à raison de la rareté des bras, on ne l'exploite que lorsqu'il est associé à l'or. La production annuelle a été évaluée dans ces derniers temps à environ 600.000 francs. Il s'exporte, comme l'or du même pays, par le port de San-Buonaventura.

Le platine et l'iridium qui accompagnent l'or dans certaines provinces du Brésil, entre autres dans celle de Minas-Géraes, ne sont pas l'objet d'une exploitation spéciale.

Le platine qui, sur beaucoup de points du globe, a été rencontré dans les sables aurifères, a été trouvé récemment, dans les mêmes conditions, en Californie, mais seulement en petite quantité.

CHAPITRE VI.

MINÉRAUX SERVANT AUX INDUSTRIES CHIMIQUES.

§ I. — Oxydes de manganèse.

La France n'a d'exploitation de manganèse de quelque importance qu'à Romanèche, dans le département de Saône-et-Loire.

Dans une partie de l'arrondissement de Grasse, département des Alpes-Maritimes, par exemple, près de Roquefort, on fait, en ce moment, des recherches de minerai de manganèse, sur des gîtes qui, sans être très-productifs, présentent de l'intérêt, par leur extrême ressemblance avec les gîtes de minerai de fer pisolithique, que l'on connaît dans diverses régions de la France. Ce minerai remplit, en effet, une série de crevasses dans des couches calcaires, que l'on rapporte à l'étage néocomien ; ces crevasses sont irrégulières et tortueuses, le plus souvent verticales ; leurs parois présentent, en général, des effets évidents d'érosion. Le minerai de manganèse y est accompagné de quartz, tantôt à l'état de jaspe, tantôt à l'état cristallin.

La pénurie en manganèse est d'autant plus regrettable aujourd'hui, que ce minerai ne sert plus seulement, comme autrefois, à la fabrication du chlore et dans les verreries, mais qu'il paraît utile dans la fabrication du fer aciéreux.

C'est en vue de l'industrie du fer que des recherches ont été faites dans le département de la Haute-Saône sur des filons de manganèse, que l'on cherche à exploiter dans les communes de Faucogney, Esmoulières et Amont ; des explorations se poursuivent aussi dans d'autres départements, tels que le Tarn, l'Aveyron, et dans quelques localités des Pyrénées.

En 1864, la France a produit 2.915 tonnes d'oxyde de manganèse, qui proviennent, pour les huit neuvièmes, de Romanèche (Saône-et-Loire); les départements des Alpes-Maritimes, du Tarn et de l'Ariége ont fourni le reste.

Les riches minerais de manganèse du Nassau sont déposés dans de petits bassins excavés dans la dolomie dévonienne, mais probablement beaucoup plus récents, et peut-être même tertiaires. Leur production a été, en 1864, de 14.460 tonnes. Les autres parties de la Prusse réunies n'ont guère fourni qu'un dixième de cette quantité.

L'un des gisements de manganèse exploités en Italie, celui de Saint-Marcel, dans la vallée d'Aoste, est plus célèbre par la beauté et la variété des minerais cristallisés qu'il fournit que par le chiffre de son extraction, qui est peu élevé. L'Italie n'a produit en tout, dans l'année 1865, que 826 tonnes d'oxyde de manganèse, d'une valeur de 41.700 fr.

Les grandes exploitations de manganèse de la province de Huelva, en Espagne, sont représentées par des blocs volumineux de minerai. La production de ce pays en oxyde de manganèse, qui n'était que de 6.460 tonnes en 1862, et de 14.860 tonnes en 1863, a atteint, en 1865, le chiffre de 24.430 tonnes. En 1867, on a commencé à exploiter aux environs de Burgos, et il vient d'être conclu un traité pour 3.600 tonnes par an.

Comme ceux de l'Espagne, les gîtes de la province d'Alemtejo, en Portugal, sont concentrés à peu près sur la zone des amas pyriteux. En général, ces gîtes n'arrivent pas à une profondeur considérable et sont seulement exploités à ciel ouvert. Dans les diverses localités et, entre autres, à San-Domingos, les amas formés par la pyrolusite et d'autres oxydes de manganèse, sont subordonnés aux schistes cristallins et aux quartzites, de même que les amas pyriteux.

De très-beaux minerais de manganèse, consistant en pyrolusite et en manganite en partie cristallisées, ont été apportés de la Nouvelle-Écosse, où ils se trouvent en abondance et d'où on les exporte aux États-Unis et même en Angleterre. La quantité extraite à Teny-Cape est évaluée à environ 1.000 tonnes, d'une valeur de 200 à 225 francs par tonne.

L'exposition de Cuba montre aussi des minerais de manganèse, que l'on dit abondants dans différentes parties de l'île, et particulièrement aux environs des mines de cuivre d'El Cobre; mais on ne les a pas encore mis à profit.

Depuis longtemps déjà on a signalé au Brésil l'abondance des oxydes de manganèse, qui se substituent en quelque sorte au fer oligiste, dans la roche appelée Itabirite et forment ainsi l'un des éléments de la roche que l'on a nommée *Iacotinga*; cependant ces oxydes n'ont pas encore été l'objet d'exploitations régulières.

Il n'est pas sans intérêt d'ajouter à ce qui précède que l'Angleterre a importé chez elle, en 1866, 48.700 tonnes d'oxyde de manganèse.

§ II. — Fer chromé.

Parmi les gisements de fer chromé représentés, nous signalerons celui de Alt Orsova, sur la frontière militaire de la Hongrie, où ce minerai abonde; celui de Norwége, dont on exporte annuellement 160.000 kilogrammes à Hambourg et en Hollande; un volumineux bloc de Sibérie, des environs d'Ekatarinenbourg, dont la dimension paraît témoigner de l'abondance du minerai. La Grèce expose du fer chromé, renfermé en assez forte proportion dans les serpentines de diverses localités.

Les nombreux gisements de fer chromé, que l'on connaît dans la région orientale des États-Unis, sont représentés par des échantillons venant du Maryland (Rockspring, Cecil County) et de Pensylvanie (Texas, Lancaster County). Dans tous ces gisements, le fer chromé est associé aux schistes talqueux et chloritiques, dans lesquels il se trouve, soit en veines, soit disséminé.

Dans ce gisement, comme dans divers autres, il importe d'être attentif à cette circonstance que le fer chromé passe souvent, par degrés insensibles, au fer oxydulé magnétique qui, comme on le sait, présente le même aspect, et dont il est fréquemment mélangé.

Le fer chromé, quoique fréquemment distribué dans les serpentines et autres roches magnésiennes du terrain silurien du Canada n'y a pas encore été exploité. On peut remarquer que dans les roches magnésiennes dont il s'agit, le chrome est accompagné de nickel, de même que dans les météorites.

C'est aussi dans la serpentine que le fer chromé se montre, dans l'île de Cuba, à Holguin, où on le dit abondant.

Le fer chromé a été récemment reconnu dans la colonie française de la Nouvelle-Calédonie. Son gisement a été étudié par M. Garnier, ingénieur civil des mines ; il accompagne, sous différentes formes, les serpentines et autres roches magnésiennes, qui abondent dans la partie méridionale de l'île. Le principal gisement est au Mont-d'Or, sur les bords de la rivière de la Cascade, où ce minerai constitue un volumineux amas. D'après les essais qui ont été faits, ce fer chromé renfermerait 40 à 65 pour 100 de sesquioxyde de chrome. Eu égard à son importance, il serait peut-être susceptible d'être employé en Europe.

§ III. — **Minerais d'arsenic.**

L'arsenic est extrait de divers minerais, principalement de la pyrite arsenicale ou mispickel et des combinaisons arsenicales de cobalt, au moyen d'un grillage; d'où il résulte principalement de l'acide arsénieux, accessoirement accompagné de sulfure d'arsenic.

C'est ainsi que les minerais du Cornwall ont produit, en 1866, 1.116 tonnes d'arsenic brut, d'une valeur de 32.500 francs.

De même, en Prusse, on l'extrait au Hartz, et surtout en Silésie, à Reichenstein. Les minerais arsenicaux de cette dernière localité, qui sont exposés, renferment en même temps de l'or, que l'on a cherché à extraire des résidus de la distillation, au moyen du chlore. La Prusse a produit, en 1866, 1.226 tonnes d'arsenic brut, d'une valeur de 45.660 francs.

On a recueilli aussi en Autriche 211 tonnes d'arsenic brut, tant en Bohême qu'en Styrie et en Hongrie.

§ IV. — **Pyrite de fer.**

On sait que le bisulfure de fer, connu sous le nom de pyrite qui, pendant longtemps, ne servait guère qu'à la fabrication du sulfate de fer et de l'alun, a acquis un emploi incomparablement plus considérable, depuis qu'il est utilisé comme minerai de soufre, et qu'il sert à fabriquer directement l'acide sulfurique.

Bien que la pyrite soit un minéral des plus répandus dans une foule de roches, ce n'est que dans un nombre de localités relativement assez restreint, qu'elle constitue des masses qui sont avantageusement mises à profit.

France. — En France, on continue à exploiter les amas de Chessy et Sainbel, département du Rhône, sur lesquels MM. Perret ont, les premiers, établi la fabrication en grand de l'acide sulfurique, au moyen des pyrites. En 1866, on a extrait dans ces mines 62.440 tonnes de pyrite, sur lesquelles 3.640 tonnes ont fourni 180 tonnes de cuivre de cémentation.

Dans le département du Gard, aux environs d'Alais, la pyrite forme des amas disposés parallèlement aux couches, et à trois niveaux différents : dans le trias, dans le lias inférieur et dans l'étage oxfordien. Ces amas, sur lesquels sont établies dix concessions, sont alignés sur une longueur de 14 kilomètres, à proximité d'une faille. Ils sont comme les épanouissements supérieurs d'un filon caché dans la profondeur, dont les émanations ont imprégné les sédiments de ces époques successives.

La production de tous les gîtes du Gard a été, en 1865, de 37.723 tonnes, d'une valeur d'environ 550.000 francs. La fabrique de soude de Salindres, située à proximité, utilise près du tiers de cette production.

Il est à remarquer que ces amas de pyrite du Gard renferment de l'or, comme à Chessy, mais en quantités très-variables, depuis 10 jusqu'à 100 grammes par tonne, sans que ces différences soient sensibles à l'œil ; aussi ne cherche-t-on pas à en extraire ce métal.

A Framont (Vosges), les amas de fer oligiste renferment assez de pyrite dans certaines parties pour qu'on ait tenté de l'exploiter. Le porphyre quartzifère, à proximité duquel se sont produits ces gîtes, ressemble à celui de la province de Huelva en Espagne, dont il sera question plus loin.

Parmi les nombreux gisements de pyrite non encore utilisés en France, on pourrait citer l'argile plastique du bassin de Paris, connue dans le Soissonnais sous le nom de terre-noire; la pyrite y est disséminée en particules très-fines, mais sur de grandes étendues, de telle sorte qu'il ne serait pas impossible d'en tirer parti, si l'on arrivait à avoir des procédés de lavage assez simples pour l'isoler.

On peut rappeler que la pyrite est exploitée dans le lignite tertiaire, dans le Bas-Rhin, à Bouxwiller, qui fournit annuellement au delà de 10.700 tonnes de lignite, contenant 12 p. 100 de pyrite, soit environ 1.300 tonnes de ce dernier minéral.

La pyrite a aussi été extraite en Belgique, dans le terrain tertiaire de l'étage miocène, où elle est disséminée en rognons dans des argiles.

Belgique. — L'un des principaux gîtes de la Belgique, celui de Rocheux, dont la découverte doit beaucoup aux efforts persévérants de M. de Thier, présente, en quantité considérable, la pyrite massive, d'une teneur en soufre de 44 p. 100; on a déjà exporté, depuis 1858, plus de 100.000 tonnes. Cette pyrite est avoisinée de calamine et de plomb carbonaté, que l'on exploite également.

La production de la Belgique en pyrite qui, en 1850, n'était que de 4.084 tonnes, était, en 1854, de 28.956 tonnes; il est à remarquer toutefois qu'en 1860, elle a atteint le chiffre plus élevé de 42.513 tonnes.

Prusse. — Il existe en Prusse, dans la Westphalie, des amas puissants de pyrite, subordonnés aux schistes du terrain dévonien moyen, dans les mêmes conditions géologiques que ceux de Belgique, principalement aux environs de Meggen sur la Lenne.

L'énorme bloc de pyrite massive, remarquable par ses

surfaces mamelonnées, à la manière de produits de con-
crétion, témoigne, par sa pureté, de la richesse de ces
gîtes. Ce minerai ne rend pas moins de 40 p. 100 de
soufre. Dans cette localité, où, il y a à peine douze ans,
la pyrite était rejetée dans les déblais, on extrait maintenant la plus grande partie de ce qui est fourni par la Prusse
pour être expédié en Angleterre.

Dans d'autres parties de la Prusse, on connaît des gîtes
de pyrite qui, sans avoir l'importance des précédents, sont
exploités pour la fabrication de l'acide sulfurique, notamment aux environs d'Iserlohn, dans le terrain dévonien
supérieur; aux environs de Müsen, en filons dans le terrain
dévonien ; à la Vieille-Montagne, près d'Aix-la-Chapelle, en
amas dans le calcaire carbonifère; enfin au Hartz, à Stolberg, et surtout au Rammelsberg, près Goslar, en filons et
en amas, dans le terrain dévonien. Dans cette dernière localité, la pyrite s'est en outre épanchée dans la partie supérieure du terrain du trias.

La production de la Prusse, en pyrite de fer, s'est élevée, en 1865, à 38.248 tonnes, d'une valeur de 407.000 fr.

On peut y ajouter la pyrite qui est mélangée à l'argile et
au lignite et que l'on exploite comme minerai d'alun, principalement aux environs de Bonn, où elle se trouve dans
le terrain tertiaire. Elle correspond à une production de
15.070 tonnes de minerai d'alun, d'une valeur d'environ
40.000 francs, et 1.650 tonnes de pyrite, pour la Hesse
électorale.

Suède et Norwége. — Des massifs de pyrite de fer, associés à la pyrite de cuivre, tels qu'on en connaît depuis
longtemps en Suède, par exemple à Fahlun et près de
Dylta, province d'OErebro, ont été rencontrés en différentes

parties de la Norwége et sont exploités particulièrement aux environs de Trondhjeim. Ils ont fourni, en 1865, 11.200 tonnes, d'une valeur de 228.000 francs; on exporte principalement cette pyrite en Angleterre.

Iles Britanniques. — L'exploitation de la pyrite de fer s'est développée en Irlande, particulièrement dans le comté de Wicklow, où elle accompagne, comme en Suède et en Norwége, la pyrite de cuivre; on en a extrait, en 1861, 91.803 tonnes, d'une valeur de 933.000 francs, et en 1866, 112.686 tonnes, d'une valeur de 1.475.000 francs. Ces pyrites sont utilisées à Dublin, Cork et Belfast, pour fabriquer l'acide sulfurique ainsi que les sels de soude dont la fabrication est connexe.

Quelques comtés de l'Angleterre, en tête desquels se trouvent le Cornwall, ont aussi fourni de la pyrite, de telle sorte que la production entière du Royaume-Uni a été, pour 1866, de 135.000 tonnes, d'une valeur de 1.950.000 fr.

La consommation de pyrite, en Angleterre, s'élève, dans la même année, à 244.596 tonnes. Il faut y ajouter le soufre proprement dit, qu'on importe dans la quantité qu'on indiquera plus loin.

Italie. — Le gîte de pyrite de Brozzo, en Piémont, aussi connu que les amas de manganèse de Saint-Marcel, par la beauté des minéraux cristallisés qu'il fournit de même, est d'une grande puissance, et cependant sa production est faible.

L'Italie n'a en effet produit, en 1865, que 4,550 tonnes de pyrite, d'une valeur de 25.900 francs.

Espagne. — Les puissants amas de pyrite cuprifère, situés dans le sud de l'Espagne, particulièrement dans la province de Huelva et dans la Sierra de Tharsis, qui sont subordonnés aux schistes anciens, continuent à fournir des quantités très-considérables de pyrite de fer, qui sert à la fois de minerai non-seulement pour le soufre mais aussi pour le cuivre qu'elle contient.

Ces mines remontent à des époques antérieures à l'occupation romaine. L'importance de ces antiques exploitations se reconnaît, sur d'intéressantes photographies, par la vaste dimension des excavations.

Elles ont produit, en 1863, 246.157 tonnes de pyrite, d'une valeur de 3.907.000 francs (1).

Portugal.—La grande zone métallifère de la province de Huelva se prolonge en Portugal, dans la province d'Alemtejo, où elle s'étend sur une longueur de 110 kilomètres.

Une exploitation, reprise il y a neuf ans seulement, celle de San-Domingos, est devenue, dans ce court laps de temps, des plus considérables, grâce à l'énergique activité déployée par M. James Mason, aujourd'hui baron de Pomarão. Les plans et coupes détaillées, qui sont exposés, montrent l'activité avec laquelle est poussée l'exploitation, ainsi que la régularité des travaux. C'est un amas, ayant 600 mètres sur sa plus grande longueur connue, et 60 mètres de puissance, mesurée à 44 mètres au-dessous de la surface. Il est subordonné aux phyllades, et, se trouve, comme les amas de la province de Huelva, à proximité de porphyres feldspathiques quartzifères, à l'apparition desquels se rattache sans doute la formation de tous ces gîtes métalliques.

Le minerai consiste en pyrite de fer, donnant 49 à 50

---

(1) Tout récemment, on a rencontré, aux environs de Santander, de la pyrite que l'on cherche à exploiter.

p. 100 de soufre, et tenant, en outre, en moyenne, 3,5 p. 100 de cuivre. Les Romains ont ouvert de larges excavations sur cet amas, comme sur d'autres de la même région; ils sont descendus à plus de 20 mètres au-dessous de la galerie d'écoulement qu'ils avaient percée, et les scories amoncelées, sur une grande surface, autour de ces excavations, témoignent de l'activité extraordinaire de ces anciens mineurs. Ils savaient très-bien reconnaître le minerai le plus riche en cuivre, qu'ils se bornaient à enlever, et abandonnaient le minerai le plus pauvre; de là les irrégularités de leurs travaux, qui ont été une source de difficultés pour les exploitations modernes.

On s'est établi à un étage situé à 12 mètres plus bas que la galerie des anciens. A mesure qu'on avance en profondeur, on exécute d'énormes travaux de déblais à la surface, pour tâcher d'enlever le massif stérile, de 32 mètres d'épaisseur, qui recouvre la surface de l'amas, et en faciliter l'exploitation. Le volume à enlever n'est pas de moins de 1.400.000 mètres cubes. Ce travail une fois accompli, on pourra porter l'extraction annuelle, qui est de 160.000 tonnes à 200,000 tonnes, c'est-à-dire à près de deux tiers de la totalité exigée par l'industrie anglaise, pour ses fabriques de produits chimiques.

Un volumineux bloc de 1^m.60 de hauteur qui figure dans les produits minéraux du Portugal (1), montre combien cette pyrite est exempte de gangue. Il est accompagné d'autres blocs qui représentent les schistes des parois, dans leurs principales variétés, ainsi que le porphyre quartzifère voisin.

---

(1) Ce bloc figure aujourd'hui à l'entrée de la galerie de géologie du Muséum.

Le développement de la mine de San-Domingos est, en grande partie, une conséquence de l'emploi des moyens économiques de transport. Un chemin de fer de 18 kilomètres de longueur, qui joint la mine à la rive gauche de la Guadiana, a résolu une partie du problème ; et les travaux qui ont rendu la rivière navigable, pour de grands navires, sur une longueur de 40 kilomètres, ont fait le reste. En même temps, on ouvrait, dans les roches escarpées de la rive le port de Pomarão, pour charger directement sur les navires le minerai descendu des wagons. Ce chemin de fer, desservi d'abord par des mulets, l'est aujourd'hui presque entièrement par des locomotives, au nombre de 10, dont cinq toujours en service.

C'est ainsi que la mine de San-Domingos a pu s'emparer d'une partie du marché de l'Angleterre, en y versant chaque année des quantités croissantes de pyrite, depuis 1859, époque à laquelle le premier navire a été chargé à Pomarão.

Au lieu d'un simple ermitage, qui existait, en 1858, sur tout le versant occidental de San-Domingos, il y a aujourd'hui plus de 500 maisons, une église, une école, une station de chemin de fer et un hôpital. Le nombre des ouvriers employés dans la mine est de 2.000, dont 800 aux travaux souterrains ; il y a en outre une machine à vapeur d'épuisement de 80 chevaux, et 120 mulets. On établit en ce moment, pour le traitement métallurgique du minerai, une usine destinée à recevoir 200 fourneaux de grillage, et des appareils de cémentation, afin de séparer le cuivre par voie humide.

Il faut remarquer que l'amas de San-Domingos ne paraît pas se poursuivre dans la profondeur, avec les belles dimensions qu'il a près de la surface. Il s'amincit vers le bas

et déjà à la profondeur de 140 mètres, il se réduit à une
très-faible épaisseur, ainsi qu'on peut le reconnaître sur les
plans exposés. Ces mêmes plans témoignent également de
la vigueur et de la régularité avec lesquels les travaux
sont poussés.

Deux autres amas de pyrite de fer cuivreuse sont situés
dans l'alignement de San Domingos et présentent les mêmes
conditions géologiques : ce sont ceux d'Aljustrel et de Gran-
dola; tous deux ont été aussi l'objet de travaux considérables de la part des anciens. On s'occupe en ce moment de
leur étude, et l'on peut croire que la mine de San Domingos ne restera pas seule de son espèce, dans cette partie du
Portugal.

Il n'est pas sans intérêt de voir le mouvement d'exportation de la pyrite de Pomarão, depuis l'origine, en 1859,
jusqu'au 31 décembre 1866.

	Tonnes.	Navires.
1859.	7.887.565	41
1860.	36.892.109	163
1861.	45.020.890	232
1862.	56.344.720	290
1863.	115.383.170	527
1864.	124.975.935	563
1865.	142.478.595	562
1866.	167.028.402	544

Au total, l'exportation s'est élevée à environ 700,000
tonnes, chargées sur 2,722 navires.

On voit quelle est l'importance industrielle de ce groupe
d'amas pyriteux, qui s'étend de l'Espagne en Portugal.

Canada. — Il existe, au Canada, un gisement considérable de pyrite de fer, que l'on s'est mis à exploiter, pour
en expédier le minerai aux États-Unis, où il sert à la fabri-

cation de l'acide sulfurique. On a remarqué précédemment que du cobalt se trouve, en quantité très-notable, dans certaines parties de cet amas.

On connaît, dans cette même région, plusieurs autres amas volumineux de pyrite de fer, qui ne sont pas exploités. Tous sont subordonnés aux couches de gneiss du terrain laurentien, de même que les amas de magnétite et d'oligiste qui ont été signalés.

§ V. — Soufre.

L'exploitation du soufre natif a perdu de son importance depuis que le bisulfure de fer, connu sous le nom de pyrite, est exploité en beaucoup de lieux et en très-grande quantité comme minerai de soufre, ainsi qu'on vient de le voir.

Le soufre natif n'est exploité en France que dans une seule mine, peu considérable, située aux Tapets, près d'Apt (Vaucluse). Il imprègne une couche de calcaire marneux, dont l'épaisseur moyenne est de 5o centimètres, et dans laquelle la teneur va de 20 à 25 pour 100. Mais la proportion de soufre va en s'affaiblissant graduellement, à partir d'un point central sur lequel a été foncé le puits principal, de telle sorte que le gîte ne paraît guère s'étendre que sur 2 hectares environ. On voit à l'Exposition un bloc volumineux, donnant une idée du gîte, ainsi que des calcaires situés à 12 mètres au-dessus de la couche de soufre, dans lesquels abondent des coquilles. De même qu'en Sicile, on a trouvé aux Tapets de la strontiane sulfatée cristallisée.

Comme autre analogie, il convient d'ajouter que le soufre a été rencontré dans le département du Gard, à Barjac, dans un terrain d'eau douce, où il accompagne le lignite;

on l'a même trouvé assez abondamment, pour qu'il ait été recueilli et vendu pour soufrer la vigne.

Ces deux gisements présentent surtout de l'intérêt, au point de vue théorique, par leur ressemblance avec les dépôts de même nature, mais beaucoup plus développés, que l'on connaît en Italie et en Sicile.

Le plus important gisement de soufre que l'on connaisse, celui de la Sicile, est représenté par une riche et belle collection d'échantillons, composée par M. S. Mottura, ingénieur des mines. On y remarque des marnes avec empreintes de poissons, rappelant ceux d'OEningen, près du lac de Constance. A côté des beaux échantillons de strontiane sulfatée, on expose d'élégants cristaux, d'un bleu verdâtre, d'un autre compagnon du soufre, le sel gemme ; il forme, dans le même terrain, des masses dont l'épaisseur atteint 20 mètres. D'après le catalogue joint à cette collection, l'auteur considère tous ces terrains à soufre et à gypse, sur l'âge desquels on a longtemps discuté, comme appartenant à l'époque tertiaire et à l'étage miocène.

C'est au même niveau géologique qu'appartiennent les gîtes de soufre de la Romagne, qui continuent à être exploités et à donner des produits importants.

Certains échantillons présentent des couches alternantes de marne et de soufre, si minces, que sur un décimètre, on peut compter au moins dix de ces alternances, qui paraissent avoir été formées avec lenteur.

Le même groupe de couches renferme du gypse, du lignite et du bitume. Plusieurs échantillons montrent l'association intime du bitume au soufre, et certaines marnes, imprégnées de soufre, exhalent absolument l'odeur du calcaire asphaltique, tel qu'on l'exploite, par exemple, à Lobsann (Bas-Rhin).

Sur 615 soufrières de la Sicile, 247 étaient abandonnées en 1864.

La production a sextuplé depuis 1830. Cette progression augmente encore, malgré l'état imparfait des moyens d'exploitation, l'absence de voies économiques de transport et la concurrence de la pyrite; c'est ce que montrent les chiffres suivants :

1851.	94.985 tonnes.
1856.	182.062 —
1861.	156.645 —
1865.	139.657 —
1866.	184.173 —

En Romagne, la mine qui a le plus produit est celle de Perticara de Talamella, d'où l'on a tiré 20,800 tonnes métriques de minerai. Deux autres mines ont fourni à peu près 9,000 tonnes chacune.

Le soufre produit par l'Italie s'est réparti ainsi, en 1866 :

Angleterre.	66.166 tonnes.
France.	38.427 —
Autres pays.	72 825 —
Sicile.	6.745 —
Total.	184.163 tonnes.

Le soufre exploité, en Espagne, dans la province de Murcie, à Lorca, ainsi qu'à Teruel, appartient au terrain tertiaire d'eau douce. Il est associé à des marnes et à des calcaires, qui contiennent des coquilles dans la première localité, et, dans la seconde, des poissons. Il en est de même à Conil, près Cadix, localité où le soufre n'est exploité aujourd'hui qu'en quantité insignifiante, mais qui fournit de très-beaux cristaux aux collections, et d'où provient le magnifique échantillon, exposé par l'Académie des sciences de Madrid ; le soufre, en volumineux octaèdres, y est associé à de la chaux carbonatée cristallisée, dans une marne grise.

L'Espagne a produit, en 1862, 12.639 tonnes de soufre, d'une valeur de 600.000 francs environ.

En Autriche, on a extrait, en 1866, 1.867 tonnes de soufre natif, qui proviennent principalement des dépôts exploités à Swoszowice, non loin de Cracovie, ainsi qu'à Radoboy, en Croatie, dans un terrain tertiaire.

On peut également mentionner le soufre d'Égypte, dont des échantillons sont exposés, bien qu'il soit à peine exploité. Les couches tertiaires, qui forment à peu près exclusivement le littoral de la mer Rouge, du 30° au 19° de latitude, renferment, sur une foule de points, le sel gemme et le gypse, et beaucoup plus rarement le soufre. On en connaît deux gisements, visités récemment par M. Petitgand, ingénieur civil. L'un, situé à 300 kilomètres au sud de Suez, occupe presque entièrement la petite presqu'île de Jemseh, qui a 1.5 à 2 kilomètres de longueur. Le soufre paraît s'y trouver dans toutes les couches, qui se montrent, depuis le niveau de la mer jusqu'au sommet de la falaise, sur une hauteur de 80 mètres. Le minerai de cette localité renferme, dit-on, en moyenne, 35 p. 100 de soufre, c'est-à-dire que, en suivant la méthode sicilienne, on pourrait en retirer 15 p. 100. Un autre gîte est situé à Djebel-Kébril-Ranyah ; signalé par les auteurs arabes, au quatorzième siècle, et antérieurement par Hérodote, il paraît être étendu et appartenir à des couches de 10 à 12 mètres de puissance.

C'est avec une identité remarquable de conditions géologiques et chimiques que le soufre a été précipité en Sicile, en Romagne, en Égypte, dans le Vaucluse, dans les divers terrains stratifiés dont il vient d'être question.

Il existe aussi, non loin de Rome, aux environs de Canale, et près de Monte-Virginio, un dépôt de soufre que l'on essaye d'exploiter, et qui est en relation plus directe avec les phénomènes éruptifs que ceux du versant oriental de l'Apennin. Il imprègne des tufs volcaniques, à proximité de protubérances trachytiques, dont la sortie est rapportée à l'époque tertiaire moyenne. La carte de cette contrée intéressante, que l'on doit à M. le professeur Ponzi, fait bien connaître les conditions dans lesquelles se sont formés, sur quatre points, ces dépôts, plus intéressants par leur gisement que par leur importance industrielle.

On voit aussi à l'Exposition du soufre, produit, à l'époque actuelle, par les solfatares de l'île de Milo, et que l'on recueille dans des tufs trachytiques. On extrait, par an, 450 tonnes de soufre pur et autant de terre à soufre.

Cette substance a été rencontrée aussi dans différentes parties de la Californie, et particulièrement dans le voisinage du lac Clear, où elle a été apportée, comme l'acide borique lui-même, par des actions volcaniques toutes récentes. On tente de l'exploiter.

§ VI. — Sel gemme.

On sait que le sel gemme constitue des couches puissantes dans les terrains stratifiés, où il occupe des étages différents, suivant les contrées.

En France, en Angleterre, en Allemagne, et surtout en Espagne et dans les Alpes du Salzbourg et du Tyrol, le trias est, sur certains points, riche en sel gemme.

Les célèbres gîtes de sel découverts à Stassfurt appartiennent à un niveau inférieur au terrain permien, aussi bien que le gisement bien connu d'Iletzk, près d'Orenbourg, en Russie.

Du sel a été rencontré à un niveau encore plus ancien, aux États-Unis, où il appartient au terrain silurien.

Après le trias, ce sont les terrains tertiaires qui sont les plus riches en sel gemme. C'est à ce groupe, et principalement à son étage moyen ou miocène, qu'appartiennent les gîtes de sel gemme bien connus à Wieliczka et dans toute la chaîne des Carpathes, en Galicie, en Moldavie, en Hongrie et en Transylvanie.

Il en est de même de celui que l'on connaît, sur une bande très-développée, dans les contrées limitrophes du Caucase, en Arménie, en Perse et en Asie-Mineure, quoique les grés et les marnes de couleur rouge, et le gypse dont il est accompagné, rappellent singulièrement la physionomie générale des couches du trias.

L'Espagne déjà si riche en sel dans son trias, renferme aussi du sel gemme à ce niveau tertiaire.

Dans une foule de pays, le sel gemme est d'une abondance pour ainsi dire inépuisable. Aussi les allures de ces couches ne sont-elles pas étudiées avec le même soin que celles des substances moins répandues.

Le sel gemme est représenté à l'Exposition par de très-beaux échantillons provenant de divers pays. On citera particulièrement un volumineux bloc, remarquable par sa pureté et sa transparence, provenant de la saline de Friedrichshall, en Wurtemberg : un groupe de beaux cristaux cubiques de Wieliczka, faisant partie de la collection de S. M. l'empereur d'Autriche ; du sel d'une très-belle couleur bleu d'outremer, provenant de la même localité ; du sel de Hallstadt, en Autriche, et de Roumanie ; des blocs de sel gemme des mines impériales de Maros-Ujvar, en Transylvanie, et des échantillons du célèbre gisement de Cardona, en Espagne.

Des cristaux cubiques isolés et d'une limpidité parfaite, proviennent d'un nouveau gisement récemment découvert, sous les alluvions récentes de la Louisiane, aux environs de la Nouvelle-Orléans.

En France, les mines de sel gemme et les sources salées ne présentent pas la même importance que les marais salants. Cependant, elles livrent au marché intérieur un contingent considérable.

Les dépôts de sel gemme de certaines régions, telles que le département de la Meurthe, sont extrêmement abondants, et fournissent plus des deux tiers de la quantité totale extraite en France (1). La seule mine de Saint-Nicolas, le principal producteur de ce département, a tiré de la couche de 21 mètres d'épaisseur qu'elle exploite 60.500 tonnes de sel, dont 32.000 à l'état brut. On extrait, en outre, le sel gemme dans la Meurthe, la Moselle, la Haute-Saône, le Jura et les Basses-Pyrénées.

Tout récemment, un sondage pratique dans le département des Landes, à Dax, vient de rencontrer le sel gemme, dans une position géologique très-remarquable, à côté du pointement de roche éruptive (ophite), qui a donné naissance aux belles sources thermales de cette localité. Les circonstances dans lesquelles le sel se trouve dans la même région de la France, à Villefranque (Basse-Pyrénées), sont très-analogues, et diffèrent de celles qu'on observe dans l'est de la France.

La production de la France en sel gemme, en 1864, a été de 167.671 tonnes.

En Angleterre, on exploite le sel gemme dans le Cheshire

---

(1) La couche de cette mine, de 21 mètres d'épaisseur, est exploitée par des procédés d'abatage à l'aide de l'eau, grâce à l'habile direction de M. Daguin et de M. l'ingénieur Pfetsch.

et le Worcestershire. En outre il a été rencontré, il y a quatre ans, dans un forage exécuté dans le nord de l'Angleterre, à Middleborough, à travers le lias inférieur et à une profondeur de 350 mètres. Mais cette couche, qui paraît puissante, n'a encore donné lieu à aucune exploitation. La production respective des gîtes mentionnés plus haut, en 1866, a été de 772.000 tonnes, dont 721.000 à l'état raffiné, et le reste à l'état brut. Celle de l'Irlande, où le sel gemme est exploité près Carrickfergus, est beaucoup moindre; elle a été de 17.245 tonnes, en 1866.

Jusqu'en 1856, tout le sel produit par la Prusse provenait de l'évaporation d'eaux salines. La découverte considérable de gîtes de sel gemme, dans les provinces de Saxe et de Hohenzollern, a commencé à modifier profondément cet ancien mode de production, et l'extraction du sel gemme s'est déjà considérablement développée.

La principale mine, celle de Stassfurt, à part les sels de potasse qui, sans comparaison, forment son principal produit, a fourni, en 1863, 42.055 tonnes de sel gemme.

Les deux autres gisements du sel gemme, ceux de Erfurt et de Stetten, en Hohenzollern (1858), ne sont encore que très-peu productifs; mais ils renferment également des ressources en sel gemme, qui seront plus tard mises à profit.

Tout récemment, au mois d'octobre 1867, des travaux de sondage, exécutés sous la direction de M. Krug de Nidda, pour la recherche du sel gemme, viennent d'avoir un plein succès. A 37 kilomètres au sud de Berlin, à Sperenberg, un forage a été exécuté dans le sol d'une des nombreuses carrières de gypse de la contrée. Poussé jusqu'à 80 mètres dans les couches gypseuses, sans avoir rencontré aucune trace de sel gemme, il rencontra, 2 mètres plus bas, une source salée, et, à la profondeur de 88 mètres, arriva au sel gemme lui-même. Au 20 novembre suivant, le sel gemme était déjà traversé sur plus de 16 mètres, et l'on continuait à y pénétrer.

L'Autriche renferme de nombreux et puissants dépôts de sel gemme, dans le Saltzbourg, la Haute-Autriche, en Tyrol, en Galicie, en Hongrie et en Transylvanie.

La production de l'Autriche a été, en 1865, de 312.000 tonnes. Les mines de Wieliczka produisent annuellement 67.000 tonnes, dont 30.000 sont destinées, par contrat, à la Russie. Le prix de revient moyen est de 12 francs la tonne. Celles de Maros-Ujvar, en Transylvanie, que l'on a défendues contre les inondations du fleuve, au moyen de constructions de béton, produisent annuellement 40.000 tonnes, au moyen de cinq cents ouvriers.

Le bloc de sel, taillé sous forme de statue, qui orne l'exposition de la Roumanie provient de la mine d'Okna, en Moldavie. La couche est située au-dessous d'argiles qui renferment à la fois du sel et du pétrole; et le tout paraît appartenir au même étage tertiaire que le sel de la Sicile.

§ VII. — Sulfate de soude.

Le sulfate de soude, bien que très-répandu dans certains terrains tertiaires de l'Espagne (époque miocène), où il accompagne le gypse, n'est pas très-activement exploité. On remarque, à côté de la glaubérite, de beaux cristaux de sulfate anhydre ou thénardite, qui l'accompagne.

On a récemment tenté d'exploiter, en Algérie, le sulfate de soude, qui accompagne le sel gemme, si abondant dans certaines régions.

§ VIII. — **Carbonate de soude.**

Depuis que la fabrication du carbonate de soude, au moyen du chlorure, a pris un grand développement, l'exploitation du carbonate de soude naturel a beaucoup perdu de son importance.

Cependant on le recueille encore dans diverses contrées, telles que la basse Égypte (lacs Natron), la Hongrie (aux environs de Debretzin, 500 tonnes), l'Arménie (dans la plaine de l'Araxe et au lac de Van), enfin l'Inde et autres régions encore.

L'une des contrées où le carbonate de soude est le plus abondant est le Mexique. Les principaux centres de production sont la vallée de Mexico, las Cuencas de Sagula, Zacoalca et Toyao dans l'État de Jalisco ; la Cuenca de Vicencio, dans l'État de Puebla.

La vallée de Mexico produit 1.500 tonnes de carbonate de soude pur et cristallin, et 3.300 tonnes de carbonate impur ou tequesquite.

On a estimé la richesse en soude du lac de Tezcoco seulement à une somme de 328 millions de francs, et même, suivant une autre estimation, cette richesse, y compris celle du fond du lac, serait bien plus considérable encore.

§ IX. — **Nitrate de soude (nitratine).**

Le nitrate de soude naturel ou nitratine que l'on exploite au Pérou, bien que n'étant pas représenté, mérite d'être mentionné, tant pour l'importance du commerce dont il est l'objet, que pour les faits remarquables que présente le plateau salifère où cette substance s'est accumulée avec une abondance si exceptionnelle.

Cette substance découverte en 1820, en masses considérables, dans la province de Tarapaca, au Pérou, et analysée alors à l'École des mines de Paris par un jeune Péruvien, M. Mariano de Rivero, constitue les couches superficielles de terrasses élevées, ou *pampas*, sortes de steppes d'une altitude qui dépasse 1.000 mètres.

Les terrains qui supportent ces dépôts salifères sont formés d'alluvions et de conglomérats d'une époque très-récente, dans lesquels on trouve des bois fossiles, et des coquilles ayant conservé leur couleur.

Dans la couche superficielle, le nitrate de soude est mélangé de sable et d'argile. Ce mélange, auquel on donne au Pérou le nom de *caliche*, renferme ordinairement de 20 à 65 p. 100 de nitrate. Dans les parties où le sel est le plus pur, il est quelquefois si dur qu'il faut employer la poudre pour en obtenir des fragments.

L'épaisseur des couches de caliche atteint souvent 2 ou 3 mètres.

Ces couches salines avec nitrate se rencontrent sur une grande longueur, au moins de 19 à 21 degrés de latitude sud, et sur une largeur qui varie de 16 à 48 kilomètres. Cette vaste bande salifère, qui occupe un plateau aride, est distante de la côte de 40 à 50 kilomètres.

A part les matières pierreuses, le nitrate de soude est mélangé de diverses autres substances salines, notamment de beaucoup de chlorure de sodium, ainsi que de sulfate ou de carbonate de soude.

En outre, le borate de chaux, ou hayèsine, est disséminé également au milieu des couches salifères, sous forme de nodules que l'on exploite.

On y rencontre encore l'iode, à l'état d'iodure, en quantité assez notable pour que l'on tente aussi de l'extraire.

Cette abondance du nitrate de soude, jusqu'à présent sans analogue à la surface du globe, est due à des circonstances dont on a donné diverses explications, encore conjecturales.

Les premières quantités extraites furent employées soit sur les lieux mêmes, soit au Chili. C'est vers 1830 qu'un premier navire chargé de nitrate de soude fit voile pour l'Europe. L'histoire de ce chargement mérite d'être connue : il alla aux États-Unis, en Angleterre et en France, sans trouver d'acquéreur; retourné à New-York, il finit par être jeté à la mer.

Cependant, dès 1831, de nouveaux chargements, plus heureux que le premier, furent vendus avantageusement. Bientôt l'emploi du nitrate de soude s'accrut tellement, qu'aujourd'hui son exploitation est, à beaucoup près, la plus importante industrie minérale de la province.

Ce nitrate est très-activement importé en Europe et aux États-Unis, tant pour la fabrication de l'acide nitrique que comme un amendement azoté du sol, pouvant rendre de grands services.

En 1864, l'exportation s'est élevée à 190.414 tonnes d'une valeur de plus de 18 millions de francs.

Des usines sont établies sur les lieux mêmes pour le raffinage, et c'est dans ces usines qu'on cherche également à traire l'iode.

§ X. — Sels de potasse.

Le fait le plus remarquable, qui se rattache à l'exploitation du sel gemme, c'est la découverte des sels de potasse dans les mines de Stassfurt, en Prusse. Ces sels, déjà signalés, en 1862, dans le rapport relatif à l'Exposition universelle de Londres, au moment où l'on venait de les découvrir, ont donné lieu, depuis lors, à une exploitation de plus en plus considérable.

Les circonstances géologiques dans lesquelles se trouvent ces sels de potasse sont d'une telle importance, pour les découvertes ultérieures, qu'il convient de les rappeler ici, en peu de mots.

On sait que les couches salines qui sont subordonnées aux couches de grès, dans cette localité, et qui sont accumulées sur une épaisseur d'environ 200 mètres, présentent des différences à leurs divers niveaux.

On peut y distinguer quatre étages principaux qui sont, en commençant par le bas :

1° Celui de l'anhydrite, ou sulfate de chaux anhydre, consistant en bancs de sel gemme, séparés par des lits minces d'anhydrite, 107 mètres;

2° Celui dit de la polyhalite, dans lequel le sel est séparé par des lits minces de ce minéral, consistant en un sulfate hydraté, à base de chaux, de magnésie et de potasse, $31^m.50$;

4° Celui de la kiésérite, dans lequel le sel gemme est associé à ce sulfate de magnésie hydraté (17 pour 100) et à de la carnallite (13 pour 100); son épaisseur est de 28 mètres;

4° Étage de la carnallite ou kalisalz, consistant en un chlorure double de potassium et de magnésium; à cet étage, la carnallite prédomine et forme 55 pour 100, tandis que le sel marin ne forme plus que 25 pour 100, et la kiésérite 16 pour 100. On rencontre également dans ce dernier étage de la tachydrite (chlorure double de calcium et de magnésium hydraté), du chlorure de potassium pur ou sylvine, et de la kainite, formée de la combinaison hydratée de chlorure de potassium et de sulfate de magnésie.

Les travaux actuels ont déjà fait connaître l'existence
d'un massif de carnallite, correspondant à près de 6 millions
de tonnes métriques de chlorure de potassium. Deux puits
forés à une distance de 1.200 mètres de l'un à l'autre, l'un
à Stassfurt, l'autre à Anhalt, ont présenté des dispositions
analogues, mais avec certaines variantes que résume le tableau qui suit :

Étages.	Anhalt.	Stassfurt.
4	Kainite jaunâtre. . . . . . Carnallite. . . . . Sylvine. . . . , ... Sylvine avec kiésérite. . .	Carnallite. Boracite. Tachydrite rouge. Carnallite rouge. Carnallite blanche.
3	Kiésérite.	Kiésérite.
2	Polyhalite.	Polyhalite.
1	Sel gemme, avec anhy- drite.	Sel gemme, avec anhy- drite.

Les quantités de carnallite extraites des deux puits se
sont élevées graduellement, depuis 1861 jusqu'en 1866, de
2.500 à 150.000 tonnes. Ce sel est traité dans 13 fabriques,
construites à proximité pour préparer le chlorure de potassium.

L'immense production de l'industrie de Stassfurt a eu
pour résultat de faire baisser très-considérablement, dans
différents pays, la valeur des sels de potasse, et en conséquence, d'étendre beaucoup les usages du chlorure dans
diverses fabrications, enfin d'amener la fabrication de la
potasse artificielle par la transformation des chlorures.
Une autre influence a été de permettre l'emploi de ce minéral, à base de potasse, comme amendement, dans la culture de plantes fourragères et industrielles.

L'importance industrielle et agricole des sels minéraux
de potasse a, dans ces derniers temps, engagé à les recher-

cher dans d'autres gisements de sel gemme, en s'aidant des circonstances reconnues à Stassfurt. Jusqu'à présent, en Europe, ces sels n'ont pas encore été rencontrés, ailleurs, en quantités exploitables. Cependant on les a recherchés avec soin dans les gîtes de sel gemme des Alpes Autrichiennes. Ceux de la Galicie sont, en ce moment, l'objet d'études analogues.

Toutefois, un second gisement de carnallite vient d'être signalé, tout récemment, à Maman, en Perse, ainsi qu'il résulte d'un travail présenté à l'Académie des sciences de Saint-Pétersbourg, par M. Adolphe Gœbel.

Le sel gemme présente, dans les terrains de tous les âges où on le rencontre, et dans les régions du globe les plus distantes, des conditions géologiques d'une constance extrêmement remarquable. Mais il a fallu des circonstances exceptionnelles pour permettre aux sels très-déliquescents qui, à Stassfurt, recouvrent les masses salifères, en couches puissantes, de se déposer, ou au moins de se conserver, lorsque la mer est venue former les couches se sont superposées.

Néanmoins, il n'est guère douteux que d'autres localités ne possèdent aussi des sels de potasse, jusqu'à présent restés inaperçus et confondus avec des sels de soude. On arrivera à les reconnaître, quand on aura exploré ces localités, conformément aux données aujourd'hui acquises, et dans le but spécial d'y rechercher les combinaisons naturelles de potasse.

En résumé, la découverte de la potasse dans la nature présente quatre époques. Connue d'abord seulement dans les végétaux, elle fut en second lieu signalée dans le règne minéral par Klaproth, qui, en 1776, la reconnut dans l'amphigène ; ce n'est que plus tard que cette base fut constatée dans le feldspath, par Valentin Rose et Vauquelin. Une troisième phase correspond à son extraction de l'eau de la mer, par le procédé dû à M. Balard. Aujourd'hui on l'exploite, pour la première fois, dans le règne minéral, et dans des couches qu'on peut considérer comme des résidus d'anciennes mers géologiques.

Une nouvelle ère dans l'histoire de la potasse apparaîtra dès qu'on parviendra à l'extraire du minéral, qui en renferme au delà de 10 pour 100, et qui est si abondamment répandu à la surface du globe, le feldspath.

§ XI. — **Chaux phosphatée ou phosphorite** (1).

Depuis 1857, époque à laquelle M. Élie de Beaumont a fait connaître, dans un travail devenu classique, l'utilité agricole et les gisements géologiques du phosphore, de nouvelles découvertes ont été le résultat de l'attention qui a été donnée à cette substance importante.

Le haut intérêt que présentent les phosphates et la facilité avec laquelle ils peuvent rester méconnus, surtout si l'on n'est pas guidé par des considérations théoriques, a engagé à donner ici quelques observations, tendant à préciser autant qu'il est possible leurs gisements, d'après les découvertes les plus récentes.

Quoique l'importance du rôle du phosphore dans les animaux et dans les végétaux soit depuis longtemps reconnue, ce n'est qu'assez récemment, il y a vingt-cinq ans à peine, que la présence fréquente de ce corps a été constatée dans

---

(1) On peut voir le mémoire plus complet publié sur ce sujet : *Annales des mines*, 6e série, t. XIII, p. 67, et Mémoires de la Société impériale et centrale d'agriculture de France, année 1867.

les roches les plus répandues, d'où il passe dans le sol végétal.

Dès la fin du siècle dernier, en 1788, les analyses toujours si précises de Klaproth avaient, il est vrai, démontré la présence du phosphore dans le règne minéral, en le découvrant combiné dans certaines espèces, telles que le plomb vert et l'apatite.

Ce n'est toutefois que bien plus tard que des procédés d'analyse qualitative, suffisamment exacts, permirent de signaler indubitablement la présence de ce corps dans un grand nombre de roches, soit éruptives, soit sédimentaires.

L'un des premiers travaux qui établirent ce fait, par de nombreuses analyses, est celui que fit, dès 1844, M. Fownes, sur des roches de nature variée (1). On reconnut notamment que certaines marnes sont beaucoup plus riches en acide phosphorique que d'autres, et c'est une circonstance dont il importe de tenir grand compte, quand on emploie ces substances comme amendement agricole.

Outre cet état de diffusion du phosphore dans les roches, on rencontre aussi ce corps, constituant des gîtes spéciaux, particulièrement à l'état de chaux phosphatée, qu'on désigne sous le nom d'*apatite*, lorsqu'elle est cristallisée, et sous celui d'*apatite terreuse* ou plus généralement de *phosphorite*, lorsqu'elle est dépourvue de cristallisation. Dans ce second cas, la composition chimique ne répond plus à celle de l'apatite proprement dite, notamment en ce qui concerne la proportion du chlore et du fluor : aussi n'est-on pas en droit de lui donner le nom d'apatite, et une autre désignation a-t-elle paru convenable.

A l'état terreux, la phosphorite n'a rien qui puisse at-

____

(1) *London philosophical transactions*, t. I, p. 53 (1844).

tirer l'attention. Présentant, selon la nature des substances dont elle est mélangée, des colorations variées, blanche, jaune, verdâtre, noire, elle peut être facilement confondue avec du calcaire impur ou de l'argile. Un essai chimique peut seul éclairer sur ce point.

Il est, à la vérité, des cas dans lesquels la chaux phosphatée, malgré l'insignifiance de ses caractères minéralogiques, se révèle immédiatement par la forme caractéristique, d'origine animale, qu'elle a conservée, celle d'ossements, de dents, d'écailles, de coprolithes ou de carapaces de crustacés. Certains débris phosphatés d'animaux sont même parfois accumulés avec une abondance qui surprend, comme dans la couche remarquable dite *Bone-Bed* (1) qui est située à la partie inférieure du lias, ou dans certaines couches du terrain tertiaire, connues en Angleterre sous le nom de *Crag.*

Mais le plus ordinairement, la chaux phosphatée se trouve en rognons ou en masses terreuses, qui ne présentent pas de forme organique discernable, et c'est à tort que, dans le commerce, on leur étend le nom de coprolithes, nom que rien ne justifie. Il est possible que, dans ce second cas, le phosphate de chaux ait passé aussi par l'organisme animal. Mais, de même que la houille n'a pas toujours conservé la forme des végétaux qui lui ont donné naissance, le phosphate, celui des os, par exemple, peut avoir été dissous ultérieurement, puis précipité dans les sédiments où on le trouve enfoui ; il suffit pour cela de l'intervention d'agents, tels que l'acide carbonique, qui puissent pénétrer facilement dans les roches, avec l'eau dans laquelle ils sont dissous.

---

(1) Cette couche, que signalèrent, en 1822, MM. Buckland et Conybeare, se retrouve, sur le continent, dans de nombreuses localités et notamment dans le Calvados.

Première découverte des rognons dans les terrains stratifiés. — On sait que c'est Berthier, auquel la connaissance des substances minérales doit tant de découvertes utiles, qui, le premier, attira l'attention sur la chaux phosphatée, ainsi disséminée en rognons ou nodules dans les terrains stratifiés.

A Vissant (Pas-de-Calais), où la pyrite de fer était exploitée pour la fabrication du sulfate de fer, un chimiste habile, M. Longchamp, avait reconnu que les eaux du traitement de la pyrite effleurie renfermaient de l'acide phosphorique, qui s'opposait à la cristallisation. Berthier constata, en 1818, que les pyrites elles-mêmes sont exemptes de phosphore, mais qu'elles sont mélangées de phosphate de chaux, qui se montre parfois en rognons isolés (1). Pour la première fois, en France, on trouvait cette utile substance, en quantité notable; jusqu'alors, elle n'avait été rencontrée qu'accidentellement, à l'état d'apatite cristallisée, comme à Chanteloube, près de Limoges, et aux environs de Nantes. Deux ans après, Berthier découvrait la même espèce minérale dans des nodules qui avaient été recueillies au cap de la Hève, près du Havre, dans des couches appartenant au terrain crétacé, comme celles des environs de Vissant (2).

Dans ces deux localités, où elle occupe à peu près le même niveau géologique, elle était très-difficile à reconnaître, non-seulement à cause de son état amorphe, mais aussi en raison de son association intime avec d'autres substances qui la masquaient, de la pyrite de fer et une argile charbonneuse, à Vissant, du carbonate de chaux et de la glauconie, au cap de la Hève.

Poursuite de cette découverte en Angleterre; mise en

---

(1) *Annales des mines,* 1re série, t. IV, p. (1819).
(2) *Annales des mines,* 1re série, t. V, p. 197 (1820).

exploitation. — Ces premiers faits portèrent l'attention, en Angleterre, sur des rognons semblables, renfermés aussi dans le terrain crétacé et dans les grès verts. On doit à M. le docteur Fitton d'avoir décrit avec soin ces rognons phosphatés, dans son important travail sur les couches inférieures de la craie et d'en avoir montré la continuité, sur des points assez distants, dans les comtés de Kent et de Surrey.

Bientôt après, en 1848, M. Paine de Farnham annonça que le phosphate de chaux, dont les géologues venaient de mentionner l'existence, avait été employé avantageusement par lui, pour remplacer les os pulvérisés, comme amendement agricole, et que, d'ailleurs, il existe en quantité suffisante pour avoir une valeur économique (1). Des recherches faites aux environs de Farnham confirmèrent pleinement cette assertion (2). Le phosphate minéral ne tarda pas à donner lieu, dans cette partie de l'Angleterre, à une exploitation qui, dès lors, se poursuivit activement.

Poursuite de cette étude en France. — La grande analogie que présentent les couches du grès vert, des deux côtés de la Manche, devait conduire à les explorer aussi en France, au point de vue de la présence des nodules de chaux phosphatée ou phosphorite. M. Meugy, maintenant ingénieur en chef des mines, en étudiant avec attention différents étages du terrain crétacé, dans le département du Nord et dans les Ardennes, y retrouva, dès 1852, des rognons, dans la position de ceux que l'on exploitait en Angleterre, et, en même temps, en fit connaître à des niveaux supérieurs et jusque dans la craie blanche (3).

---

(1) *Quarterly journal*, t. IV, p. 257.
(2)   *Idem*   t. IV, p. 258.
(3) Découverte du phosphate de chaux terreux en France. — *Annales des mines*, 5ᵉ série, t. XI, p. 149.

En parlant de ces études, il convient de rappeler que c'est dans le laboratoire d'essais de l'École des mines que ces rognons furent reconnus, comme étant formés principalement de phosphate, et que M. Dufrénoy signala immédiatement le grand intérêt que présentait cette substance. M. Sens, ingénieur des mines, et M. Delanoue, ingénieur chimiste, doivent être également cités, comme s'étant livrés, peu après, à des explorations dirigées dans le même but.

Dès 1855, du phosphate de chaux était extrait à Grand-Pré (Ardennes), par M. Desailly.

Vers la même époque, M. de Molon se mit à étudier la même question, conjointement avec M. Rousseau, ingénieur civil, et publia le résultat de ses recherches (1). Mettant à profit les études faites tant en France qu'en Angleterre, qui avaient déjà fait connaître l'existence de certains niveaux de phosphates, et prenant en outre pour guide la carte géologique de France de MM. Dufrénoy et Élie de Beaumont, qui rend chaque jour des services de nature si variée, il explora une partie de la zone du terrain crétacé inférieur, qui est figuré en vert sur cette carte.

C'est ainsi qu'il arriva, aidé de son collaborateur, à poursuivre la reconnaissance de gisements réguliers de chaux phosphatée, dans un certain nombre de départements. Ces gisements se montrent dans le Boulonnais, puis s'étendent, d'une manière à peu près continue, depuis le département des Ardennes, à travers ceux de la Meuse, de la Marne et de la Haute-Marne, jusque dans celui de l'Yonne, entre Novion-Porcien et Saint-Florentin, localités qui appartiennent respectivement au premier et au dernier de ces départements.

---

(1) *Comptes rendus de l'Académie des sciences* (décembre 1856), en commun avec M. Thurneisen.

La zone dépasse 300 kilomètres. Les gisements susceptibles d'être exploités ont été trouvés à un même niveau, appartenant aux couches que les géologues désignent sous le nom de *gault*. Ceux qui ont été rencontrés à d'autres niveaux, n'ont pas présenté, jusqu'à présent au moins, la même régularité ni la même abondance.

Les explorations que M. de Molon a faites dans les départements de l'Ouest, où se montrent aussi des couches inférieures à la craie blanche, particulièrement dans les départements du Calvados, de l'Orne et de la Sarthe, n'ont pas été fructueuses comme dans l'Est ; les nodules de phosphorite n'y ont été rencontrés qu'en petite quantité : ce qui s'explique par l'absence des couches des argiles de gault dans les affleurements qui ont été étudiés.

Les couches avec rognons de phosphorite, dont nous venons de mentionner le développement dans le Nord-Est, se retrouvent également dans le midi de la France. En 1861, M. Lory, professeur à la Faculté des sciences de Grenoble, en faisant l'étude approfondie de la géologie du Dauphiné, y rechercha l'existence de cette même phosphorite, et la reconnut en un assez grand nombre de localités des départements de l'Isère, de la Drôme et de la Savoie. Elle ne s'y trouve qu'en petite quantité, mais aussi à un niveau bien défini, dans une couche assez mince et à peu près continue, qui appartient également à l'étage du gault. M. de Molon a ensuite constaté l'existence de ce même gisement dans le département des Alpes-Maritimes, par exemple aux environs de Grasse, et toujours au même niveau.

Aujourd'hui la chaux phosphatée est reconnue dans au moins trente-neuf départements. L'Exposition présentait une nombreuse série de ces rognons phosphatés ; la situation géographique des gisements s'y trouvait résumée sur une carte d'ensemble. Cette collection et cette carte ont été déposées à l'Ecole impériale des mines.

Mise en exploitation en France. — Après avoir constaté l'abondance de la phosphorite, M. de Molon pensa qu'il y avait lieu de l'exploiter et il se mit à l'œuvre. Au point de vue commercial et industriel, la tâche était ingrate ; car il s'agissait de lutter contre les préjugés, et c'est surtout en agriculture qu'il est difficile d'innover. Il n'y a donc pas à s'étonner si cette entreprise, malgré son utilité réelle, n'eut pas le succès qu'elle méritait. La haute protection que l'Empereur accorde à toutes les idées neuves susceptibles de contribuer à la prospérité du pays, protection qui, dès le début, lui vint généreusement en aide, ne réussit même pas à la soutenir. Toutefois, si ces premières tentatives pratiques n'ont pas abouti d'une manière fructueuse pour ceux qui ont osé les aborder, elles ont ouvert la voie à une industrie nouvelle et crée une nouvelle source de richesse agricole.

Bien que les couches du terrain crétacé, qui renferment la phosphorite, se retrouvent, en France, sur une grande étendue, comme on vient de le voir, on ne l'exploite que dans trois départements : ceux des Ardennes, de la Meuse (canton de Varennes), et, en quantité beaucoup moindre, dans le département de la Marne, aux environs de Sermaise. Ces rognons sont pris, en général, à la surface du sol.

On peut évaluer ainsi la production de 1867 :

Ardennes.	12.500 tonnes.
Meuse.	10.508 —
Marne.	900 —

Le prix de revient actuel varie de 25 à 27 francs le mètre cube lavé, ou environ 18 francs la tonne rendue en gare.

Le droit d'extraction payé au propriétaire du sol, qui était à l'origine de 5 à 6 francs par are, s'élève aujourd'hui jusqu'à 8 et 10 francs. L'argile qui enveloppe les nodules en est séparée dans des lavoirs (1).

Aujourd'hui, le phosphate est extrait par plus de 150 entrepreneurs. Il est pulvérisé, pour les besoins de l'agriculture, dans 50 usines ou moulins. Toutefois, au lieu d'opérer comme en Angleterre, où le phosphate minéral n'est jamais employé qu'après avoir été traité par l'acide sulfurique et amené ainsi à l'état de superphosphate, puis mélangé à une certaine quantité de phosphate des os, on présente généralement en France, aux agriculteurs, la phosphorite à l'état naturel, et n'ayant subi qu'une simple pulvérisation à la meule. On ne pourrait agir ainsi, si les rognons crétacés amorphes, employés dans notre pays, étaient aussi difficiles à désagréger que les phosphates cristallins, tels que celui de l'Estramadure.

Découverte en Westphalie, dans le terrain houiller. — Un gisement de chaux phosphatée, assez abondant pour être exploitable, a été découvert, en Westphalie, en 1861.

Il appartient aussi aux terrains stratifiés, mais à des couches d'une autre époque que le terrain crétacé, d'où la phosphorite avait été jusqu'alors exclusivement extraite. Elle est disséminée dans les argiles schisteuses noires du bassin houiller de la Ruhr, où elle est mélangée à de la pyrite et à du carbonate de fer; elle est aussi intimement

---

(1) Comme terme de comparaison, on rappellera qu'il arrive chaque année 208.000 tonnes de guano du Pérou dans la Grande-Bretagne et 47.000 en France.

associée aux phosphates de fer, d'alumine, de magnésie, ainsi qu'à une matière charbonneuse. Sa coloration en noir, sa forme en rognons lui ont valu chez les mineurs le nom de *Nieren packen*.

Ce phosphate occupe exactement la même position que le fer carbonaté lithoïde, appartenant au même terrain, et en offre d'ailleurs tout à fait l'aspect. Cette remarque n'a pas moins d'importance au point de vue de l'origine de ces phosphates qu'à celui de leur recherche.

Le gisement dont il s'agit, découvert par M. Ferd. Sack, à Sprockhövel, donne lieu à une exploitation. On convertit la phosphorite en superphosphate, comme en Angleterre, dans une fabrique qui a été établie à Horde et qui est dirigée par M. Dreverman.

C'est encore Berthier qui, le premier, a signalé cette seconde sorte de gisement de phosphate, en le découvrant dans les couches houillères de Fins (Allier) (1).

Découverte dans le Nassau, au milieu des gîtes de minerai de fer. — On sait que les minerais de fer de certains gisements produisent des fers phosphoreux et qu'ils doivent cette propriété à ce qu'ils sont mélangés de phosphates. Mais dans ces gisements, les phosphates n'avaient pas encore été rencontrés, constituant des masses isolées et considérables, comme on vient d'en découvrir dans le Nassau.

Déjà, en 1850, de l'apatite avait été signalée, par M. F. Sandberger, dans un minerai de manganèse des environs de Dietz, et plus tard, en 1864, M. Victor Meyer, de Limbourg, découvrit aux environs de Staffel, des masses pierreuses sur lesquelles il eut le mérite de porter son atten-

---

(1) *Annales des mines*, 1re série, t. XI, p. 142 (1825).

tion, et que l'analyse démontra être formées principalement de phosphate de chaux, renfermant du fluorure. On ne tarda pas à découvrir d'autres gisements, et aujourd'hui on n'en connaît pas moins d'une quinzaine dans le Nassau.

Ces divers gisements de phosphorite ont été décrits avec détail par M. Stein, ingénieur des mines à Dietz. Aujour-d'hui la phosphorite du Nassau est activement exploitée; une partie est exportée en Angleterre. On en a déjà extrait environ 10.000 tonnes; la tonne, qui coûtait dans l'origine 60 francs, se vend maintenant 30 francs.

Découverte analogue en Belgique dans les mêmes gise-ments que la limonite. — Tout récemment, la chaux phos-phatée vient d'être reconnue en Belgique, dans des gîtes de pyrite, c'est-à-dire dans un gisement ayant de l'analogie avec les précédents. C'est M. de Thier, auquel on doit la découverte de divers gîtes métallifères, qui, le premier, a signalé la présence de cette substance utile en Belgique. Après l'avoir recherchée pendant plusieurs années dans certains gisements de minerai de fer, il en a trouvé un dépôt considérable dans la commune de Baelen, arrondisse-ment de Verviers.

Ce gîte de phosphorite affleure sur la limite du calcaire carbonifère, au milieu des argiles qui accompagnent ordi-nairement la limonite, dont il semble avoir pris la place. Il appartient à la famille des gîtes de calamine.

On commence à l'exploiter, et les produits, extraits par douze ouvriers, sont vendus en Angleterre.

Exploitation en Espagne, dans les filons de l'Estrama-dure. — A la suite de ces découvertes de la chaux phos-phatée, dans des pays et dans des gisements où on ne l'avait pas encore exploitée, nous devons mentionner les célèbres gisements de l'Espagne qui, il est vrai, sont connus depuis longtemps, mais dont on avait cherché vainement à tirer parti pour l'agriculture, et qui viennent d'être remis en exploitation.

L'apatite se trouve en divers points de l'Estramadure, dans la province de Cacerès, notamment à Logrosan et à Trujillo, localités qui sont distantes l'une de l'autre d'environ 50 kilomètres. Elle constitue de nombreux filons dont l'épaisseur est parfois considérable. Ces filons sillonnent, en général, les roches granitiques et quelquefois aussi le terrain silurien, au milieu duquel le granite s'est intercalé, sous forme de protubérances étendues.

En 1865, on a exporté de la province de Cacerès 12.800 tonnes d'apatite; la production s'est élevée depuis lors, mais ne pourra prendre de développement, tant que ces gîtes ne seront pas en communication plus directe avec le réseau des chemins de fer.

Il est à remarquer que certaines apatites de la province de Cacerès, réputées pures, sont mélangées de quartz ou d'un silicate de chaux, dont la composition se rapprocherait de la wollastonite. Il importe d'autant plus d'être attentif à la possibilité de ces mélanges, que rien ne les fait distinguer à première vue, au milieu de la masse confusément cristalline d'apatite.

En outre, d'après M. de Luna, la chaux phosphatée est abondante à Montanchez, situé à 25 kilomètres de Cacerès, mais ici, elle serait dans le terrain crétacé.

Découverte en Portugal de filons semblables à ceux de l'Estramadure. — De même que les gisements de pyrite et de manganèse, ceux d'apatite se prolongent de l'Espagne dans le Portugal où ils ont été récemment découverts dans la province d'Alemtejo. Ils y forment des filons dans le granite, principalement aux environs de Portalegre et de Marvão. Les recherches se multiplient pour en reconnaître l'importance.

Il est à remarquer que cette région de phosphates du Portugal se trouve précisément sur le prolongement de la zone de la province de Cacerès, en Espagne, de sorte que le groupe entier des filons phosphatés s'étend sur une surface assez considérable, qui n'a pas moins de 120 kilomètres de longueur sur 60 de largeur.

Découverte en Portugal dans le terrain crétacé.—Un autre gisement de phosphate, différent de celui qui vient d'être signalé, et analogue à ceux de la France et de l'Angleterre, vient d'être également découvert en Portugal.

Des rognons de chaux phosphatée sont reconnus dans les marnes, qui encaissent les couches redressées de sable bitumineux exploitées à Granja, district de Leiria, paroisse de Monte-Real, c'est-à-dire à la base du terrain crétacé; ce sont des couches contenant des fossiles d'eau douce, qui paraissent caractériser, dans cette région, l'étage wealdien. On va explorer ce second gisement, qui est situé à proximité de la mer.

Tentatives d'exploitation de l'apatite dans un gisement volcanique, à Jumilla. — L'apatite se trouve encore en Espagne dans un gisement différent de celui où elle vient d'être signalée; C'est dans les roches volcaniques de Jumilla, dans la province de Murcie, en veines où elle est associée à du fer oligiste cristallisé et d'où proviennent les échantillons très-élégants que l'on connaît dans les collections.

D'après les explorations qui ont été faites, cette apatite s'étend sur une superficie assez considérable pour qu'elle soit, en ce moment, l'objet de tentatives d'exploitation.

M. de Luna, qui, depuis longtemps, a porté son attention sur les phosphates de l'Espagne, parvient à dégager l'apatite de sa gangue, en calcinant, dans un four à chaux ordinaire, la roche qui la renferme. Comme cette roche est mélangée de carbonates, si, après calcination, elle est exposée à l'humidité, elle tombe en poudre, tandis que l'apatite, plus cohérente, s'en isole facilement. Les résidus peuvent être d'ailleurs utilisés pour l'agriculture, à cause de leur teneur en phosphates.

Faits acquis sur les gisements de phosphates et observations qui s'y rattachent.—D'après ce qui vient d'être signalé, il n'est pas douteux qu'il n'existe, dans de nombreuses contrées, bien d'autres gisements de phosphates, que l'on rencontrera, à mesure que l'attention se portera sur ce sujet. C'est un des nombreux cas où la théorie éclaire les applications, de la manière la plus efficace.

L'absence de caractères physiques distinctifs rend d'autant plus nécessaire l'étude attentive des gisements de la chaux phosphatée ; aussi croyons-nous utile d'essayer de résumer les traits caractéristiques des principaux gisements du phosphore, tels qu'ils ressortent des faits constatés récemment ; car cette étude raisonnée peut conduire à des découvertes ultérieures. En considérant, d'une manière générale, les divers gisements du phosphore, on peut les diviser en trois groupes, selon qu'ils appartiennent aux terrains stratifiés, aux roches éruptives ou aux filons métallifères et amas d'origine analogue.

1° *Chaux phosphatée dans les terrains stratifiés.* — Certaines roches sont intimement mélangées de phosphates. Comme les calcaires et les marnes, que l'on emploie comme amendements, sont très-inégalement riches en phosphore, il est fort utile d'en constater la teneur par des essais directs.

Les dépôts de formation contemporaine, connus sous le nom de tangue, en contiennent aussi, ainsi que l'eau de mer, comme l'ont constaté MM. Clemm et Forchhammer.

Mais, à certains niveaux, la chaux phosphatée s'est isolée en rognons ou couches discontinues, qui constituent des gîtes parfois abondants et souvent exploitables. Les principaux niveaux déjà reconnus sont les suivants, qui sont énumérés d'après l'ordre croissant d'ancienneté.

Nous mentionnerons, seulement pour mémoire, les remarquables accumulations d'excréments, connues sous le nom de guano, qui représentent des dépôts de l'époque actuelle, ainsi que la chaux phosphatée, associée à des polypiers, provenant de l'île de Sombrero, qu'on importe en Angleterre.

a. Les terrains tertiaires très-récents, connus en Angleterre sous le nom de *crag*, renferment des couches d'ossements, que l'on exploite dans le Suffolk.

b. M. Becquerel a fait connaître, dès 1821, dans l'argile plastique d'Auteuil, près Paris, l'existence de rognons de phosphorite, en même temps que celle de la strontiane sulfatée ; mais ce ne sont que des accidents qui n'ont donné lieu à aucune exploitation (1). Il en est de même des coprolithes connus dans le calcaire grossier. Les rognons de l'argile plastique sont de nature terreuse et souvent mé-

______

(1) *Mémoires de l'Institut de France* (1821).

langés de bitume et de carbonate de chaux, en même temps que de pyrite de fer.

c. Les rognons de phosphate, rencontrés jusqu'à présent dans le terrain crétacé, sont surtout concentrés dans les couches du gault, comme à Grand-Pré et à Novion-Porcien. A ce niveau, ils constituent une zone remarquablement étendue; car elle a été poursuivie dans diverses parties de l'Angleterre, ainsi que dans l'est de la France, depuis les départements du Pas-de-Calais et des Ardennes, jusque dans celui des Alpes-Maritimes et du Var.

Le terrain crétacé renferme, en outre, deux autres niveaux de phosphorite, à deux étages plus élevés; l'un sur la limite du grès vert supérieur et à la base des marnes de la craie (Monthois, Saint-Morel, Sainte-Marie, département des Ardennes), et l'autre, plus élevé encore, à la partie inférieure de la craie blanche. Ce dernier a été signalé par M. Meugy, tant dans le département du Nord que dans les Ardennes, aux environs de Rethel. Il est représenté par des rognons blancs, d'un aspect tout différent de ceux des deux niveaux inférieurs, qui sont verdis par la glauconie.

Il a été retrouvé, d'une part, jusqu'en Espagne, et, d'autre part, en Bohême, dans l'étage appelé *plaener*, et jusque dans l'intérieur de la Russie.

Il importe de remarquer que le phosphate de chaux du terrain crétacé est très-souvent mélangé de phosphate de peroxyde de fer.

Des rognons de phosphate ont été aussi découverts récemment dans le nord de l'Allemagne, dans les minerais de fer de Gross-Bulten, qui appartiennent à la craie supérieure, d'après M. Wicke qui les a signalés. Ils sont jaunâtres et renferment des quantités variables, de 26 à 31 pour 100, d'acide phosphorique, qui est combiné, non-seuʲement à la chaux, mais aussi à l'alumine et au peroxyde de fer. Ces phosphates sont associés aussi à une petite quantité de fluorure de calcium et de carbonate de chaux.

On trouve en Russie, dans le voisinage de Koursk, une pierre qui a reçu le nom vulgaire de *samarode* ou *pierre naturelle*, par opposition à la brique, qui est une pierre artificielle, et qui constitue, avec la samarode, l'élément des constructions de ce pays. Cette samarode fait partie de la formation crétacée qui, dans cette contrée, n'offre pas d'autres matériaux consistants. A raison de sa couleur ocreuse et de sa densité, elle a été prise pour du minerai de fer.

La couche de samarode s'étend sous toutes les collines des environs de Koursk, sur une longueur de plus de 150 kilomètres. Elle se prolonge également dans le gouvernement de Simbirsk et dans celui de Voronech, comme l'a reconnu M. de Keyserling.

Malgré sa richesse en phosphate et en matière animale, cette roche n'est pas encore exploitée ; cependant elle pourrait être transportée à un port de la mer Noire ; elle reviendrait, dit-on, à Théodosie, à 42 francs les 1.000 kilogrammes.

Tout récemment, M. le professeur Gümbel, après avoir examiné à l'Exposition les rognons de chaux phosphatée de la France, en a constaté l'existence dans les Alpes de la Bavière, du Voralberg et de la Suisse ; elle y est associée à des roches puissantes appartenant au gault.

Certaines concrétions recueillies dans les Alpes de l'Allgau, au pied du Grunten, par exemple, ont donné des quantités d'acide phosphérique de 6 à 10 p. 100. D'autres nodules, recueillis dans le voisinage de la couche de minerai de fer du Kressenberg, ont donné 5,68 p. 100 d'acide phosphorique, et des rognons analogues de couches marneuses du Galgenberg, au sud de Ratisbonne, 8,19 p. 100.

Cet horizon à phosphate se poursuit jusque dans le terrain crétacé de l'Espagne et du Portugal, ainsi qu'on l'a vu plus haut.

d. Dans le terrain jurassique, on connaît depuis longtemps la couche que l'on a désignée sous le nom de *bonebed;* elle est très-intéressante, autant par l'abondance des débris d'os et des dents de vertébrés dont elle est partiellement formée, que par sa continuité. Elle se retrouve non-seulement en Angleterre, mais sur le continent, en de nombreuses localités, notamment dans le Calvados.

Certaines couches du lias abondent en coprolithes; mais même sur les points où on les trouve en grande quantité, leur extraction n'a donné lieu qu'à des tentatives insignifiantes.

Ces deux niveaux ont même été poursuivis dans le Wurtemberg et d'autres régions de l'Allemagne.

L'apatite, sous forme de rognons, a été récemment signalée en Franconie, dans les environs de Bodennais, par M. le professeur Gümbel, dans le terrain jurassique et à deux niveaux principaux.

e. Dans le trias, aux environs de Lunéville, par exemple, on connaît aussi des couches où abondent des coprolithes, dents, écailles et autres débris de poissons et de reptiles.

f. Dans le terrain houiller, nous avons à rappeler les gisements de chaux phosphatée, exploités en Westphalie.

On connaît aussi des couches de ce dernier terrain dans lesquelles abondent les coprolithes et autres débris phosphatés d'animaux, notamment à Burdie-House, près d'Édimbourg.

Enfin de beaux cristaux de phosphate de fer bleu, ou vivianite, qui se sont produits accidentellement dans les houillères embrasées de Commentry (Allier), et des environs d'Aubin (Aveyron), donnent une preuve de la présence de l'acide phosphorique en quantité notable dans les roches carbonifères, particulièrement dans les argiles.

g. C'est au calcaire dévonien que se trouvent superposés les gîtes de fer, dans lesquels la phosphorite a été récemment découverte en abondance, dans le Nassau ; mais ces gîtes sont plus récents que la roche sous-jacente, et peuvent être groupés aussi dans les amas métallifères.

h. Certaines couches du terrain silurien du Canada, appartenant à l'étage inférieur, reconnaissables par les coquilles bivalves du genre lingule, qu'elles renferment en grand nombre, contiennent aussi du phosphate de chaux en quantité considérable, sous forme de nodules.

i. Enfin les couches cristallines associées au gneiss, renferment parfois de l'apatite en abondance. L'un des gisements les plus remarquables est celui du calcaire cristallin, appartenant au terrain laurentien, qui est connu par les dimensions exceptionnelles qu'y atteignent parfois les cristaux d'apatite. Les deux localités les plus remarquables sont celles de South-Burgess et de North-Elmsley. Dans cette dernière, où l'apatite est mélangée au calcaire sur 5 mètres d'épaisseur, et où, sur 1 mètre, elle est à peu près pure, cristalline et parsemée seulement de mica, les gisements ont depuis longtemps attiré l'attention. En 1864 une compagnie de New-York a commencé à les exploiter ; mais ils ne le sont pas encore activement.

2° Chaux phosphatée dans les roches cristallines et les roches éruptives. — Les roches granitiques montrent parfois le phosphore à l'état d'apatite ainsi que d'autres combinaisons phosphatées, comme à Chanteloube, près de Limoges, aux environs de Nantes, à Bodenmais, en Bavière, et dans bien d'autres contrées. Ajoutons qu'on reconnut la présence du phosphore dans le feldspath lui-même, ainsi que dans l'un des minéraux fréquents du granite, la tourmaline.

Mais ce sont surtout les roches éruptives basiques qui sont riches en phosphore, ainsi que l'ont déjà constaté de nombreuses analyses chimiques. On peut citer les laves des volcans éteints (Vésuve, Medermendig, dans la Prusse rhénane, d'après Bergemais) ; les basaltes (Derbyshire et Dudley ; Engelhans, près Carlsbad, d'après Rammerlsberg ; les trachytes, en y comprenant les ponces (lac de Laach, Lipari).

Néanmoins les phosphates n'y sont pas toujours disséminés d'une manière invisible ; quelquefois l'apatite s'est séparée sous forme de cristaux, comme dans certains basaltes de l'Hérault, et dans la dolérite de Kaiserthul (grand-duché de Bade). La roche volcanique de Jumilla (province de Murcie) est bien connue par les beaux cristaux d'apatite qu'elle fournit à toutes les collections, où ils se montrent associés à du fer oligiste et sous forme de veines quelquefois très-épaisses.

Quelquefois le phosphate de chaux s'est séparé de ces roches sous forme de veines et à l'état amorphe (ostéolite), comme dans la Lithuanie, le Nassau, le pays du Rhôn, aux environs de Fulda, et en Bohême.

3° Chaux phosphatée dans les filons métallifères ou amas d'origine analogue. — On sait que les échantillons les plus élégants d'apatite qui ornent les collections proviennent des filons métallifères, et particulièrement de ceux où elle

accompagne le minerai d'étain ; en Cornwall et surtout en
Saxe et en Bohême, notamment à Ehrenfriedersdorf, à Zinn-
wald et Schlaggenwald, la même association se retrouve ;
les filons du massif du Saint-Gothard, où l'apatite se montre
associée parfois à un oxyde de titane, se rattachent à ce
même gisement.

On peut ajouter que la cryolithe, qui forme de puissants
filons au Groenland, associée à divers minerais métalliques, renferme une certaine quantité d'acide phosphorique.
Il en est de même des filons de quartz avec apatite cristallisée de Bovey-Tracey, en Devonshire.

C'est encore sous forme de nombreux filons que l'apatite
se présente en Estramadure et dans la région adjacente du
Portugal ; ces filons sont intercalés dans le granit et dans
le terrain silurien.

On connaît également l'association de l'apatite cristallisée
aux amas de minerai de fer subordonnés au gneiss de la
Scandinavie, par exemple aux environs d'Arendal et de Kra-
gero, et de Gellivara, dans la Laponie suédoise, ainsi qu'en
Saxe aux environs de Breitenbrunn, et dans l'État de New-
York.

Lors même que la chaux phosphatée se montre associée
aux terrains stratifiés, elle y manifeste souvent une relation
évidente avec les gîtes métallifères qu'elle accompagne.

Cette connexion ressort clairement des observations qui
ont été signalées plus haut, en ce qui concerne les gîtes de
phosphorite du Nassau, déposés exactement comme des minerais de manganèse et des minerais de fer, dans les dépressions du calcaire dévonien. Il en est de même en Belgique
pour le gisement de la commune de Baelen, près Verviers, où
le phosphate occupe exactement la position de la limonite,
au milieu des argiles superposées au terrain carbonifère.

La phosphorite exploitée en Westphalie occupe la même position que le fer carbonaté du terrain houiller, dont elle forme en quelque sorte le prolongement.

La phosphorite, que l'on a rencontrée à Amberg (Bavière), en masses qui atteignent 150 kilogrammes, se trouve également associée à du minerai de fer, qui est superposé au calcaire jurassique et qui est de formation plus récente que ce dernier, peut-être tertiaire. C'est également le cas à Grosse-Bulten et à Adenstad, comme on l'a dit plus haut. Enfin, la phosphorite a été rencontrée en Hongrie, près de Sgigeth, dans le voisinage d'un filon de limonite.

Il est juste de rappeler que le premier exemple de gisement analogue de la phosphorite a été signalé, aux environs de Saint-Thibaut (Côte-d'Or) ; elle avait été rencontrée par M. de Bonnard et analysée par Berthier ; elle y est associée au minerai de fer en grains, superposé au terrain jurassique. Enfin nous mentionnerons certains minerais d'Idria, en Carniole, où le phosphate de chaux a été découvert par Berthier, mélangé intimement au cinabre, principalement dans la variété appelée corallenerz. Les nodules noirs feuilletés et souvent imprégnés de cinabres qui entrent dans sa composition, consistent principalement en fluophosphate de chaux, qui est mélangé à la dolomie, à de l'argile et à des matières charbonneuses.

C'est à cette même catégorie qu'il paraît convenable de rapporter aussi le gisement de l'hydroapatite, dont M. Damour a fait connaître la composition, et qui remplit un filon mince, encaissé dans un schiste aux environs de Saint-Girons (Ariége). Dans le même schiste et à peu de distance du filon se trouve du phosphate d'alumine (wawellite).

En terminant cette énumération, je ne puis m'empêcher

de remarquer que Berthier a été le principal initiateur des
gîtes de phosphates aujourd'hui exploités, non-seulement
en signalant, le premier, cette substance à la base du terrain crétacé, mais aussi en la découvrant dans d'autres
gîtes très-différents, tels que le terrain houiller (1), le terrain de transition, à Quillan (Aude), dans un phyllade où il
était intimement mélangé de graphite et de quartz (2),
enfin en rognons, dans les amas de minerai de fer en grains
de la Bourgogne, ou aussi mélangé à certaines roches métallifères d'Idria.

La découverte, dans des gisements aussi variés, d'une
substance tout à fait dépourvue de caractères physiques
remarquables, et qui, bien que destinée à acquérir une
importance agricole, restait inaperçue, montre la judicieuse
pénétration d'esprit dont ce savant éminent a fait preuve
dans les nombreuses recherches qu'il a poursuivies, avec
persévérance, pendant plus de cinquante ans, et qui, à tant
d'égards, en dehors de la science proprement dite et des
industries métallurgiques, méritent un tribut de reconnaissance.

Origine du phosphore dans ses différents gisements. — En
résumé, si le phosphate de chaux, renfermé dans les terrains stratifiés, se présente fréquemment sous des formes
qui rappellent qu'il a passé par la vie, il n'en est pas de
même de celui qui est associé aux roches éruptives et aux
filons métallifères.

Dans ces deux derniers gisements, les phosphates paraissent tout à fait indépendants de l'action des êtres organisés.

En outre, c'est dans les profondeurs du globe, d'où dé-

---

(1) A Fins (Allier).
(2) *Annales des mines*, 4e série, t. II, p. 489 (1842).

rivent les roches éruptives, que se trouvent les réservoirs principaux du phosphore.

C'est de ces réservoirs intérieurs que les terrains stratifiés ont principalement tiré, souvent d'une manière indirecte, le phosphore qu'ils renferment.

C'est ainsi qu'aujourd'hui encore, des sources thermales, sortant des profondeurs infra-granitiques, comme à Carlsbad, en Bohême, apportent de l'acide phosphorique en dissolution. On sait que Berzélius, dans sa mémorable analyse de ces sources, y a découvert l'acide phosphorique, dans la proportion de $\frac{1}{4.500.000}$, et que depuis lors, on l'a retrouvé dans beauconp d'autres sources, où il est surtout appréciable par les dépôts insolubles qu'elles forment.

Documents apportés par les météorites sur les gisements originels du phosphore, et sur sa diffusion dans les corps célestes. — En dehors même du globe terrestre, les météorites nous apportent des faits qui me paraissent bien dignes d'attention, même pour le sujet qui nous occupe.

Le fer métallique, qui caractérise d'une manière si générale les météorites, renferme ordinairement, comme l'a reconnu Berzélius, une petite quantité de phosphore. Mais au lieu d'y constituer des phosphates, comme il arrive toujours par les roches terrestres, il s'y trouve à l'état de phosphures, genre de combinaison qui n'a pas encore été signalé dans notre globe.

Ces combinaisons, le plus souvent invisibles, se sont parfois isolées et constituent des phosphures de fer et de nickel, auxquels on a donné les noms de *schreibersite* et de *rhabdite.* Ce sont ces phosphures qui, en raison de leur insolubilité dans les acides et de leur disposition régulière dans les réseaux cristallins de fer nickelé, contribuent à la production de ces figures si remarquables et si connues qui caractérisent les fers météoriques et que l'on a nommées *figures de Widmanstaetten.*

Ces observations ne s'appliquent pas seulement aux *fers météoriques (holosidères, syssidères et polysidères)*, mais aussi aux grains métalliques, quelquefois extrêmement fins qui sont disséminés dans les météorites dites *pierreuses.* On peut donc conclure d'une manière générale que les météorites renferment des phosphures au moins en petite quantité.

Entre autres conséquences qu'on peut tirer de ce fait, nous en formulerons trois :

1° Les météorites nous apportent une preuve de la diffusion générale du phosphore à travers les espaces célestes, comme dans notre globe, à la surface duquel il remplit un rôle fondamental dans l'économie des êtres vivants.

2° Dans ces masses extra-terrestres formées de silicates anhydres et dont les analogies avec les produits de voie sèche annoncent si clairement le mode de formation ignée, on est forcé de reconnaître, non moins que dans nos roches volcaniques, l'origine inorganique du phosphore.

3° Enfin, on a reconnu que ces météorites, et particulièrement celles du type le plus commun, présentent des analogies frappantes avec certaines roches terrestres. Toutefois on n'y a rencontré ni granite, ni gneiss, ni aucune des roches de la même famille, ni même aucun des minéraux constituant des roches granitiques. C'est seulement dans les régions profondes du globe qu'il faut aller chercher les analogues des météorites, c'est-à-dire dans les roches qui ne nous parviennent qu'à la suite d'éruptions qui les ont fait sortir de leur gisement initial. Cette ressemblance porte tout particulièrement sur des roches de la famille du péridot, qui ne diffèrent réellement des météorites du type commun qus par un degré plus avancé d'oxydation. Les expériences synthétiques ont contribué à préciser ces analogies et même certaines identités (1). — On doit reconnaître dans la réunion de ces faits une nouvelle confirmation qui, bien que tirée d'un peu loin, n'en est pas moins décisive, de la position initiale du grand réservoir du phosphore dans les régions profondes du globe.

Ainsi, au point de vue de la dispersion du phosphore, comme pour bien d'autres sujets, les masses extra-terrestres ou cosmiques dont les météorites nous apportent des échantillons, élargissent, d'une manière imprévue, le champ des observations restreintes jusqu'à présent aux régions superficielles de notre globe, les seules qui soient directement accessibles à nos investigations : les régions profondes du globe tiennent en réserve le phosphore, aussi bien que d'autres corps que l'on a pu croire l'apanage des parties externes.

§ XII. — Magnésie carbonatée ou giobertite. — Magnésite ou écume de mer.

Le carbonate de magnésie est connu des minéralogistes sous le nom de giobertite ; il a reçu aussi le nom de magnésite, qu'il porte généralement en Allemagne, en Angleterre et aux États-Unis ; il le partage avec le silicate de magnésie hydraté, d'où il peut résulter une certaine confusion.

Longtemps considérée comme un minéral rare, la giobertite a été découverte, en masses pures et considérables,

---

(1) *Annales des mines*, 6ᵉ série, t. XIII, p. 1.

aux environs de Kraubath, en Styrie, où elle est exploitée pour les besoins des laboratoires et de l'industrie.

On l'a aussi rencontrée récemment en Autriche, près de Bruck, dans la vallée de Fragoess, dans des terrains anciens, qu'on rapporte au système silurien. Elle y forme des couches, à la manière du fer spathique, auquel elle ressemble beaucoup pour l'aspect.

Un autre gisement important de cette substance vient d'être découvert à Grochau, près de Wartha, en Silésie, où il est exploité, non-seulement pour préparer des sels de magnésie, mais aussi de l'acide carbonique, exempt d'odeur, et d'un prix de revient très-peu élevé.

Des couches considérables, que l'on rencontre dans les terrains anciens du Canada et que l'on considérait comme du calcaire ou de la dolomie, consistent, d'après les analyses de M. Sterry Hunt, en carbonate de magnésie.

Enfin, cette même substance vient d'être trouvée par M. W. P. Blacke, dans plusieurs localités de la Californie, où elle constitue des couches pures, atteignant 2 mètres d'épaisseur, et associées à des talcshistes et à de la serpentine.

On voit, par ces découvertes récentes, que la giobertite est assez abondante pour constituer une véritable roche.

Quant au silicate de magnésie hydraté ou magnésite, on le connaît depuis longtemps à Vallecas, près Madrid; certaines variétés ont reçu le nom d'écume de mer; il est exploité pour faire des fourneaux, sous le nom de pierre-folle; on l'utilisait déjà au siècle dernier.

La Grèce exploite, dans l'île d'Eubée, une magnésite, sous forme de rognons volumineux que l'on voit également exposés, et que l'on trouve dans le voisinage de masses de serpentine. On extrait, chaque année, 5 à 6 tonnes de cette écume de mer, dont la plus grande partie est transportée en Angleterre.

Un silicate hydraté semblable, mais avec de nombreuses empreintes de plantes, se trouve en abondance dans la Nouvelle-Galles du Sud, près de Richmond-River. Cette substance, exposée en blocs volumineux, est peut-être susceptible d'être utilisée.

§ XIII. — **Cryolithe.**

Le fluorure double d'aluminium et de sodium, connu sous le nom de cryolithe, présente cette particularité remarquable, d'être en masses puissantes au Groenland, à Ivigtut, près Arsukfjord, sans avoir été encore rencontré ailleurs, si ce n'est, en très-petite quantité, dans l'Oural.

Son exploitation, déjà si importante, s'est encore développée depuis trois ans; le produit annuel est d'environ 20.000 tonnes d'une valeur de 1.400.000 francs; on y emploie 110 ouvriers, 3 machines à vapeur fixes, et une locomotive de la force de 30 chevaux.

Une partie de cette cryolithe est maintenant transportée aux États-Unis où elle a servi, comme à Copenhague, et jusque dans l'intérieur de l'Allemagne, pour la fabrication du carbonate de soude et de l'alumine pure. Une petite quantité sert aussi à la fabrication de l'aluminium, conjointement avec l'hydrate d'alumine (bauxite), dont il va être question.

Cependant on n'est pas sans inquiétude sur la possibilité de poursuivre cette exploitation dans la profondeur, c'est-à-dire au-dessous du niveau de la mer.

§ XIV. — **Bauxite**.

L'hydrate d'alumine, dont Berthier a signalé l'existence, depuis 1821, aux Baux, près de Tarascon (Bouches-du-Rhône), et qui a reçu, en conséquence, le nom de bauxite, est maintenant exploité pour la fabrication de l'aluminate de soude et pour celle de l'aluminium.

Loin de ne former qu'un accident restreint, la bauxite constitue, dans cette région de la France, des gîtes isolés, mais assez nombreux, et enchâssés dans le terrain crétacé. Ces gîtes sont alignés suivant une zone qui s'étend, de Tarascon jusqu'à Antibes, sur plus de 150 kilomètres de longueur. Elle est en ce moment exploitée dans la commune de Cabasse, département du Var.

En outre, on a rencontré la bauxite au Sénégal et en Calabre. Plus récemment, elle a été découverte en Irlande, aux environs d'Antrim, ainsi qu'en Autriche, à Vocheim, où les gîtes se trouvent sur la limite des terrains triasique et jurassique.

Cette substance serait donc loin de faire défaut, si on lui trouvait des emplois plus importants.

§ XV. — **Minéraux barytiques**.

La baryte sulfatée ou barytine, qui forme la gangue de nombreux filons métallifères, est souvent en masses assez considérables pour qu'on l'exploite pour divers usages, en France, en Allemagne et dans bien d'autres contrées.

On a, en outre, rencontré la baryte carbonatée ou withérite, qui est incomparablement plus rare, mais que l'on trouve, comme gangue de filons de plomb, en Angleterre, assez abondamment pour qu'elle y soit exploitée et importée en France. Les échantillons exposés sont accompagnés de leur analyse, qui constate qu'ils sont mélangés, en proportions variables, de carbonate de chaux et de sulfate de baryte. On en a extrait, en 1866, dans le Cumberland et surtout dans le Shropshire, pour plus de 42.000 francs.

<h3 style="text-align:center">§ XVI. — Fluorine.</h3>

La chaux fluatée ou fluorine se trouve, dans les mêmes conditions que la baryte sulfatée, dans de nombreux filons métallifères. Elle y est également exploitée, lorsqu'elle s'y présente en masses considérables, en général, comme fondant, quelquefois comme minerai de fluor; dans quelques cas rares, elle sert aussi comme pierre d'ornement. C'est ainsi qu'on l'exploite en France, en Allemagne et dans de nombreuses contrées.

En Saxe, on a extrait, en 1865, 1.200 tonnes de fluorine. En Prusse, on en a exploité, comme fondant des minerais de cuivre, 4.500 tonnes qui proviennent presque entièrement du comté de Stolberg, au Hartz, et, pour une petite partie seulement, des environs de Kamsdorf, en Thuringe.

<h3 style="text-align:center">§ XVII. — Acide borique et borates.</h3>

L'acide borique, qui se rencontre dans certaines contrées à l'état de liberté, est en outre fourni aux arts par trois substances où il est combiné, et qui sont seulement exploitées depuis des découvertes récentes.

Acide borique. — L'exploitation des célèbres *soffioni*, qui, en Toscane, apportent l'acide borique des profondeurs, au milieu de torrents de vapeurs d'eau, est arrivée à un degré de perfectionnement assez avancé pour qu'elle n'ait pas subi de changement notable dans ces dernières années. On sait que, au lieu de se borner à l'exploiter dans des *lagoni* artificiels, on a fait une application du forage pour provoquer de nouveaux soffioni, en donnant des coups de sonde dans la région où ils tendent à sortir, c'est-à-dire à proximité des serpentines, qui percent les terrains tertiaires. Aux études intéressantes qui ont déjà été faites sur la constitution des soffioni, sont venues s'en ajouter de nouvelles, que l'on doit à M. le professeur Becchi.

On évalue la production de la Toscane, en 1863, à 1.294 000 kilogammes, d'une valeur de 6.500.000 francs ; les trois quarts environ sont expédiés en Angleterre, et près d'un quart en Amérique (1).

Borax ou borate de soude. — On sait que le borate de soude se trouve dans certains lacs du Tibet, soit en dissolution dans leurs eaux, soit sur les rives comme résidu de l'évaporation. On l'y connaît sous le nom de *tinkal,* qu'on lui donne aussi quelquefois dans le commerce.

Le Tibet a même seul fourni le borax employé en Europe jusqu'en 1818, époque où l'acide borique de Toscane a commencé à être exploité d'une manière régulière.

L'extraction, considérablement ralentie à une certaine époque, a repris à cause du renchérissement de l'acide borique. En 1854, on en a extrait, dit-on, au delà de 500.000 kilogrammes.

Une des principales circonstances qui entravent l'exploitation n'est pas seulement l'éloignement des ports d'em-

---

(1) L'Angleterre elle-même a exporté, en 1865, 1.689 tonnes de borax raffiné, d'une valeur de 1.162.000 francs.

barquement, mais aussi l'extrême altitude de ces lacs qui
est à plus de 4.000 mètres, c'est-à-dire dans la région des
neiges perpétuelles ou des placers, et qui sont gelés eux-
mêmes pendant la plus grande partie de l'année. L'un de
ces lacs a 32 kilomètres de tour.

Un des centres de production est situé dans la province
de Ladak, non loin de Cachemire, dans la vallée de Pougah.
Je dois à l'obligeance de M. Marcadieu, qui, à la suite d'une
mission du gouverneur général de l'Inde, a fait en 1856 une
étude approfondie de cette localité, des détails inédits qui
font connaître le gisement et le mode d'exploitation du
borax. A raison de l'utilité pratique qui peut en résulter, il
n'est pas inutile d'entrer à ce sujet dans quelque détail.

La vallée de Pougah se trouve à deux jours de marche du
lac de Rokchine et est traversée par une petite rivière alimentée par la fonte des neiges.

Les parois de cette vallée sont formées de micaschistes
et de gneiss et montrent en un point une soufrière que le
Raja fait exploiter pour son propre compte. Le soufre se
trouve dans les fissures du gneiss où il est déposé par des
vapeurs chargées d'hydrogène sulfuré et émanant de la profondeur.

C'est le sol constituant le fond de la vallée qui contient
le borax ; ce sel est particulièrement abondant dans la partie la plus large qui a $1^k,2$ environ, et cela sur 48 kilomètres de longueur. Le terrain est très-poreux, généralement humide et parfois marécageux. Les efflorescences de
borax couvrent tout le sol et lui donnent une blancheur
de neige qui fatigue la vue. Cette blancheur est interrompue de temps en temps par les bassins de plusieurs mers
thermales, les unes alcalines et les autres sulfureuses.

On n'observe autour de ces sources aucun dépôt salin et

les eaux ne contiennent pas trace de borax. La présence du sulfure de sodium et de la barégine les rapproche des eaux thermales des Pyrénées.

La récolte du borax se fait pendant cinq mois de l'année, de mai à septembre.

La couche exploitée n'a jamais que 6 à 8 centimètres d'épaisseur. Elle est recouverte par une autre couche saline formée de sesquicarbonate de soude, de sulfate de soude et de chlorure de sodium.

Le borax est d'un blanc grisâtre, confusément cristallin, et comprend au point de vue industriel trois variétés. La variété la plus riche contient 76 à 85 p. 100 de borax; la seconde n'en renferme que de 50 à 72 p. 100; le reste du mélange est formé de sulfate de soude, de carbonate de soude, d'eau, ainsi que de matières terreuses.

Quant à la troisième qualité, elle est rejetée sur le sol et se purifie à peu près d'elle-même. Quand une pluie survient, l'efflorescence disparaît, et la dissolution s'infiltre dans le sol poreux; le beau temps revenu, le sel reparaît après avoir abandonné dans le sol la majeure partie de ses impuretés.

La vallée de Pougah est affermée pour la somme de 750 roupies, soit 1.900 francs.

Une fois récolté, le borax est séché à l'air, puis emballé dans de petites besaces faites en général avec une étoffe de laine forte; 36.000 moutons et chèvres sont employés au transport du sel; trois de ces animaux servent à porter 40 kilogrammes. Les moutons et les chèvres sont les seuls animaux qui puissent suivre la route extrêmement difficile, seule issue de la vallée. On ne pourrait employer des yaks aux transports qu'à la condition de construire d'abord trois ponts.

En présence de la difficulté de transport, il y aurait tout avantage à purifier le sel autant que possible dans la vallée même. L'absence de combustible rend bien difficile cette purification, qu'on réaliserait peut être cependant à l'aide de la chaleur des sources thermales.

Une grande quantité de borax est perdue en route par suite des pluies qui assaillent les caravanes et contre lesquelles les indigènes ne savent prendre aucune précaution.

L'exploitation dont la vallée de Pougah est actuellement l'objet est bien loin de l'épuiser. M. Marcadieu pense d'après des essais qu'il a faits, qu'on activerait beaucoup l'efflorescence par des arrosages convenablement exécutés, et qu'on arriverait peut-être ainsi à faire plusieurs récoltes dans l'année.

Le borax est également exploité en Perse, au lac Ourmiah, dans des conditions que M. Abich a fait récemment connaître. La présence de *serpentines* et d'*euphotide*, à proximité des sources boratées, est un trait de ressemblance avec la Toscane. L'eau dont on extrait le sel n'en renferme moyennement qu'un demi pour 100.

La Californie, si bien dotée d'ailleurs, commence à produire des quantités notables de borax. Il n'est pas sans utilité de faire connaître brièvement comment ces nouveaux gisements ont été découverts. L'eau de certaines sources thermales évaporée produisit des cristaux qu'à leur forme on soupçonna être le borate de soude, et qui, en effet, n'étaient autre chose que ce sel. Cette première observation, faite, en 1854, par MM. Weatch et Trask, donna lieu bientôt à la découverte de borax dans de nombreuses sources, mais seulement en petites quantités. L'éveil était donné ; un chasseur découvrit sur le bord du lac Clear, au milieu d'une poussière blanche, des cristaux dont un Anglais, employé antérieurement dans son pays à une manufacture de borax, reconnut immédiatement la nature. Des sources thermales, dont quelques-unes atteignent 75 degrés, jaillissent dans le voisinage, avec des jets d'hydrogène sulfuré, et même, dit-on, d'hydrogène carboné. L'eau, dont on extrait actuellement le borax, forme un marais plutôt qu'un lac; il n'a environ que 1 mètre d'eau. Il couvre de 80 à 160 hectares, suivant les époques de l'année; 120 hectares seulement sont considérés comme sol à borax. On estime que la boue, sur les trois premiers mètres, renferme environ 15 p. 100 de borax, 28 p. 100 de carbonate de soude, et 8,25 de chlorure de sodium. A la profondeur de 20 mètres, la boue, rapportée par un sondage artésien, a donné 3,50 p. 100 de borax. On connaît déjà trois districts offrant des borates.

La compagnie qui s'est formée produit environ, par jour, deux tonnes de cristaux bruts, que l'on sépare de la boue du lac, par un procédé particulier, et au moyen d'ouvriers chinois. En 1865, on a exporté du borax pour une valeur de 200.000 francs, et, pendant les neuf premiers mois de 1866, pour 210.000 francs. Ces quantités sont suffisantes pour arrêter les importations aux États-Unis.

On annonce encore dans plusieurs autres lacs de la Sierra-Nevada de Californie et de l'État de Nevada, la présence de quantités notables d'acide borique en solution; mais nulle part ailleurs, dans cette partie des États-Unis, on n'a trouvé une telle quantité de cristaux naturels.

Les cristaux de borax de Californie rappellent tout à fait ceux des lacs classiques du Tibet, particulièrement à l'état de borite.

Hayésine ou borate de chaux. — L'hayésine, ou borate de chaux, a été rencontré en 1851, constituant des rognons disséminés dans le nitrate de soude du Pérou ; ce sel s'y rencontre même assez abondamment pour être exploité et exporté en Europe depuis quinze années.

Cette substance est ordinairement sous forme de rognons, et habituellement en mélange intime avec du sel gemme, du sulfate de soude et du sulfate de magnésie.

Elle ne constitue pas un accident simplement local ; car on l'a rencontrée dans de nombreuses localités, sur une longueur de plus de 200 kilomètres. Elle a même été trouvée en Bolivie, sur deux points du désert d'Atacama.

Boracite ou borate de magnésie. — Enfin le chloroborate de magnésie, ou boracite, était depuis longtemps connu des minéralogistes par les caractères remarquables de ses cristaux, au double point de vue physique et géométrique ; il a été découvert en abondance à Stassfurt, associé aux sels de potasse, qui, dans ces derniers temps, ont rendu cette localité célèbre. Il est en masses compactes dépourvues de cristallisation distincte, et constituant ainsi une variété qui a reçu un nom spécial (*stassfurtite*).

Observations sur les gisements de l'acide borique et des borates. — Les principaux gisements de l'acide borique et des borates manifestent une relation avec les phénomènes volcaniques et les émanations de vapeur d'eau qui s'y rattachent : on l'observe particulièrement en Italie, non-seulement dans les environs de Volterra, en Toscane, mais dans le cratère de Vulcano, l'une des îles Lipari ; au Tibet, en Perse et en Californie.

La présence de l'acide borique, en petite quantité, dans

beaucoup d'eaux minérales de France et d'autres contrées, telles que le Canada, sa découverte dans les fumarolles du Vésuve, annoncent que ce corps est beaucoup plus répandu qu'on ne l'avait supposé.

Cet acide est du nombre des corps qui peuvent très-facilement rester inaperçus, qu'il soit apporté par les vapeurs volcaniques, ou qu'il soit combiné comme dans les minéraux dont il vient d'être question.

C'est un double motif pour que les géologues et les minéralogistes se rendent bien compte des gisements de cette substance utile.

CHAPITRE VII.

MINÉRAUX D'ORNEMENT.

§ I. — **Roches d'ornement tendres. — Marbres et serpentines.**

Les marbres, rentrant dans un autre rapport, ne seront pas examinés ici. On se bornera à mentionner, pour mémoire, les calcaires concrétionnés de la province d'Oran, connus sous le nom d'onyx de l'Algérie, et les beaux marbres-brèches de teinte rouge, exploités dans la province d'Alger, près de Cherchell, par M. Tardieu.

On remarque à l'Exposition un marbre de Californie, d'un jaune brun, à structure concrétionnée, et rappelant, à part la couleur, l'onyx d'Algérie. Ce marbre, connu sous le nom de *Suissin Marble*, paraît coloré en jaune par une matière organique. Il est peu abondant, et son origine, qui se rattache à l'apparition des sources thermales, explique son étendue restreinte. La Russie expose également un calcaire concrétionné provenant du Caucase, et taillé sous forme de coupes élégantes. L'Italie, l'Espagne, le Portugal, la Grèce, les États-Unis, et divers autres pays, présentent des collections de marbre de nature variée.

En Italie seulement, la valeur des marbres bruts et ouvrés, statuaires et autres, qui ont été exportés, s'est élevée, d'après la moyenne des années 1863, 1864 et 1865, à près de 8 millions de francs.

A part les serpentines bien connues de Lizard, en Cornwall, et de Portsoy, en Écosse, une belle collection de serpentines polies est exposée par le Canada; ces serpentines proviennent, tant des schistes cristallins (terrain laurentien) que des terrains silurien et dévonien. Tantôt elles sont pures, tantôt elles sont constituées par des mélanges de serpentine avec calcaire, dolomie, ou carbonate de magnésie; on ne les exploite encore, d'une manière régulière, que dans une seule localité.

§ II. — Roches d'ornement dures.

Les roches dures d'ornement figurent en assez petit nombre à l'Exposition; car le haut prix auquel elles reviennent en restreint considérablement l'usage. Mais on les trouverait, avec abondance et variété, dans différentes parties de la France et notamment en Corse.

Le porphyre, qualifié de bleu, que les Romains ont exploité dans le département du Var, à Agay, comme l'attestent de vastes carrières dans lesquelles ils ont laissé des colonnes inachevées, vient d'être de nouveau utilisé, depuis qu'un chemin de fer traverse cette partie des montagnes de l'Esterel. Mais ce n'est plus sous forme de colonnes et de pierres d'ornement ; c'est parce qu'il fournit un excellent pavé, que l'on emploie à Marseille et à Toulon, et qu'il sert aussi à l'empierrement des routes.

Les diallages métalliques d'Arvieu se présentent en assez grandes masses pour qu'on ait cherché à les utiliser comme pierres d'ornement, en les polissant.

Il convient de rappeler les porphyres d'Elfdal, en Suède. Les jaspes, porphyres et rhodonites (silicate de manganèse) de la Russie, se montrent façonnés sous de magnifiques dimensions ; on les taille à Kolywansk, et ils sont, en outre, utilisés pour la fabrication de très-belles mosaïques, imitant celles de Florence.

Les jaspes de Saint-Gervais, en Savoie, qu'exploite la Société dite du Mont-Blanc, ont été taillés sous forme de colonnes de très-grande dimension. Ils se trouvent dans des couches de quartzites appartenant au trias et sont entremêlés de veines de dolomie.

On remarque aussi le jade néphrite provenant de la Sibérie orientale, des contrées qui fournissent le graphite, dont un bloc, présenté par M. Alibert, pèse 456 kilogrammes ; le jade de l'Himalaya ; celui de la Nouvelle-Zélande ; enfin, les marbres verts de la Nouvelle-Calédonie qui, par leur dureté et leur couleur, rappellent le jade.

§ III. — **Pierres gemmes et pierres précieuses.**

Diamant. — Les gîtes de diamant de l'Inde, de la province de Golconde, déjà exploités dans l'antiquité, mais maintenant très-peu productifs, surtout pour l'Europe, ne sont aucunement représentés à l'Exposition.

Il en est de même de ceux de Bornéo, dont l'exploitation régulière paraît entravée par de grandes difficultés.

Les seuls diamants bruts présentés à l'Exposition proviennent du Brésil, contrée qui fournit à peu près la totalité de ce que reçoit l'Europe.

Ce n'est pas ici le lieu d'insister sur les faits si intéressants pour le minéralogiste, le géologue et le chimiste, qui ressortent en partie des collections exposées par M. Coster, et par le Brésil.

Les alluvions dans lesquelles le diamant est exclusivement exploité se rencontrent principalement dans la province de Minas-Geraes, du 16° au 20°30′ de latitude, et aussi dans la province de Bahia; cependant on a reconnu encore ce minéral dans les provinces de Goyaz et de Matto Grosso, et jusque dans celle de Parana.

Sur cette vaste étendue, qui ne comprend pas moins de 12° de latitude et 10° de longitude, les alluvions diamantifères reposent en général sur les roches schisteuses cristallines, et, en particulier, sur l'itacolumite, qui est formé de quartz mélangé de mica.

Comme le diamant ne se trouve guère que dans les sables, la nature de la roche, dans laquelle il a pris naissance, n'est qu'imparfaitement connue. Aussi les divers minéraux, auxquels il est associé dans ces sables apportent-ils un document utile, en nous initiant aux circonstances dans lesquelles ce minéral, si remarquable à tous égards, a pris naissance (1); tels sont particulièrement les oxydes de titane, connus sous le nom d'anatase et de brookite, le sili-

---

(1) Quant aux échantillons qui ont surtout attiré l'attention, et où l'on voyait le diamant associé au quartz cristallisé, le diamant y avait été fixé, artificiellement et d'une manière très-habile, par les nègres.

cate aurifère ou variété de tourmaline, connue sous le nom de feijão.

Depuis 1843, époque de la découverte du diamant noir dans la province de Bahia, il n'est survenu aucun fait digne d'une mention particulière. La production du Brésil reste à peu près stationnaire ; elle était, en 1866, de près de 37 kilogrammes : ce chiffre représente d'ailleurs la moyenne des huit dernières années. L'élévation considérable dans le prix du diamant, qui s'est manifestée depuis quelque temps, résulte de ce que les demandes se sont beaucoup accrues en Europe, à la suite d'un développement de richesse et de luxe. On estime que ce prix a graduellement doublé dans l'espace de dix années, de 1856 à 1866. On ne suppose pas que la production puisse s'accroître d'une manière notable, parce que les travaux d'exploitation se font sur des terrains connus et en partie épuisés. D'ailleurs, la rareté des bras, causée par la guerre actuelle du Brésil, et l'abolition de l'esclavage ne contribueront sans doute pas à faire baisser le prix du diamant.

Pendant ces dernières années, l'importation en Europe a varié comme il suit (1) :

Années.	Karats.
1859	208.035
1860	182.263
1861	161.149
1862	164.875
1863	201.359
1864	153.732
1865	177.014
1866	182.014
Total	1.431.326

C'est par Rio de Janeiro que sont envoyés en Europe les

---

(1) Je dois ces documents à l'obligeance de M. Martin Coster.

diamants bruts, dits *brut mina*, et ceux, en très-petite quantité, qui viennent des lavages de Bagagem et de Cuyaba. Le Bahia expédie les diamants bruts, dits *brut sincora*, moins estimé que les premiers (1).

Il est quelques autres contrées, où l'on assure avoir rencontré des diamants, dans les sables que l'on y exploite pour or, notamment dans l'Oural, où la trouvaille, d'abord contestée, a été de nouveau affirmée. Aux États-Unis, on l'a signalé dès 1836, aussi dans les exploitations d'or de la Géorgie et de la Caroline du Nord, et plus récemment dans celles de la Californie.

Des découvertes semblables, mais plus nombreuses, ont été également annoncées en Australie, dans la province de Victoria. Dans le district de Beechworth, on aurait, antérieurement au 1er janvier 1865, rencontré quarante diamants, dont l'un pèserait 17 karats; de plus, on en aurait rencontré quinze dans la mine de M. Finn, à Woolshed, pesant d'un demi à un karat, de telle sorte que le total serait de cinquante-six. Il est à regretter qu'aucun diamant de ces nouveaux gisements ne figure à l'Exposition.

Lors même que ces découvertes seraient parfaitement certaines, comme elles le paraissent, elles n'ont encore aucune importance commerciale.

La découverte que l'on vient d'annoncer tout récemment dans la colonie du Cap, près de Hop-Town, dans les parages de la rivière Orange, de 4 diamants de très-belle eau, et dont l'un pèse au delà de 12 karats, paraît mériter toute confiance et donnera sans doute naissance à des recherches.

On peut mentionner ici une anthracite prenant un vif poli et douée alors d'un éclat adamantin, qui est arrivée

---

(1) Il est à remarquer que le diamant Sincora a une valeur moindre de 10 à 20 p. 100 que le diamant Mina.

en Europe, avec l'indication qu'elle proviendrait du Brésil. Bien qu'elle ait la densité de l'anthracite, il est extrêmement remarquable que certaines parties ont une dureté extrême et rayent le verre (1).

Émeraude. — Les mines de Musso, près de Santa-Fé-de-Bogota, dans la Nouvelle-Grenade, ou république de Colombie, où l'émeraude a été découverte par les Espagnols, en 1555, et bientôt après mise en exploitation, sont représentées par de nombreux échantillons qu'exploite M. Lehman, ingénieur français, pour le compte de la maison G. Halphen. Les cristaux naturels sont enchâssés sur la roche noire, qui encaisse les filons d'émeraude et qui consiste en calcaire et en schiste charbonneux; on la rapporte au terrain crétacé de l'étage néocomien.

Les nombreuses veines d'émeraude qui sillonnent la montagne sont poursuivies au moyen de galeries souterraines. Ces mines occupent environ 300 ouvriers; leur production est très-irrégulière.

On y voit également l'émeraude d'Égypte, du revers sud-est du mont Zabarah, que les anciens exploitaient et dont les mines ont été retrouvées par M. Caillaud, naturaliste distingué, de Nantes ; elle est disséminée dans un micaschiste.

C'est aussi dans le micaschiste que l'émeraude est depuis longtemps connue dans le Saltzbourg (Heubachthal). Bien que, dans cette dernière localité, elle n'ait pas une teinte très-vive, on cherche en ce moment à l'exploiter.

Ces mines paraissent avoir été exploitées dès une anti-

---

(1) M. Dumas, *Comptes rendus* de 1866. — On a pu apprécier l'éclat extraordinaire de cette anthracite, qui est exposée, par M. le comte de Douhet, dans une parure, où cette substance noire est associée au diamant.

tiquité reculée, ainsi que l'atteste une inscription hiéro-
glyphique que l'on fait remonter à 1.65o ans avant l'ère
chrétienne. Elles ont fourni des émeraudes très-belles,
entre autres celle qui est conservée à Rome dans le trésor
pontifical.

Un micaschiste, tout semblable à ce dernier, sert également de gangue à l'émeraude des environs de Mursinsk, non
loin d'Ekatharinenbourg, dans l'Oural, où elle est accompagnée de divers minéraux intéressants, phénarite, cyno-
phane, apatite, rutile, et fluorine. Ce gisement, découvert
en 183o, a fourni des émeraudes de très-grandes dimensions
et d'une couleur intense, dont on a pu voir de nombreux
échantillons à l'Exposition.

Les célèbres mines de topaze situées dans la province de
Minas-Geraes, à Capão, près d'Ouro Pretto ou Villarica, qui
ont fourni de si beaux cristaux à toutes les collections du
monde, ne sont plus guère exploitées.

C'est aussi de cette localité que proviennent les échantillons de topaze et d'euclase qui figurent à l'Exposition.
En même temps que ces pierres gemmes, qui se trouvent
en partie disséminées dans une marne argileuse, se trouvent d'autres minéraux, tels que du quartz hyalin parfaitement cristallisé, du fer oligiste, du rutile et du fer titané.
La roche encaissante appartient aux schistes cristallins.

Pierres gemmes de Russie. — Dans la région de l'Oural,
dont il vient d'être question comme possédant des émeraudes, on trouve également d'autres pierres précieuses.

Ainsi, avec l'émeraude, se trouvent deux autres combinaisons, caractérisées par la présence de la glucine : la phénakite incolore, mais remarquable par son éclat; la cymo-
phane, de la variété dite alexandrite, bien connue par la

dimension et la beauté de ses cristaux. On y rencontre encore : l'émeraude de la variété aigue-marine, en beaux cristaux d'un jaune de vin, qu'il ne faut pas confondre avec le beryl, depuis longtemps connu dans la Sibérie orientale à Odon-Tschélon ; le corindon, variété saphir, mais habituellement dépourvu de limpidité ; la topaze d'Alabaschka, près Mursinsk, d'une teinte bleuâtre, et à la fois remarquable par la multitude de faces que présentent ses cristaux, et par leur dimension extraordinaire.

Toutes ces substances sont représentées à l'état taillé, de même que le sphène (silico-titanate de chaux), d'une limpidité extraordinaire et ressemblant à la topaze par sa couleur.

Pierres gemmes du Brésil. — La richesse exceptionnelle du Brésil en pierres gemmes, n'est représentée, à part les diamants, que par peu d'échantillons, entre autres par les cristaux de topaze et d'euclase.

Pierres gemmes de Victoria. — La province de Victoria, en Australie, n'est pas seulement à mentionner ici pour les diamants qu'on y a signalés. En exploitant les sables aurifères de cette contrée, on a recueilli une collection d'autres pierres gemmes, que l'on a fait figurer à l'Exposition, particulièrement le corindon, variété saphir, qui a été rencontré avec des nuances variées et les formes cristallines qu'on lui connaît en Orient, présentant parfois aussi le phénomène de l'astérie. Le corindon se trouve également avec la couleur rouge, de la variété rubis, et même, ce qui est beaucoup plus rare, avec la couleur verte, de la variété dite émeraude orientale ; enfin, avec la teinte jaune qui caractérise la topaze orientale.

On trouve encore dans ces mêmes parages les topazes incolores, dites gouttes d'eau, comme celles que l'on connaît déjà à l'île de Flinders, en Tasmanie, et qui, à l'état taillé, imitent le diamant; d'autres de ces topazes sont bleuâtres. L'espèce zircon y est abondante et présente des colorations variées. Enfin, on y rencontre le grenat almandin et de nombreuses variétés de quartz hyalin (1).

On peut remarquer que presque toutes les pierres gemmes ayant une densité supérieure à celle du quartz et des pierres ordinaires, il n'est pas étonnant qu'elles se concentrent avec l'or, dans les résidus de lavage où on les découvre, lors même qu'elles ne seraient pas associées à l'or dans son gisement primitif.

Il est possible que les gemmes de la Victoria ne présentent pas seulement un intérêt théorique, et que plus tard on en tire parti.

Turquoises. — Il existe, sur les bords de la mer Rouge, à cinq journées de la pointe d'Akaba, qui forme l'extrémité de la presqu'île du Sinaï, un gisement de turquoises. Ces pierres précieuses ont été exploitées dès la plus haute antiquité, ainsi que l'attestent de profondes excavations creusées de main d'homme, des parois de roches couvertes de bas-reliefs égyptiens, des hiéroglyphes et divers vestiges de construction. M. Petiteau, après avoir exploré ce gisement en 1865, en a repris l'exploitation; elle se fait dans des roches de grès que l'on attaque à la poudre, afin de chercher dans les débris les veines de turquoises qui s'y trouvent disséminées. Ces turquoises consistent en un phosphate d'alumine hydraté, dont la composition est la même

---

(1) M. le R. Bleasdale a étudié avec soin ces pierres fines.

que celle des turquoises de la Perse, pays d'où proviennent la plupart des turquoises du commerce.

Pierres diverses. — Le quartz hyalin et incolore, de la variété connue sous le nom de cristal de roche, n'est plus employé aussi fréquemment qu'au moyen âge et à l'époque de la renaissance, depuis qu'il trouve un rival redoutable dans le cristal artificiel. Cependant son importance s'est agrandie, depuis les découvertes qu'il a provoquées, dans les lois de l'optique, entre les mains de Malus, d'Arago, de Biot et d'autres physiciens. Certains quartz très-limpides, comme ceux de la Suisse, sont impropres aux expériences d'optique.

Le Brésil fournit le quartz le plus estimé pour ce genre de recherches. On le rencontre en différents lieux des provinces de Minas Geraes, Goyas et San Paulo.

Les cristaux, si volumineux et de si belle apparence, que le Japon envoie à profusion, viennent malheureusement de s'y montrer rebelles.

Les améthystes de la Confédération Argentine, que l'on voit exposées en grand nombre et en volumineuses géodes, se trouvent en abondance dans le haut Uruguay, au Salto, où elles sont associées aux cornalines et aux agates que l'on importe, depuis quelques années, en Europe, à Oberstein, et que l'on taille, dans cette localité, à la place des agates qu'on y extrayait autrefois.

On n'a pas exporté moins de 200.000 kilogrammes d'agate de l'Uraguay en 1862.

Il est à ajouter que les caladomies et les agates abondent aussi au Brésil, dans la province de San Pedro du Sud, d'où on les exporte également en quantité considérable.

Des opales d'une belle apparence ont été découvertes dans le Honduras, et assez abondamment pour qu'une compagnie anglaise s'occupe de les mettre en exploitation en ce moment.

Les améthystes exploitées dans l'Oural figurent à l'Exposition, à l'état taillé et à l'état naturel. On voit également un très-beau groupe d'améthystes du Canada, et un autre de Turquie, des montagnes du Tachova.

Dans le sud de l'Espagne, à Hinojosa, province de Salamanque, on exploite du quartz qui, à raison de la belle couleur jaune qu'il acquiert, après une calcination convenablement opérée, est vendu sous le nom de topaze. Cette fausse topaze n'a cependant pas une valeur élevée, car les 550 kilogrammes qu'on a extraits en 1862, ont été vendus 2.400 francs.

La Russie présente aussi, pour la première fois, l'obsidienne chatoyante du Caucase, sous forme de vases et de coupes, dont les reflets sont très-riches. Elle provient du massif du mont Ararat et est taillée à Tiflis.

Enfin, parmi les substances minérales exploitées comme pierres d'ornement, on doit comprendre le succin ou ambre, bien qu'il ne soit qu'une résine fossile.

Le succin est connu et exploité depuis l'antiquité en Prusse, sur les bords de la mer Baltique; il forme des rognons subordonnés aux couches tertiaires.

Souvent il est recueilli, au milieu des matériaux qui proviennent de la démolition de ces couches par la mer, le long des falaises.

On l'extrait par divers moyens, soit en le pêchant dans le ressac, avec des filets, soit en le retirant des sables, soit enfin en employant la drague pour l'enlever au fond de l'eau.

Autrefois on ne pouvait recueillir ce minéral que sur le rivage; mais, en 1867, deux pêcheurs ont découvert, à 15 kilomètres au sud de Memel, dans la baie dite *Kurischehaff*, une couche de succin située à 10 mètres au-dessous du niveau de la mer.

Le droit de recueillir ce minéral sur la côte de Prusse fut concédé par le gouvernement à une seule compagnie, de 1811 à 1837; mais d'après un décret de 1847, tous les propriétaires de terres bordant la mer sont autorisés à recueillir l'ambre, à charge de payer certains droits. C'est ainsi que la compagnie qui exploite à Memel paye seule environ 4.000 thalers par an au gouvernement. Ses dépenses annuelles montent, dit-on, à 180.000 thalers; elle emploie une flotte de 15 dragues et 400 ouvriers.

L'exploitation, qui se poursuit nuit et jour, a donné, à certains jours, jusqu'à 4.000 kilogrammes de succin.

La production totale des côtes de la Baltique s'élève aujourd'hui à près de 100.000 kilogrammes par an, dont 50.000 sont recueillis par le puisage et la pêche au dard, 35.000 par le dragage et 15.000 par les fouilles opérées dans les coteaux sablonneux voisins de la mer.

La valeur de l'ambre varie considérablement; elle est fixée, pour chaque morceau, d'après sa couleur, sa grosseur et sa forme. Une faible partie seulement de la quantité extraite peut servir à la fabrication de broches, porte-cigare, etc; la plus grande quantité sert à fabriquer ces colliers si connus, mentionnés déjà par Hérodote, et qu'on exporte en Afrique, dans les îles de la mer du Sud, et jusqu'aux Indes Orientales, où ces objets ont toujours été recherchés par le commerce d'échange. Enfin, 40 p. 100 environ de l'ambre récolté est impropre à ces divers usages ; il entre alors dans le commerce comme article de fumigation aromatique, ou sert à la fabrication d'huile et de laque de succin.

On voit également à l'Exposition le succin de la Roumanie, que l'on rencontre dans les terrains tertiaires, et qui figure principalement à l'état taillé.

CHAPITRE VIII.

MINÉRAUX DIVERS COMPLÉTANT LA SÉRIE DES MINÉRAUX UTILES.

§ I. — Émeri.

Malgré la fréquence des éléments constitutifs de l'émeri, qui consiste principalement en corindon ou alumine, à l'état confusément cristallin et mélangé d'oxyde de fer magnétique (1), l'émeri n'est exploité que dans un petit nombre de contrées.

L'île de Naxos, dans l'Archipel grec, où l'émeri était déjà exploité du temps de Pline, eut, pendant bien des siècles, le privilége de fournir presque exclusivement cette substance aux arts.

A la fin de 1846, M. Lawrence Smith, de Louisville, aux États-Unis, alors minéralogiste au service de la Turquie, arrivant à Smyrne, vit des échantillons qu'il reconnut pour être de l'émeri et qui provenaient d'une localité, située à

---

(1) Ainsi que d'autres substances étrangères, telles que la silice et le titane.

4o kilomètres au nord de Smyrne. L'importance de cette découverte, aussi bien pour le gouvernement turc que pour les arts, l'engagea à explorer le pays dès 1847.

C'est ainsi qu'il découvrit, dans cette région de l'Asie Mineure, cinq localités présentant de l'émeri et disposées sur une zone d'environ 200 kilomètres. Les deux localités principales sont Kulah et Gumuch-Dagh, près d'Éphèse. Immédiatement après cette exploration, dès 1847, on se mit à exploiter la nouvelle substance utile, principalement à Gumuch-Dagh.

Vers la même époque, l'émeri était découvert dans une nouvelle localité de l'Archipel grec, dans l'île de Nicoria, où l'extraction commença en 1850. A part Naxos, où on l'exploitait activement, on le connaissait dans l'île de Samos, mais sans l'exploiter (1). Quant à l'émeri exposé par la Grèce, il provient non-seulement de Naxos, mais aussi de Paros, d'Héraclia et de Sikinos.

M. Lawrence Smith ne se borna pas à faire cette découverte utile. En minéralogiste habile et en géologue, il étudia, d'une manière précise, le gisement de l'émeri dans l'Asie Mineure et dans l'Archipel grec. Il décrivit la manière d'être et les propriétés des minéraux qui lui sont associés, notamment du diaspore ou hydrate d'alumine cristallisé, ainsi que d'une espèce de mica bien déterminée et d'un aspect caractéristique, qu'il désigna sous le nom d'*émerilite*, parce qu'elle se retrouvait identiquement la même dans les divers gisements d'émeri qu'il avait étudiés. Le nom de *margarite* a aussi été donné à cette même espèce, à cause de son éclat nacré. L'importance de ce travail fut appréciée

---

(1) Il n'est peut-être pas inutile de rappeler ici que l'émeri de ces diverses provinces est connu dans le commerce sous le nom d'émeri de Smyrne, parce qu'il est dirigé sur ce port, avant d'être expédié sur les lieux où on l'emploie.

par M. Dufrénoy, au nom d'une commission, à l'Académie des sciences de l'Institut de France.

La découverte qui a été faite, en 1864, aux États-Unis, dans l'État de Massachusetts, à Chester (Hampden-County), d'un gîte considérable d'émeri, fait encore mieux ressortir l'intérêt de cette étude, en même temps qu'elle fournit un exemple de plus de la manière dont les connaissances minéralogiques et géologiques peuvent être mises à profit, dans la recherche des substances utiles.

On avait signalé l'existence de gîtes importants de fer oxydulé magnétique dans cette localité, quand M. le docteur Charles T. Jackson, connu aussi comme minéralogiste et comme géologue, en examinant les minéraux qu'il avait recueillis sur place, reconnut deux de ceux qui avaient été signalés, comme les compagnons constants de l'émeri, et notamment l'émerilite. Dès lors, rendu attentif, il ne tarda pas à voir que, à part le véritable minerai de fer magnétique que renferme le pays, il devait y exister des masses ayant le même aspect, mais consistant en émeri. C'est ce que des recherches, convenablement dirigées, ne tardèrent pas à vérifier. Aussi M. le docteur Jackson s'empressa-t-il d'adresser publiquement ses remercîments à M. L. Smith.

Le gîte d'émeri est renfermé dans un groupe de roches de gneiss et de micaschiste, auxquelles sont subordonnées des masses considérables de schiste talqueux et de serpentine. La couche d'émeri traverse deux montagnes, d'une hauteur d'environ 220 mètres au-dessus du sol avoisinant, et s'étend sur environ 6.400 mètres de longueur; son épaisseur moyenne est de 1^m.30 et parfois dépasse 3 mètres.

M. L. Smith, qui est allé étudier ce nouveau gisement sur place, a constaté sa ressemblance complète avec ceux qu'il avait déjà si bien examinés. Les principaux minéraux qui y ont été reconnus sont représentés à l'Exposition en échantillons parfaitement caractérisés. Tels sont le corindon, le diaspore, en cristaux plus beaux que ceux que l'on connaissait autrefois, de même que l'émerilite, la chlorite, le mica biotite, la tourmaline, qui se trouve aussi dans l'émeri de Naxos ; le fer titané (ilménite), en cristaux au milieu de la margarite ; enfin le fer oxydulé ou magnétite, un peu titanifère, et qui est trouvé avec l'émeri en assez grande abondance pour être exploité.

En résumé, l'émeri a été trouvé partout, dans la localité dont il vient d'être question, aussi bien que dans l'Inde où on l'exploite, à Schwarzenberg, en Saxe, à Randa, près de Grenade et près d'Ekatarinenbourg, dans l'Oural, dans des roches schisteuses, cristallines, où il paraît avoir pris naissance à la suite de certaines actions métamorphiques.

La bauxite de la Provence dont il a été question plus haut, malgré son aspect si différent de celui de l'émeri, présente une composition analogue ; de sorte que des gîtes semblables, s'ils avaient été soumis à certaines actions calorifiques, auraient peut-être produit un mélange analogue à celui qui constitue l'émeri.

Quant à la dureté effective de l'émeri du gisement américain, M. L Smith l'a essayée, d'après le procédé ingénieux qu'il a fait connaître, il y a dix-huit ans, et il a reconnu qu'il se rapproche, sous ce rapport, de celui qui provient de l'Asie Mineure et de la Grèce. Les qualités pour lesquelles l'émeri est utilisé paraissent provenir de ce que ce mélange intime de plusieurs minéraux renferme, non-seulement le corindon, qui est le principal agent mécanique par sa dureté, mais aussi le fer oxydulé ou magnétite, qui en modère l'action coupante trop énergique.

Le nouveau gîte d'émeri de Massachusetts a été immédiatement mis en état d'exploitation, comme on devait le supposer dans ce pays, et aujourd'hui, il suffit aux besoins de toutes les manufactures des États-Unis.

L'extraction de l'émeri en Orient était, en 1850, d'environ 1.500.000 kilogrammes. Quant au prix, il était, à la fin du dernier siècle, de 20 à 25 francs les 100 kilogrammes. Vers 1835, un négociant anglais, qui avait acheté au gouvernement grec la production de l'île de Naxos, avait tellement réduit la quantité d'émeri livrée au commerce, que le prix s'en éleva de 20 francs à 70 francs les 100 kilogrammes. Ce dernier prix, qui était celui de 1847, baissa jusqu'à 35 francs et 25 francs les 100 kilogrammes immédiatement après la mise en valeur des gisements de l'Asie Mineure.

Si nous avons signalé, avec quelque détail, ce qui concerne les deux découvertes importantes de gisements d'émeri qui ont eu lieu depuis vingt ans, c'est dans l'espoir que cet exemple pourra servir à en faire d'autres, particulièrement à proximité de certains gîtes d'oxyde magnétique, où cette substance, précieuse pour les arts, peut parfaitement rester inaperçue.

§ II. — Quartz employé pour sa dureté ou ses qualités réfractaires.

Contrairement à ce qu'on pourrait croire, en présence du développement de l'emploi devenu si universel des allumettes chimiques, la fabrication des pierres à fusil n'est pas encore éteinte en France.

Elles sont particulièrement employées par les ouvriers des mines sujettes au grisou. On les exploite à Saint-Aignan (Loir-et-Cher). Ces carrières, qui occupent 35 ouvriers, pro-

duisent 12 à 14 millions de pierres, pour la France et l'é-
tranger.

Comme les pierres destinées à moudre ou à aiguiser appartiennent à une autre classe, on se bornera à mentionner
ici, au point de vue du gisement, le silex meulier, exploité
près Namur, en Belgique, depuis 1846, qui est remarquable
par les moules de coquilles qu'il renferme souvent, comme
s'il provenait de la silicification du calcaire dévonien sous-
jacent, et qui produit des meules estimées pour la mouture
du grain et d'autres substances; les meules exposées par
les cosaques du Don, qui proviennent du terrain crétacé;
enfin des pierres à aiguiser de France, de Belgique, de
Prusse, d'Angleterre et d'Italie.

Le quartz molaire, taillé en forme de meules, qu'on voit
dans l'île de Milo, ressemble aux meulières de la Brie, quoiqu'il appartienne à un gisement différent; il accompagne
les tufs trachitiques de cette île.

A la suite du quartz, qui sert par sa dureté, il convient
de mentionner d'autres masses quartzeuses, très-recher-
chées pour les creusets des hauts fourneaux. Ce sont les
poudingues quartzeux de Marchiennes, appartenant à l'étage
quartzo-schisteux du terrain dévonien; on les expédie dans
le nord de la France, dans la Prusse rhénane, la Bavière et
différentes autres contrées. Ces poudingues servent quelquefois à raison de leur excessive dureté, particulièrement
dans les faïenceries de la Belgique.

On peut en rapprocher les sables quartzeux exploités
pour les fabriques de porcelaine, près d'Excideuil, au lieu
dit du Charrau (Dordogne); la production annuelle est d'environ 1.100 tonnes, au prix de 19 francs la tonne. On si-

gnalera aussi des briques réfractaires, fabriquées à Lilien-feld, en Autriche, au moyen du quartz massif, d'abord calciné, puis broyé; une partie de la poussière est assez fine pour être plastique et servir de ciment.

Tripoli. — On donne vulgairement le nom de tripoli à plusieurs substances friables, dont la poussière, néanmoins, offre assez de dureté pour polir. Il est de ces tripolis qui proviennent d'argiles ou de schistes calcinés, soit naturelle-ment. par des incendies de houillères, soit directement.

Parmi les substances confondues sous ce nom, il faut distinguer le tripoli, bien connu, de Bilin, en Bohême, con-stituant des couches régulières dans le terrain tertiaire et entièrement formé de carapaces siliceuses et de dimensions microscopiques, provenant d'infusoires.

Un nouveau gisement de tripoli du même genre vient d'être découvert en France, dans la forêt communale de Marsanne (Drôme). Rencontré accidentellement en 1850, par M. Martel, il a été mis en exploitation, et son extrac-tion s'est élevée de 20 à 60 tonnes. Ce nouveau gisement de tripoli est subordonné aussi au terrain tertiaire et à l'é-tage de la molasse d'eau douce.

§ III — **Kaolins et argiles réfractaires.**

Parmi les exploitations de kaolin, récemment ouvertes en France, nous citerons celle des Colettes, près Lalizolle (Allier), que possède M. le baron de Veauce. Ce kaolin, très-employé aujourd'hui, soit pour la fabrication de la porcelaine, soit pour celle des divers produits chimiques, est livré au prix de 19 francs la tonne. L'extraction du kaolin est pratiquée aux Colettes, sur une large échelle, au moyen de nombreux puits qui fournissent 5.ooo à 6.ooo tonnes par an. Les procédés de lavage usités sont ceux du Cornwall.

Les résidus du lavage laissent des grains d'oxyde d'é-tain, dont la quantité est trop faible pour qu'il ait une importance industrielle, mais dont la présence paraît annoncer que les actions chimiques, qui ont provoqué la transformation du feldspath en kaolin, se lient à celles qui ont apporté l'étain. C'est la corrélation qui a été signalée, il y a vingt-cinq ans, en Cornwall.

Un gisement récemment découvert, à Plémet (Côtes-du-Nord), commence à être exploité. On voit en outre d'autres kaolins, provenant de Concarnau (Finistère) et de Kerezelec.

Nous ne ferons que mentionner, malgré leur importance, les gisements de kaolin anciennement exploités aux environs de Limoges, et ceux des environs de Bayonne (Basses-Pyrénées).

Les importants gisements du Cornwall, aux environs de Saint-Austell, que l'on exploite également au milieu du granite décomposé, sont à peine représentés à l'Exposition.

Ils ont produit, en 1866, 105.000 tonnes de kaolin qui, ajoutées à 57.000 tonnes produites par le Devonshire forment un total de 162.000 tonnes, d'une valeur de 2.640.000 francs; 19.000 tonnes de cette provenance ont été importées en France.

Le kaolin, bien connu, que l'on extrait dans la province de Saxe, aux environs de Lettin, et qui se trouve associé au porphyre, doit être mentionné. Celui que l'on exploite dans le Nassau, dans un terrain tertiaire, est de moindre qualité.

On remarque encore le kaolin de la Tolfa, près de Rome,

qui est associé, en masses puissantes, à des filons de tra-
chyte, formant une trentaine de mamelons. Il en est de
même de l'argile blanche, que l'on exploite aux environs
de Vicence, pour la fabrication de la porcelaine et de la
faïence.

L'Espagne présente également les argiles réfractaires ou
kaolins de Zamora, qui sont associés au granite et qui sont
particulièrement estimés pour la fabrication de creusets.
Dans le voisinage, on exploite l'oxyde d'étain; c'est une
association qui paraît, autant qu'on peut en juger à distance, analogue à celle qui vient d'être signalée.

Les kaolins, exploités, pour la fabrication de la faïence
et de la porcelaine, à Séville, et qui sont exposés, étaient
déjà utilisés par les Romains, qui les employaient, après
les avoir lavés. Ce sont même ces vestiges d'exploitation qui
ont servi de guides pour la reprise des travaux, quand ils
ont été signalés, en 1840, par M. A. Maestre à M. Pickman,
lequel en tire grand parti aujourd'hui.

On mentionnera les gisements de kaolin, exploités près
de Baltimore, dans l'État de Maryland, ainsi que dans le
Massachusetts et dans l'État de Géorgie.

Beaucoup de gîtes de kaolins connus sont encore inexploités; tel est celui qui abonde en Russie dans le district
d'Alexandrowsk, gouvernement d'Ekatarinenbourg.

Parmi les argiles employées pour leurs qualités réfrac-
taires et qui figurent à l'Exposition, on peut citer celles de
Bellène (Vaucluse), de Canny-sur-Thévain (Somme), de
Montaret (Allier), et de la Dordogne.

Aux amas métallifères de calamine et de minerai de fer
sont associés, en Belgique, dans les mêmes conditions de
gisement, c'est-à-dire dans les anfractuosités du terrain carbonifère, des argiles plastiques et des sables réfractaires.

Ils servent non-seulement dans de nombreux établissements, en raison de cette dernière qualité, mais ils sont encore employés pour la faïencerie et la fabrication des pipes.

L'argile réfractaire de Duttveiler, près Sarrebrück, en Prusse, provient du terrain houiller, c'est-à-dire qu'elle appartient au même étage que celle qui est si renommée en Angleterre, à Stourbridge. On ne l'emploie qu'après l'avoir préalablement lavée, pour la débarrasser des pyrites.

Les argiles de Nassau, très-employées pour la fabrication des faïences, sont exploitées sur le plateau de Montabaur et de Selters, et se trouvent dans un terrain tertiaire, à proximité de basaltes et de trachytes.

Une argile de belle qualité, également exposée, accompagne le minerai de fer, en Pologne, près Grabetsk, dans les couches que l'on rapporte au lias.

On connaît la réputation des argiles réfractaires que l'on exploite en Angleterre, surtout dans le Staffordshire, le Yorkshire et le Derbyshire. En 1866, on en a extrait 750.000 tonnes, d'une valeur de 4.675.000 francs. Outre cette grande exploitation, qui tire une partie de son importance des emplois métallurgiques, on exploite des argiles à poteries, principalement dans le Dorsetshire et le Devonshire (Teignmouth-clay). La production de 1866 a été de 245.700 tonnes, ayant une valeur de 1.760.000 francs.

§ IV. — **Ardoises.**

Quoique les ardoises soient rangées dans une autre classe, nous mentionnerons, à côté de celles anciennement connues d'Angers, des Ardennes, de la Savoie (Cevins), ainsi que de celles qui sont exploitées, sur une si vaste échelle, dans le pays de Galles, la mise en exploitation de cette substance, à Mariathal, en Hongrie, sur des schistes appartenant au lias; il en résulte des produits de très-bonne qualité, et entre autres d'excellentes ardoises à écrire. Cette industrie est due à l'initiative de M. Bontoux, ingénieur.

Il convient aussi de citer les ardoises et dalles de Vallongo, en Portugal, qui appartiennent au terrain silurien, et qui sont remarquables par leur bonne qualité et leur dimension; les grandes ardoises et dalles extraites en Italie, des environs de Lavagna, près de Chiavari, qui sont très-estimées, quoiqu'elles appartiennent à un terrain comparativement plus récent; celles des Cosaques du Don, très-employées pour divers usages.

§ V. — Stéatite.

Le silicate hydraté et onctueux, à base de magnésie, connu sous le nom de stéatite, est exploité dans diverses localités. On en voit des échantillons provenant de la province d'Almeria (Espagne), où il sert à adoucir les frottements et à satiner le papier. Un autre, provenant du Canada, commence à acquérir une importance industrielle et à être exploité. Dans ces deux gisements, la stéatite appartient au terrain silurien.

§ VI. — Feldspath.

Quoique le feldspath soit un des minéraux les plus répandus, il est rarement isolé des deux autres éléments du granite, et ce n'est que dans un petit nombre de gisements qu'on le trouve en masses assez pures pour les fabriques de porcelaine, comme aux environs de Bayonne.

Le feldspath, mélangé de quartz, que l'on exploite en Angleterre, dans le Cornwall, sous le nom de *China-stone*, a fourni, en 1866, 35.000 tonnes d'une valeur de 700.000 francs. Le feldspath orthoclase, de Naes, près de Twedestrand, en Norwége, commence à être exploité ; on l'exporte en Danemarck et en Angleterre.

Du feldspath, partiellement décomposé, et paraissant se trouver alors dans des conditions favorables pour qu'il abandonne sa potasse, est l'objet de quelques études et d'un commencement d'exploitation, comme à Rosporden et Roscoff, en Bretagne, et à Cambo (Basses-Pyrénées).

On cherche à l'employer comme amendement agricole, soit seul, soit avec addition de substances qui facilitent la mise en liberté de sa potasse.

§ VII. — Mica.

On sait que les grandes lames de mica, que l'on rencontre en Sibérie, sont depuis longtemps exploitées, notamment pour servir de vitres.

Aux États-Unis, et particulièrement dans le Massachusetts et le New-Hampshire, on en rencontre également en lames de très-grande dimension, que l'on emploie à des usages variés ; ce mica est l'objet d'une exploitation assez importante, ainsi que le témoignent les séries de lames destinées au commerce, exposées par M. S.-H. Randall et par M. Joseph-D. Gould. On voit en outre le quartz en masses, le feldspath albite et l'émeraude, variété beryl, qui accompagnent ce mica dans des roches granitiques et éminemment cristallines.

L'exposition du Canada présente également du mica en

grandes lames ; l'une, provenant du Nort Burgess, mesure 35 sur 60 centimètres.

§ VIII. — Graphite.

La Bohême est, avec la Bavière, une des régions du continent où le graphite est le plus abondant. Il s'y trouve en couches subordonnées aux schistes, gneiss et micaschistes, et, le plus souvent, il est avoisiné par des couches de calcaire cristallin. L'un des gîtes principaux, celui des environs de Mugrau, donne lieu à plusieurs exploitations, dont la plus importante est établie à Schwarzbach, par M. le prince de Schwarzenberg.

C'est dans des conditions géologiques semblables que le graphite se rencontre en Moravie et dans la Basse-Autriche. Les exploitations de M. le baron de Kaiserstein, situées près de Raabs, appartiennent à cette dernière contrée. En 1865, on a exploité, en Autriche, 7.082 tonnes de graphite.

La Prusse ne fournit que peu de graphite ; on en a extrait, en 1865, 300 tonnes, provenant principalement de la Silésie.

Du graphite, exposé par l'Espagne, appartient à un gisement qui mérite d'être cité, à cause de son âge récent ; il est à Huelma, au nord de la Sierra-Nevada, et paraît appartenir au trias.

La grande exploitation ouverte, il y a quelques années, dans la Sibérie orientale, près de Irkoutsk, au mont Batougol, par M. Alibert, continue à se développer et à donner des produits remarquables, tant par leur pureté et leur douceur que par leurs dimensions, ainsi qu'on peut en juger par la belle exposition de ce graphite. On a déjà extrait de cette mine, depuis sa découverte, 49,000 kilo-grammes de graphite de première qualité.

Un autre gîte de graphite est également connu dans la Sibérie orientale, aux environs de Krasnoïarsk (Nigenaya Toungouska) ; il a été découvert par M. Sidoroff, dans des schistes fossilifères, probablement de l'époque silurienne. Il n'est pas pur comme le précédent, mais il se présente en masses volumineuses, mélangées d'argile, qui ont été utilisées pour la fabrication de creusets, comme on le voit d'après les produits exposés. On en a extrait plus de 1.600 tonnes par an. On voit aussi le graphite d'un autre gisement, que le même exposant a reconnu récemment en Finlande, à Kuopio et à Saint-Michel ; on en a transporté 60 tonnes à Lubeck.

Le graphite connu, au Canada, dans le terrain de gneiss et associé, comme les gîtes dont il vient d'être question, à des couches calcaires, commence à être exploité dans les cantons de Buckingham et de Lochaber. Il s'y trouve sur de nombreux points, en quantités considérables, et à l'état très-cristallin, mais mélangé à des matières pierreuses, dont on ne peut le séparer que par un traitement méca-nique. La même substance est également exploitée, depuis plusieurs années déjà, dans l'État de New-York, à Ticon-deroga, où elle est à l'état cristallin, comme le graphite de celui de Ceylan, ainsi que dans le New-Jersey, où il sert pour la fabrication des creusets et pour enduire les pièces de fer.

Le graphite bien connu de Ceylan, continue à être ex-ploité ; il est importé en Angleterre et dans quelques autres parties de l'Europe.

§ IX. — Couleurs minérales naturelles.

La plupart des couleurs minérales sont fabriquées artificiellement par des procédés chimiques : il n'en est qu'un très-petit nombre qui se trouvent, dans la nature, à un état tel qu'on puisse les employer immédiatement ou après un simple traitement mécanique de purification. Telles sont particulièrement les argiles colorées en jaune et en rouge par le sesquioxyde de fer hydraté ou anhydre, et bien connues sous les noms de ocre jaune et ocre rouge, et de diverses provenances.

En Angeterre, on utilise les ocres qui se sont formées aux affleurements des filons, par oxydation des sulfures. C'est ainsi qu'on a produit, en 1866, 5,028 tonnes d'argile ocreuse, d'une valeur de 75,500 fr., qui proviennent du Cornwall, du Devonshire, de l'île de Man et d'Anglesea. On peut également mentionner ici la collection des ocres produites par les mines du Rammelsberg, au Hartz ; la terre verte, exploitée notamment à Vérone, et qui doit sa couleur à la présence du silicate de protoxyde de fer ; la baryte sulfatée ; la craie et parfois l'albâtre. Le lignite des environs de Cassel, qui appartient au terrain tertiaire, présente des variétés exploitées, à raison de leur couleur brune, sous le nom de terre de Cassel. Ces diverses couleurs figurent à l'Exposition.

Les schistes charbonneux et feuilletés, de teinte noirâtre et riches en empreintes de poissons, forment, près de Menat, dans le Puy-de-Dôme, un petit bassin, au milieu du gneiss. L'exploitation de ces schistes, pendant longtemps suspendue, a été reprise récemment. Par la calcination en vase clos, on en retire du noir minéral, employé comme matière colorante, principalement dans la fabrication du cirage et des encres d'imprimerie. Une combustion complète produit du tripoli rouge, qui a aussi été formé, dans cette localité, par une combustion spontanée. Les huiles, que les schistes de Menat fournissent à la distillation, n'ont pas encore été utilisées.

§ X. — Sols végétaux.

Comme application de la géologie à l'étude si importante du sol végétal, il convient de signaler la collection des sols de la Prusse rhénane, rapprochée des diverses roches que recouvrent ces terres végétales.

Quand on fait ces rapprochements, il importe beaucoup de ne pas perdre de vue que la terre végétale n'a pas toujours été formée, comme on l'a cru pendant longtemps, aux dépens de la roche sous-jacente ou sous-sol, par voie de désagrégation ou de décomposition ; mais que sur des étendues parfois considérables, la couche mince qui recouvre les roches paraît résulter d'un apport, et constitue une sorte de formation géologique.

Deux colonies anglaises, celle de l'Inde et celle de Natal, ont également envoyé une collection de leurs sols.

A propos de l'étude de la terre végétale, il convient de mentionner un fait intéressant que présente l'exposition de la Prusse. Des plaques polies de marbre blanc, qui formaient le fond d'un vase dans lequel végétaient des plantes, ont été attaquées par les racines, qui y ont dessiné très-nettement, en creux, leur disposition. Cette intéressante expérience a été faite sur des plantes de nature variée, par M. le professeur D. Sax.

Glauconie employée comme amendement. — On sait que le minéral vert silicaté, connu improprement sous le nom de chlorite, et mieux sous celui de glauconie, contient souvent, parmi ses bases, la potasse, outre le protoxyde de fer, cause de sa coloration.

Les sables et marnes qui renferment cette glauconie sont très-employés dans l'État de New-York et d'autres parties des États-Unis, comme amendement agricole, ainsi que l'atteste la carte géologique qui est exposée. C'est particulièrement en vue de cette exploitation que les couches à glauconie y ont été délimitées avec soin. Comme en Europe, on les rencontre à deux étages, dans le terrain crétacé et dans l'étage tertiaire inférieur ou éocène.

Il importe de remarquer que ces mêmes roches glauconieuses sont également très-développées dans une partie de l'Europe occidentale et, en particulier, en France. On les trouve dans les étages inférieurs du terrain crétacé, à quelques-uns desquels elles ont donné leur épithète, et où elles renferment de la chaux phosphatée. Les couches inférieures du bassin tertiaire de Paris en renferment aussi, mais en quantité incomparablement moindre. Il résulte de nombreuses analyses, que la proportion de potasse existant dans la glauconie est très-variable, et souvent de 5 à 12 p. 100.

On peut donc s'étonner que cette teneur élevée en alcali ne soit pas utilisée dans nos contrées.

§ XI. — **Eaux souterraines.**

L'eau doit être placée au premier rang, parmi les substances minérales utiles. Sa circulation dans les roches et la disposition des nappes qu'elle y forme sont, d'ailleurs, en connexion intime avec la nature de ces roches et leur mode d'agencement, de sorte que l'étude des eaux est une dépendance immédiate de la géologie.

On sait les services qu'ont rendus, en Algérie, dans la partie voisine du Sahara, les nombreux forages, qui ont été exécutés pour faire jaillir les eaux souterraines à la surface de ces contrées. Ces travaux, commencés dans la province de Constantine par MM. les ingénieurs Fournel et Dubocq, et continués avec une grande activité, par M. le général Desvaux, sont poursuivis sur plusieurs régions. La collection de l'Algérie montre une série d'échantillons provenant des sondages faits dans cette province, et classés par M. Jus, avec des coupes exprimant, pour chacun d'eux, les niveaux du sol et des nappes souterraines.

Le Hodna est une très-vaste plaine, dont le centre est occupé par un *Chott* ou lac salé, qui parfois se dessèche complétement en été. Au temps de l'occupation romaine, l'agriculture était très-florissante sur les bords des rivières qui vont se perdre dans ce Chott. Aujourd'hui, il n'y a plus que de rares cultures arabes.

Des puits artésiens ont été creusés dans la plaine du Hodna, sous la direction de M. L. Ville, ingénieur en chef des mines, pour rendre la vie à cette région presque déserte. Ainsi que l'exprime clairement la carte exposée, au mois de mai 1864 les sondages avaient été exécutés sur une profondeur totale de 2.072 mètres, soit 130 mètres par sondage. La plupart d'entre eux ont donné des eaux jaillissantes. Le débit primitif s'est élevé, dans le puits principal, jusqu'à 28 litres par seconde.

Il convient de signaler les heureux résultats qu'ont offerts des sondages exécutés récemment en Hongrie, près de Pesth, à l'île Sainte-Marguerite, sous la direction de M. l'ingénieur Zrigmondy, d'après les indices fournis par les sources minérales d'Ofen. Un sondage, fait à la profondeur de 130 mètres, a obtenu de l'eau thermale, jaillissant en abondance et à la température de 35°. Un second forage a donné des résultats analogues, près de Funfkirchen.

§ XII. — Météorites.

En donnant à l'Exposition de 1867 la qualification d'Universelle, on ne supposait pas jusqu'à quel point elle satisferait à ce titre. En effet, après toutes ces matières premières et ces minéraux, qui représentent les parties constitutives de notre p!anète, viennent, à leur tour, se ranger des fragments descendus des espaces célestes, qui sont comme les spécimens des autres corps planétaires.

L'Académie des sciences de Saint-Pétersbourg a bien voulu envoyer une série de modèles, en carton-pierre, des météorites tombées en Russie, parmi lesquelles se trouve la célèbre masse de Pallas, et elle a généreusement offert ces imitations, très-bien exécutées, au Muséum d'histoire naturelle de Paris.

De son côté, l'Académie des sciences de Madrid a envoyé une météorite, de nature pierreuse, tombée le 24 décembre 1858, à deux heures et demie du matin, à Murcie; elle est remarquable par sa dimension et par sa forme, qui est grossièrement celle d'un parallélipipède carré, et qui est évidemment d'origine fragmentaire.

Une météorite métallique ou fer météorique forme le couronnement de la belle collection du Chili; elle est également très-remarquable par les dépressions caractéristiques qu'elle présente à sa surface. Elle orne actuellement la collection du Muséum d'histoire naturelle de Paris, qui la doit à la libéralité du gouvernement du Chili.

Comme la précédente, elle a été l'objet d'un mémoire spécial.

CHAPITRE IX.

COLLECTIONS ET ÉCHANTILLONS DE ROCHES, MINÉRAUX ET MINERAIS.

Les collections géologiques locales rendent de véritables services, même au point de vue des applications, en complétant les notions que fournissent les cartes géologiques sur le gisement des substances utiles.

Elles sont, avant tout, instructives dans les pays qu'elles concernent, et, même à distance, elles présentent encore un véritable intérêt; aussi un certain nombre de ces collections figuraient à l'Exposition.

Toutefois, ce qui est particulièrement utile au point de vue des applications, ce sont les collections présentant la suite des matériaux d'une contrée, méthodiquement classées et accompagnées de documents à l'appui. Des collections de ce genre ont été envoyées en grand nombre à l'Exposition (1); elles acquièrent un intérêt bien plus grand, quand elles sont accompagnées de cartes géologiques, comme c'était le cas pour un bon nombre.

Sous le nom du Ministère de l'agriculture, du commerce et des travaux publics de France, figure une collection réunie par les soins de MM. les ingénieurs des mines, et destinée à représenter principalement les combustibles, les minerais de fer et les minerais métalliques divers. La notice, qui accompagne cette collection, coordonnée par M. l'ingénieur Descos, dispense d'entrer dans plus de détails.

---

(1) Les collections minéralogiques destinées à l'enseignement, dont plusieurs très-dignes d'intérêt, qui ont été exposées, ne rentrent pas dans la classe qui fait partie de ce rapport, et il n'en sera par conséquent pas question.

On peut juger des principales ressources minérales de l'Algérie, d'après les collections recueillies par MM. les ingénieurs des mines de cette colonie ; nous citerons particulièrement celle de M. Ludovic Ville, ingénieur en chef des mines, auteur de nombreuses et intéressantes études géologiques sur les provinces d'Alger et d'Oran.

Le ministère des travaux publics de Belgique expose aussi une suite de roches constitutives et de produits minéraux du sol de la Belgique, recueillis et classés par M. J. Van-Scherpenzeel-Thim, ingénieur principal des mines à Liége. Cette collection très-complète, disposée suivant les divisions géologiques établies par l'éminent géologue belge Dumont, fournit une foule de documents intéressants, tant au point de vue de la théorie qu'à celui de la pratique. Elle est complétée par un catalogue riche en renseignements, que l'on consulte avec beaucoup de fruit.

L'utilité de telles collections ne ressort nulle part mieux qu'en présence de celle de la Prusse, qui montre tous les produits des mines et carrières du royaume. Une série d'échantillons de grand format, fournis par les divers exploitants, bien choisis, et représentant d'une manière bien complète les exploitations, a été réunie par M. le docteur Wedding, conseiller des mines, sur l'ordre de M. le ministre de l'agriculture, du commerce et des travaux publics. Cette collection, très-complète, judicieusement composée et coordonnée, offre tous les faits les plus importants. Le catalogue concis et substantiel qui l'accompagne, contribue à en rendre l'étude encore plus instructive. Il est juste de rappeler que ce catalogue, si bien fait, est établi sur le même plan que celui qui avait été exécuté pour l'Exposition de 1862, sous la direction de M. de Dechen, directeur des Mines.

Les richesses minérales de l'Espagne, connues et exploitées depuis une antiquité reculée, forment l'objet d'une autre collection réunie par MM. les ingénieurs des mines du royaume. De volumineux échantillons de cinabre massif et d'immenses blocs de houille, ainsi qu'une collection des marbres de ce pays, si riche en matières minérales de toutes sortes, attirent l'attention. Dans la suite des colonies espagnoles, on voit les collections relatives à l'île de Cuba, et notamment la nombreuse série des roches réunies par les frères de la doctrine chrétienne (Escolapios).

De même, les productions minérales du Portugal ont été réunies dans une collection, dont plusieurs parties de ce rapport ont pu faire apprécier l'intérêt. Les collections des colonies portugaises présentent des malachites d'Angola (Bembe) en grosses masses, du cuivre natif du Congo et de Timor, du fer magnétique d'Angola, de Gambos et de Cassingo, des minerais de soufre de Dombe-Grande, et des produits de cratère des volcans de l'île de Fogo.

Une suite spéciale des combustibles de l'Italie présente, outre le lignite miocène, celui de l'époque quaternaire du Val de Chiava, en couches de 3 à 4 mètres, qu'on commence à exploiter, ainsi que la tourbe contemporaine. L'Institut technique de Florence, auquel on doit cet envoi, y a joint une collection de tous les macignos de la Toscane, employés dans la construction et le pavage, ainsi que la suite des roches de l'île d'Elbe; de beaux échantillons de serpentines et d'albâtre, et une collection d'ossements fossiles.

D'autres suites intéressantes, telles que celles des roches de la Tolfa, sont exposées par M. le professeur Ponzi, de Rome, et celles de la Grèce.

Une collection de cinquante échantillons de roches de Suède, taillées sous forme cubique, a été réunie par M. Axel Erdmann, à qui l'on doit la belle carte géologique de ce pays. On remarque les diverses variétés de porphyre d'Elfdal, en Dalécarlie, qui sont bien connues, tant par leur beauté que par la perfection du poli qu'elles acquièrent. Des roches polies de Norwége sont exposées par le Musée minéralogique de l'université royale de Christiania. M. Tellef Dahl a réuni les espèces minérales les plus intéressantes de la Norwége, à l'état de cristaux d'élite. Quant à la collection spéciale des mines d'argent de Kongsberg, elle a déjà été mentionnée. A côté de la carte géologique, on remarque aussi plusieurs roches particulières à la Norwége, telles que la norite, dont le poli permet d'apprécier parfaitement la nature.

Les zéolites des îles Feroë, ainsi que les minéraux, compagnons du remarquable gisement qui, au Groenland, fournit la cryolithe, sont exposés par le Musée de Copenhague.

Outre les collections minérales de l'Empire russe, dont il a été question dans le corps de ce rapport, on peut mentionner celle des roches exploitées dans les monts Altaï et les monts Ourals, provenant du cabinet de S. M. l'Empereur, et offerte à l'École impériale des mines de Paris.

La collection des roches de l'Égypte est placée à côté de la carte géologique du même pays, exécutée par Figari Bey.

Parmi les collections de minerais et de combustibles qui ont été envoyées par plusieurs provinces des États-Unis d'Amérique, il faut citer, tout particulièrement, celles de Californie, recueillies l'une par M. William P. Blacke, géologue de l'État, l'autre par M. le docteur Pigné, qui en a fait don à l'École des mines de Paris.

La commission géologique du Canada, à côté des belles cartes ou coupes géologiques publiées par ses soins, et des livres imprimés qui leur servent de complément, a envoyé une série de roches, fossiles et minéraux économiques, qui sont accompagnés d'une esquisse géologique succincte.

La belle et importante collection de la richesse minérale du Chili, si judicieusement composée pour faire ressortir l'intérêt exceptionnel que présente cette région de l'Amérique, et groupée d'une manière si instructive, est due à M. Domeyko, professeur à l'université de Santiago, inspecteur général des mines du Chili.

Aussi distingué comme minéralogiste, chimiste et géologue, que par son désintéressement et par son dévouement à la science et à sa patrie adoptive, M. Domeyko fait honneur à l'École des mines de Paris, dont il a suivi les cours il y a trente ans. Le rôle d'un tel homme et les services qu'il rend au développement de la richesse minérale du Chili, tant par lui-même que par les nombreux élèves qu'il a formés, sont inappréciables.

La collection minéralogique du Japon, dans laquelle on remarque de nombreux échantillons de cuivre pyriteux et diverses variétés de quartz et d'agate, serait plus intéressante, si les étiquettes présentaient une traduction dans une langue européenne.

Le combustible minéral qui abonde dans l'île de Yéso et dans divers autres districts du Japon n'est pas représenté.

Sans sortir du palais de l'Exposition, on peut reconnaître avec quel soin les colonies anglaises sont étudiées dans leur constitution minérale et dans les ressources qu'elles peuvent fournir.

La Nouvelle-Écosse a envoyé des collections bien faites, accompagnées de catalogues et de mémoires à l'appui. Peu de contrées du globe, excepté certaines régions de l'Inde, sont plus riches en silicates de la famille des zéolites, que la baie de Fundy ; c'est ce qui a motivé une expostion spéciale de ces minéraux par N. O. C. Marsh, de New-Haven.

Les colonies australiennes sont si bien représentées, qu'on peut y acquérir beaucoup de notions précises sur ces régions lointaines.

Le département des mines de Victoria envoie une collection de plus de trois cents échantillons, que M. Ulrich a décrits dans un catalogue. On y voit la série des roches stratifiées, depuis le terrain silurien jusqu'au terrain carbonifère, et, en outre, le terrain tertiaire ; puis celle des roches plutoniques ; granite, porphyre, diorite, mélaphyre et roches volcaniques de nature variée ; basalte, dolérite, anamésite.

Parmi les minéraux, on remarque, à part les pierres gemmes dont il a été question plus haut, la tourmaline cristallisée, ressemblant à celle du Brésil ; le corindon à l'état harmophane et en galets roulés ; le quartz hyalin cristallisé et incolore ou cristal de roche ; il se trouve aussi sous les variétés enfumée, améthyste et jaune ou *cairngorn;* la chrysoprase ; l'opale ; l'émeraude, variété aigues-marines ; le spinelle. Plusieurs de ces minéraux rappellent ceux qui sont bien connus dans d'autres contrées, telles que l'Oural et l'Ilmen.

A côté des blocs de naphtoschites et de minerais métalliques de la Nouvelle-Galles du Sud, M. William Keene expose sa collection personnelle, dont l'intérêt est rehaussé par les notes précises dont il l'a accompagnée.

Certaines collections spéciales, montrant les fossiles caractéristiques des terrains, peuvent être également signalées ici ; telle est la suite des fossiles du trias, de l'infralias et du lias, dans les Alpes des environs de Saint-Cassian et d'Ésino, que présente l'Institut technique de Bergame ; les fossiles du système silurien, du centre de la Bohême, envoyés par M. Schary, qui reportent au travail classique de M. Barrande sur ce pays; ceux des terrains du Bosphore, recueillis par Abdullah Bey, dont le zèle s'étend sur les différentes parties de l'histoire naturelle de la Turquie; ceux de l'État de l'Illinois, accompagnés d'un texte descriptif considérable; les végétaux houillers de la Nouvelle-Écosse; les vertébrés fossiles de la Roumanie; ceux du Brésil, rapportés par M. Séguin et appartenant à des animaux très-remarquables, tels que le glyptodon, etc.

Avant de terminer, on ne peut s'empêcher d'exprimer le regret que des pays aussi intéressants dans leur constitution que le Brésil, le Pérou, la Bolivie et la Perse, n'aient pu envoyer des collections servant à faire connaître certains traits de leur sol, en même temps que leur richesse minérale.

TABLE DES MATIÈRES

CHAPITRE III.

CHAPITRE IV.

CHAPITRE V.

CHAPITRE VI.

CHAPITRE VII.

CHAPITRE VIII.

CHAPITRE IX.

Paris. — Imprimé par E. THUNOT et Cⁱᵉ, 26, rue Racine.